广东卷

《中国海洋文化》编委会 编

海洋出版社
2016年·北京

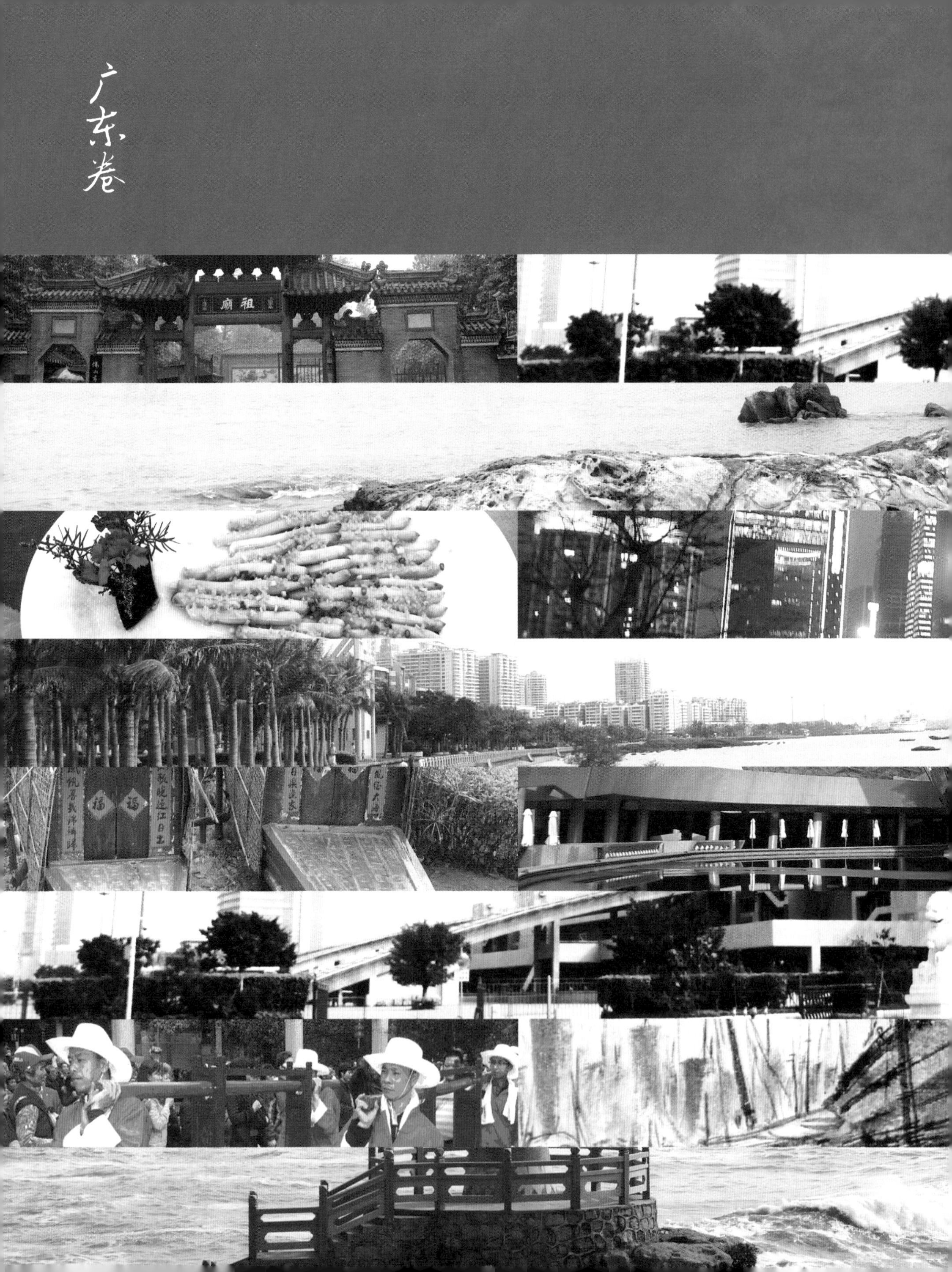
广东卷
祖廟

中国海洋文化 广东卷

总序

文化是民族的血脉，是人民的精神家园。2014 年 10 月 14 日，习近平总书记在文艺工作座谈会上发表重要讲话指出，文化是民族生存和发展的重要力量。人类社会的每一次跃进，人类文明每一次升华，无不伴随着文化的历史性进步。在几千年源远流长、连绵不断的历史长河中，中华儿女培育和发展了独具特色、博大精深的中华文化，为民族的生生不息提供了强大精神支撑。

我国是陆海兼备大国，海洋与国家的生存和发展息息相关。中华民族是最早研究认识和开发利用海洋的民族之一。春秋时期的“海王之国”，汉代的海水煮盐工艺，沟通东西方的“海上丝绸之路”，郑和七下西洋的航海壮举，海峡两岸的妈祖文化等与海洋相关的文化遗产，都表明海洋文化是中华文化的重要组成部分，中华民族拥有显著特色的海洋文化传统，为人类海洋文明做出了不可磨灭的贡献。

党和国家历来高度重视海洋事业发展。特别是改革开放后，我国经济逐步发展成为高度依赖海洋资源的开放型经济，海洋已成为支撑我国经济格局的重要载体。党的十八大以来，建设海洋强国已成为经邦治国的大政方略、重大部署。弘扬海洋文化，提升全民海洋意识，已成为社会各界的广泛共识。海洋文化是认识海洋、经略海洋的思想基础，是建设海洋强国的精神动力，也是增强民族凝聚力、国家文化软实力的重要内容。

“中国海洋文化丛书”是我国海洋文化建设的一大成果。这套丛书第一次较为系统地展示了我国沿海各地海洋事业发展、海洋军政历史沿革、海洋文学艺术、海洋风俗民情和沿海名胜风光，既有一定的理论深度，又兼顾可读性、趣味性，荟萃众美，图文并茂，雅俗共赏，是继承弘扬海洋文化优秀传统的重要媒介。在这套丛书的编纂过程中，得益于沿海各地党政领导、机关部门的大力支持，得益于国家海洋局机关党委、地方海洋厅（局）的精心组织，凝聚了一大批海洋文化专家学者的心血和智慧。

“中国海洋文化丛书”是海洋文化综合研究的有益探索。由于海洋文化的这类研究尚属首次，受资料搜集困难、研究基础相对薄弱等各方面客观因素的影响，研究和编写难度较大，不当或疏漏之处在所难免，也希望更多的专家学者和有识之士参与到发掘、研究、宣传、弘扬海洋文化的行动中来，为弘扬海洋文化、提升全民海洋意识做出更多贡献。

希望本丛书对关注海洋文化的各界人士具有重要参考价值。希望本丛书的出版，对繁荣中华文化，推动海洋强国建设发挥重要作用。

丛书导读

由国家海洋局组织，沿海各省（区、市）海洋管理部门积极响应落实，200余位历史文化专家、学者共同完成的“中国海洋文化丛书”，经过长达5年的立项、研究、撰著、编修，今天终于与读者见面了。海洋出版社精心打造的这套“中国海洋文化丛书”，卷帙宏巨，共14个分册，分别对中国沿海8省、2市、1自治区及港、澳、台地区的海洋文化进行了细致的梳理和全面的研究，连缀与展现了中国海洋文化的整体体势，探索且构建了中国海洋文化区域性研究的基础，推动中国海洋文化研究迈出了重要的、可喜的一步。

海洋文化，是一个几与人类自身同样苍迈、久远的历史存在。但“海洋文化”作为文化学研究中专一而独立的学术领域，却起步晚近，且尚在形成之中。尽管黑格尔在《历史哲学·绪论》中，就已经提出了“海洋文明”这个概念，并为阐释“世界历史舞台”和“人类精神差异”的关联性而圈划出三种“地理差别”，即所谓“干燥的高原及广阔的草原与平原”“大川大江经过的平原流域”和“与海相连的海岸区域”，但很显然，这还远远不足以成为一个学科的开端与支架。中华民族是人类海洋文明的主要缔造者之一，在漫长的历史演进过程中，踏波听涛、扬帆牧海的中华先民，创造了悠久的、凝注民族血脉精神的中国海洋文化，在相当长的历史时段内，对整个人类社会海洋文明的示范与引领意义都是巨大的。但“中国海洋文化”无论是作为一个学术概念的提出，还是其学科自身的建构，同样不出百年之区，甚至只是应和着近三十多年来中国政治变革、经济发展、社会转型、文化重构的鼓点，才真正开始登上当代中国思想文化舞台的“中心表演区”。由是观之，“古老—年轻”，可谓其主要的标志。“古老”，为我们提供了巨大的时空优势和沉厚积淀，让我们得以在海洋文化历史的浩浩洪波中纵游翱翔、聚珠采珍；“年轻”，使其具备了无限的成长性和多样化的当代视角，给我们提供了建立中国海洋文化学理论体系的充分可能与生长条件。

作为一个初具雏形的学术领域，中国海洋文化研究面临的课题是众多的，必然要经历一个筚路蓝缕、艰辛跋涉的过程，才能使自身的学科建设达于初成。以研究路径而论，当前或有如下几个方面是值得注意的：一是包括基本概念、基本理论、基本路径、基本规范等在内的“基础性研究”；二是建立在海洋学、航海学、造船学、海洋考古学、海洋地质学、海洋生物学、海洋矿产学、海洋气象学等相关海洋学科基础之上，抽象与概括其文化哲学意义的“宏观性研究”；三是以独立性、个案性问题研究为着力点，进而扩及一般性、共性研究的“专题性研究”，如海上丝绸之路研究、妈祖信仰研究，等等；四是以时间为“轴线”、对中国海洋文化历史生发流变进程加以梳理与描述的“纵向式研究”；五是以空间为“维度”、对中国海洋文化加以区域性阐释与比较的“横向式研究”。当然，这些方面是相互联系、互为支撑的，具有系统的不可分割性。

海洋出版社推出的这套“中国海洋文化丛书”，应当属于横向的“区域性研究”。在分册选题的确定上，分列出《辽宁卷》《河北卷》《天津卷》《山东卷》《江苏卷》《上海卷》《浙江卷》《福建卷》《台湾卷》《广东卷》《澳门卷》《香港卷》《广西卷》和《海南卷》，其分册的依据，既考虑到了目前中国沿海省市地区的现行行政区划，也考虑到了不同地区在历史文化进程与地理关系上形成的联系与差异。

“区域性研究”非常必要，“区域性”或曰“地域性”，是文化的固有特征。有论者指出：所谓“区域文化”或“地域文化”，源自“由多个文化群体所构成的文化空间区域，其产生、发展受着地理环境的影响。不同地区居住的不同民族在生产方式、生活习俗、心理特征、民族传统、社会组织形态等物质和精神方面存在着不同程度的差异，从而形成具有鲜明地理特征的地域文化”。（李慕寒、沈守兵《试论中国地域文化的地理特征》）中国沿海辽阔，现有海岸线长达 18 000 多千米，跨越多个纬度和气候带，纵向跨度巨大，横向宽度各异，濒海各区域文化发展进程中依赖的主要生成依据、环境、条件差别明显。首先，中国沿海及相邻海域不同纬度的地形地貌不一，气象洋流各异，季风规律不同，岛屿分布不均，人类海洋活动、特别是早期海洋活动的自然条件迥异。其次，受地理、历史等自然、人文条件的影响与制约，濒海各地及与之相邻内陆地区的文明程度、文化性状不同。再次，古代远洋航线覆盖范围内，存在着不同种族、不同信仰、不同文化来源与不同历史传统的众多国家和地区，中国沿海各地在海洋方向上相对应的文化交流对象、传播路径、历史时段、往来方式等都不同。最后，历史上、特别是近数百年来，中国沿海各地区受外来文化影响的程度、内容等，也不完全一样。由此，造成了中国沿海各地文化样态纷繁，水平不一，内涵也不尽相同，有些甚至差异巨大，因此，不分区域地泛谈中国海洋文化，难免失之于笼统粗率，不足以反映其在大的同一性前提下的丰富多样性。从这个意义上说，“中国海洋文化丛书”的编撰别开生面，生成了中国海洋文化研究的一个新的样式，即中国海洋文化的区域性研究。这是对中国海洋文化在研究方法、研究思路上的一个重要的贡献。

区域性研究，重点在于揭示不同区域的文化独特性。任何一个文化区域的形成，都离不开两个基本要素，一是区域内的文化内聚中心的确立，二是外廓边缘相对封闭的壁垒结构。我们在辽宁的海洋文化中看到了山东海洋文化所不具备的面貌，在福建的海洋文化中看到了台湾海洋文化中所不具备的面貌，尽管辽宁和山东共拥渤海、福建和台湾同处东海，在自然与人文诸方面有着如此千丝万缕的联系，但其文化仍然各具风貌，难以混为一谈。海洋文化的区域性研究，正是要对这种区域文化的独特性有所揭示，既要揭示各区域内文化中心的存在形式、存在条件与存在依据，又要廓清本区域与其他区域的差异与联系，从而形成对本区域海洋文化核心特质的认识。本丛书 14 个分卷的撰著者，大多都关注到了这个问题，从本区域地理环境、人种族群、考古及历史典籍等方面，开始寻源溯流，追踪觅迹，最终趋近于对本区域海洋文化特质的描述，进而构成了整个中国沿海及其岛屿各区域海洋文化丰富形态与样貌的整体展示。总体上看，各分册尽管在这一问题上的学术自觉与理论深度等方面尚存参差，但毕竟开了一个好头，形成了区域性海洋文化在研究方向上的共识。

区域性研究，同样重视区域间的比较性研究。文化从来就不是静若瓶浆、一成不变的，它不仅存在于自身内部，而且以“扩散”为其基本的属性与过程，文化特性的成型、存续、彰显、变异，很大程度上存在于此一文化与彼类文化的相遇与选择、交流与传播、对立与比较、碰撞与融合之中。一方面，中国沿海南北跨度巨大，以台湾岛、海南岛等大型海岛为主体的海岛群独立存在，地理、族群、文化习俗等方面的差异不言而喻。但另一方面，中国在历史上毕竟长期处于“大一统”的政治格局中，以儒家文化为主体的儒、释、道、法百家融合的传统思想文化，长期稳定地居于中华民族精神文化的核心地位，中国沿海各区域之间政治的、经济的、人文的历史联系十分密切。由此，形成了中国海洋文化各区域之间在时间轴上的“远异近同”和内容上的“同异并存”。我们的区域海洋文化研究，必须把区域间的比较研究作为一个重要方面，在比较中，凸显本区域的文化特质；在比较中，寻找与其他区域的文化联系；在比较中，建立各区域特质与中国海洋文化整体性质的逻辑关系与完整认识。还有一个问题，是要关注到沿海地区与相邻内陆地区的比较研究，关注到内陆文化和海洋文化在相向毗邻区域间的互动、交汇、融合。我们欣喜地看到，本丛书中很多分卷对上述问题做了探讨，也取得了一定的研究成果，使本丛书的研究视野突破了各区域的地理界限，从而为完整描述中国海洋文化整体样貌打下了基础。

区域性研究，最终要突破行政区划的界域，形成中国的“海洋文化分区”。目前，本丛书是以中华人民共和国现行行政辖区来分卷的。这不仅是为了操作上的便利，也有一定的历史文化依据。因为现行的行政辖区不是凭空产生的，有相当充分的自然与人文历史渊源。如河北与天津，同处于渤海之滨，河北对天津在地理上呈“包裹状”。而上海与苏、浙，单纯以地理关系而论也与津、冀相似。但是仔细考察就会发现，天津不同于河北、上海不同于苏、浙，这是在历史文化发展进程中形成的客观存在。津、沪两个地区的海洋文化，具有更鲜明的港埠—城市特色，外向性状更突出，受外来文化影响更直接、程度更大，呈现出迥异于相邻冀、苏、浙省的特色。因此，以行政辖区来分卷是有一定理由的。

但是也应当看到，现有的省市划分，行政意义毕竟大于文化意义，难以完全契合文化学研究的实际。比如山东，依泰山而濒大海，古称“海岱之区”，但实际上，“山东”作为一个古老的地理概念，其所指范围是不断变化的；直到清代，才有“山东省”的设置。而从文化源流的角度看，历史上，齐鲁文化的覆盖区域远不以今山东省辖区为界；若再溯海岱—东夷文化之远源，则其范围更阔及今山东、江苏、河南、安徽等省，散漫分布于华北与华东的广大范围。类似的情况并不罕见，事实上，无论是“同‘源’异‘省’”，还是“一‘省’多‘源’”，都是可能存在的。因此，随着研究的深入，我们的文化研究视野，最终必然会超离现有行政辖区的局限，否则就难以对各地区文化有脉络清晰的、本质的把握。

由此，我们有一个期盼，就是在本丛书提供的、按行政辖区分省市进行海洋文化研究的基础上，可以通过类比、合并，最终形成具有文化学意义的“中国海洋文化分区”。

这一课题的意义非常重大，比如，今广东、广西和海南，地处南海之北，五岭之南，北缘有山岳关隘阻隔，远离中原，自成一体，就其文化渊源考察，同出乎“百越”一脉，共同构成了独立的“岭南文化”，具有明显的文化同源性，因此，将广东、广西和海南视为一个海洋文化分区，进行跨越现有行政区划的文化考察，或许更有利于研究的深入。而在此基础上我们还会发现，该“分区”内的广西不仅“面向南海”，且“背依西南”，在体现“岭南文化”共性的同时，亦深受“西南文化”的影响。就其向海洋方向的辐射而论，当然包括北部湾、海南乃至整个南海，并拥有海上丝绸之路的始发港合浦，但另一条重要的文化传播路径则是通过中南半岛南下。因此，广西的独特性是不言而喻的。相比之下，海南与广东（还包括本“分区”外的闽台），则直接的文化联系更加紧密，共性更突出；而港、澳地区，也有不同于粤、桂、琼的特殊性。由此，我们在大的海洋文化分区中，又可以进一步细化出不同特质的“文化单元”。这种以海洋文化分区替代行政辖区的研究思路，显然具有更大的合理性。

再如今辽宁、吉林、黑龙江等“关东之地”，在历史上都曾濒海。有翔实记录表明：汉武帝时期，中国东北部疆域边界西至贝加尔湖，东至鄂霍次克海、白令海峡、库页岛地区。唐代，从北部鞑靼海峡到朝鲜湾，大片沿海地区均归中国管辖。元代，设立辽阳行省管理东北地区，其下设的开元路，辖地“南镇长白之山，北侵鲸川之海”，所谓“鲸川之海”，即今之日本海。而松花江、黑龙江下游，乌苏里江流域直至滨海一带的广大地区和库页岛都归中国管辖。明代，设置努尔干都司，辖地北至外兴安岭，南达图们江上游，西至兀良哈，东至日本海、库页岛。清代，满族入关前即统一了东北，所辖范围自鄂霍次克海至贝加尔湖。只是到了清康熙二十八年（1689 年）中俄签订《尼布楚条约》后，外兴安岭以北及鄂霍次克海地区才“割让”给俄国，距今不过 300 余年。清咸丰八年（1858 年），根据《中俄瑷珲条约》，沙俄又“割占”了外兴安岭以南、黑龙江以北的 60 多万平方千米中国领土；2 年后，才占领海参崴（符拉迪沃斯托克）。直至第二次鸦片战争，沙俄才借《中俄北京条约》，把乌苏里江以东、包括海参崴（符拉迪沃斯托克）在内的 40 万平方千米中国领土夺走，至此，中国才失去了日本海沿岸的所有领土，这不过才是 150 年前的历史。事实上，无论是在红山文化的渊源追溯上，还是在与中原文化的相对隔绝上；亦无论是在区域内游牧—农耕性质的多民族并存与融合上，还是在萨满文化的覆盖与变异上，东北地区都有充分的理由成为中国文化版图上的一个独立文化区，因此也必然影响到整个东北地区的海洋文化，使其呈现出独有的“东北特色”；而揭示东北地区海洋文化特质的研究，最直接的研究理路也许就是置于“海洋文化分区”的大前提统摄之下。

本丛书虽按行政辖区分卷，但也为“中国海洋文化分区”的确立，做出了先导性的贡献。

区域性研究，必须体现基础性研究的要求。在突出本区域文化特色研究的同时，关照到中国海洋文化基本问题的研究，是区域性研究的根本目的。如，什么是“海洋文明”？什么是“海洋文化”？什么是“中国海洋文化”？怎样确定“海洋文化”的科学概念并严格划定其内涵与外延？中国海洋文化与中国传统文化的关系究竟是什么？或者说，在漫长历史中居于主流地位的中国传统文化与中国海洋文化究竟是否属于形式逻辑范畴内讨论的“种属关系”？如果确实存在这种逻辑上的层级，那么传统文化这个“属文化”对海洋文化这个“种文化”的强制规定性究竟是什么？而中国海洋文化这个“种文化”又如何体现中国传统主流文化这个“属文化”的基本属性？反之，中国海洋文化对中国传统文化施加的影响又有哪些？在精神—物质—制度等层面上是怎样表现出来的？进一步放大研究视野，则中国海洋文化在世界海洋文化范围内的独立存在意义和历史地位是什么？从世界范围回看，中国海洋文化的基本性质是什么？而以发展的、前进的目光观察，中国海洋文化未来的发展方向和前景又是什么？在实践中华民族伟大复兴的历史进程中会发挥什么样的重要作用……这些问题，层叠缠绕，彼此相连，或多至不胜枚举，但都是海洋文化研究的基本问题。区域性的海洋文化研究的意义，不仅在于对本区域海洋文化诸课题的研究，还应有意识地在区域性研究中探讨和研究整体性、基础性的问题，分剖析理，彼此观照，以观全貌，最终为中国海洋文化学的学科建设和理论体系的形成，奠定坚实的基础。本丛书各卷撰著者，在这方面也都做出了有益的探索和尝试。

"中国海洋文化丛书"，举诸家之说，辩文化之理，兴及物之学，是近年来中国海洋文化研究成果的一次集合性的展示。尽管由于各种原因，还存在着这样或那样的不足，但对促进中国海洋文化研究的发展，仍具有不可忽视的意义。生活在 1500 多年前的陶渊明先生在诗中说："奇文共欣赏，疑义相与析。"中国海洋文化作为一个新兴的研究领域，尚在成长之中，对于丛书中存在的问题，也希望广大读者不吝赐教。

21 世纪是海洋世纪，党的十八大报告中首次提出"建设海洋强国"的战略目标，海洋上升至前所未有的国家发展战略的高度。希望本丛书的出版，能唤起更多读者对中国海洋文化的关注与研究。中国的海洋事业正在加速发展，中国的海洋文化研究正在健康成长并为国家海洋事业的发展提供强大而不竭的文化助力，让我们一起努力，为实现"两个一百年"的奋斗目标，为实现中华民族的"海上强国梦"而竭诚奋斗，执着向前。

海洋文化学者　张帆

目录

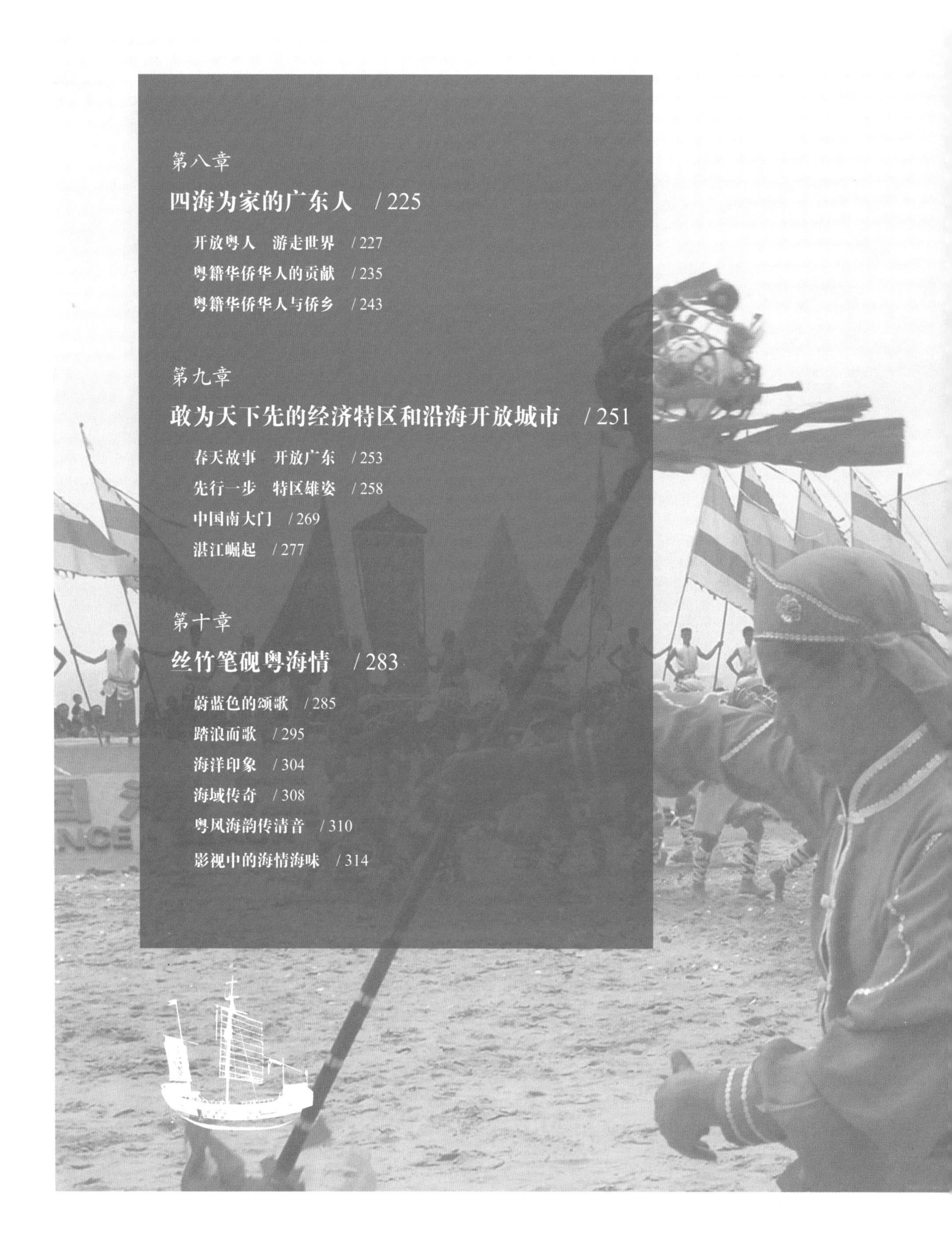

目录

海洋文化生发的地理条件
域划属地呈现的海洋性
海洋文化源远流长
特色鲜明的广东海洋文化

第一章

南蛮不蛮
在海一方

珠江口，南大洋，江海一体源流长。

南越国，南海郡，粤广演绎海文章。

——题记

广东省地处南海之滨，为中国南部沿海省份，是中国海洋文化的重要发祥地。《吕氏春秋》中称“百越”，《史记》中称“南越”，《汉书》称“南粤”，“越”与“粤”通，也简称“粤”，泛指岭南一带地方。广东先民很早就在这片土地上生息、劳动、繁衍，利用濒临南海的地利，在海洋生产和生活中创造海洋文化，成为中国海洋文化的重要发祥地。

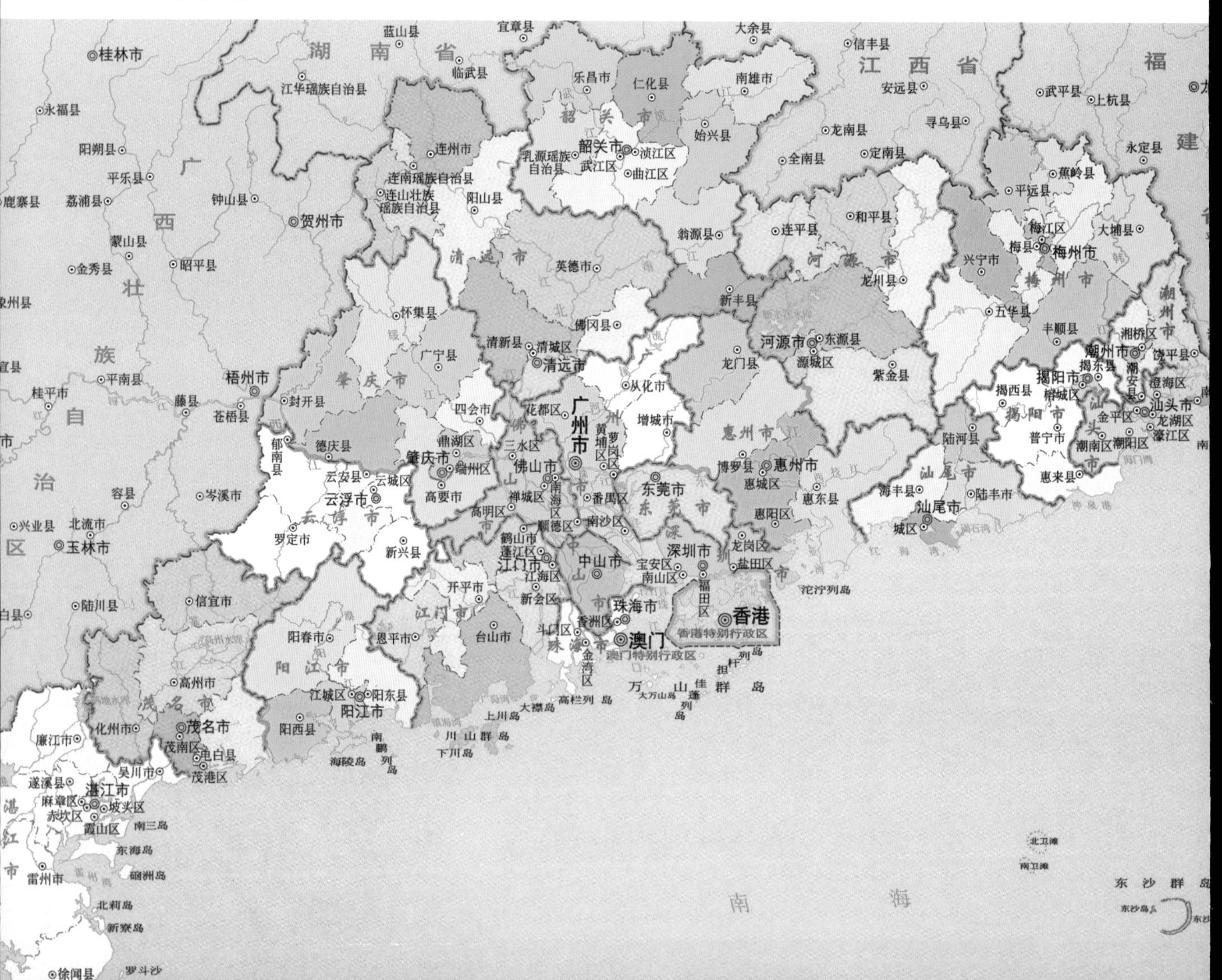

广东省地图

广东省东邻福建，北接江西、湖南，西连广西，南临南海，珠江口东西两侧分别与香港、澳门特别行政区接壤，西南部雷州半岛隔琼州海峡与海南省相望。

广东全省陆地面积17.98万平方千米，其中岛屿面积1472平方千米。全省沿海岛屿众多，有岛屿1431个，数量仅次于浙江、福建两省，居全国第三位。其中面积500平方米以上的岛屿759个，大于50平方千米的海岛9个，分别是东海岛、上川岛、南三岛、南澳岛、海陵岛、下川岛、达濠岛、三灶岛、横琴岛。另有明礁和干出礁1631个。主要海岛群包括南澳、达濠、靖海、遮浪、大亚湾、万山、横琴、高栏、川山、海陵、湛江港、新寮等岛群和东沙群岛。

广东全省大陆岸线长4114.3千米，居全国第一位。按照《联合国海洋法公约》关于领海、大陆架及专属经济区归沿岸国家管辖的规定，全省海域总面积41.9万平方千米。沿海沿河地区多为第四纪沉积层，是构成耕地资源的物质基础。沿海数量众多的优质沙滩以及雷州半岛西南岸的珊瑚礁，是十分重要的地貌旅游资源。

广东拥有良好的港口资源和深水岸线。深水岸线长1510千米，适宜建港的海湾200多个，其中广澳湾、大亚湾、大鹏湾、伶仃洋、高栏列岛、海陵湾、湛江湾、琼州海峡北岸等具有建造10万～40万吨级港口的条件。

广东海上运输力量强大，至2010年年底全省共有沿海万吨级泊位245个，广州港货物吞吐量突破4亿吨，居全国沿海港口第三位，世界第五位，深圳港标准集装箱吞吐量突破2250万标准箱，居全国沿海港口第三位，世界第四位。初步形成了以广州港、深圳港、珠海港、汕头港、湛江港等为全国性主要港口，潮州港、揭阳港、汕尾港、惠州港、虎门港、中山港、江门港、阳江港、茂名港等其他沿海地区性重要港口和一般港口为补充的格局。

广东海域辽阔，海洋生物资源丰富。共有浮游植物406种、浮游动物 416 种、底栖生物 828 种、游泳生物 1297 种。南海北部大陆架海域有鱼类 1027 种，南海大陆斜坡海域有鱼类 205 种，南海诸岛海域有鱼类 523 种，南海北部海域有虾、蟹类 400 多种。海洋药用生物资源约 7500 种，其中南海特有 480 种。

远洋和近海捕捞以及海洋网箱养鱼和沿海养殖的牡蛎、虾类等海洋水产品年产量约 400 万吨。可供海水养殖面积 77.57 万公顷，实际海水养殖面积 20.82 万公顷，是全国著名的海洋水产大省。雷州半岛的养殖海水珍珠产量居全国首位。沿海还拥有众多的优良港口资源，广州港、深圳港、汕头港和湛江港已成为国内对外交通和贸易的重要通道。大亚湾、大鹏湾、碣石湾、博贺湾及南澳岛等地还有可建大型深水良港的港址。珠江口外海域和北部湾的油气田已打出多口出油井。沿海的风能、潮汐能和波浪能都有一定的开发潜力。广东沿海沙滩众多，气候温暖，红树林分布广、面积大，在祖国大陆的最南端灯楼角又有全国唯一的大陆缘型珊瑚礁。

广东地势为北高南低，北为丘陵山地，中部为冲积平原和河口三角洲，南临南海。北部山区人口不多，多民族混杂，农林为生；中部河网和平原既利于农耕，又因其为沿海和山区交汇处而便于交易，故“人多务贾与时逐”[1]，商业文化兴盛。南部地区，面朝浩瀚南海，形成珠江巨大密集的扇形河网和多口入海的特殊的河海交汇特征。广东漫长的海岸线，诸多的海湾和岛屿，丰富的海洋物产，使广东沿海一带长期有居民依海而生，享“鱼盐之利”“逐海洋之利”。“粤东滨海地区，耕三渔七”。[2] 海上生存不能没有航海工具，于是船舶技术在依海生产生活中产生并不断发展提升。

船舶技术与航海的发展推动了海上贸易的发展，加之广东所处的南海周边有东南亚、澳洲、大洋洲诸多岛屿，交通便捷，为广东人海外谋生、开展海外贸易与交流提供了方便，所以广东华侨和海外华人众多，占全国的 2/3。海上生存造就了广东人敢于冒险、敢为人先、勇于开拓的进取精神。

从中国版图上说，中原地区开化早，为主流文化产生地，政治经济文化相对于西、南地区较为发达昌盛。广东避处岭南“蛮荒”之地，同古代王朝中央政府相对隔膜。事实上，广东地跨热带、亚热带，北部又具温带特征，形成水平和垂直两个方向上复杂的地理景观，水、土、光、热和生物资源丰富，为训化生物品种、捕捞水产、创造丰富的物质文明提供

1 屈大均：《广东新语》卷十四、《食语》。

2 萧令裕：《粤东市舶论》，引见《小方壶斋舆地丛钞》。

有利的自然地理条件，所以古人说广东“兼中外之所产，备南北之所有”[1]。但在科技和生产力低下的古代，广东自然环境又相对恶劣，有中原人谈之色变的“瘴疠病毒”，淮南王刘安谏汉武帝远征岭南说：“南方暑湿，近夏立瘴热，暴露水居，蝮蛇蠹生，疾疠多作。兵未刃血，而病死者十之二三。”宋代诗人杨万里《出真（浈）阳峡》诗曰：“未必阳山天下穷，英州穷到骨中空。”在这样的地理环境下，广东人被迫与大自然进行顽强斗争，不但改造了自然，也发展了自己，形成勤劳刻苦、坚韧不屈的性格。

中国以儒家为代表的传统主流文化重农轻商，历代封建统治者以天朝大国自居，以物产丰盛自恃，轻视域外“夷地”，对海外交流与贸易重视不够，强调“国以民为本，民以衣食为本，衣食以农桑为本”。导致中国数千年来的农耕文明主调和本色，但广东背靠南岭屏障，分隔楚地及中原，受中原主流文化和政治导向的影响相对较小，形成粤地重商务实的传统。正是这样的自然和社会环境，使广东成为中国海洋文化的重要发祥地和中国海洋文化演绎的主舞台。

1　邱濬《邱文庄公集》卷八，《南溟奇甸赋有序》。

1. 依海而设的南海郡

广东地处南海之滨，行政区划上反映这一地理特征，因海而设南海郡。南海郡是从秦朝至唐朝的行政区划名，治所在今广东省广州市市区。

就古代典籍而言，《国语·楚语·上》中已有“抚征南海”的记载。公元前222年，秦王嬴政统一六国后发50万秦军攻打岭南；公元前214年，秦军基本上占领岭南。随即，秦始皇将所夺取的岭南地区，设“桂林、象、南海”三郡。今广东省的大部分地区属南海郡。这是广东历史上第一次划分行政区。

秦朝南海郡，郡治在番禺（即今广州），主体范围在今广东、海南和广西东南部，包括香港及澳门。汉武帝元鼎六年（公元前111年）平定南越国，把岭南三郡析为九郡（南海、苍梧、郁林、合浦、交趾、九真、日南、珠崖、儋耳），设交趾刺史部。

南海郡治番禺县，领番禺、中宿、博罗、龙川、四会、揭阳六县。西汉绥和元年（公元前8年）改为交州，南海郡隶交州。孙吴黄武五年（226年），交州分为交、广两州，南海郡隶广州，但不久就撤销了广州，永安

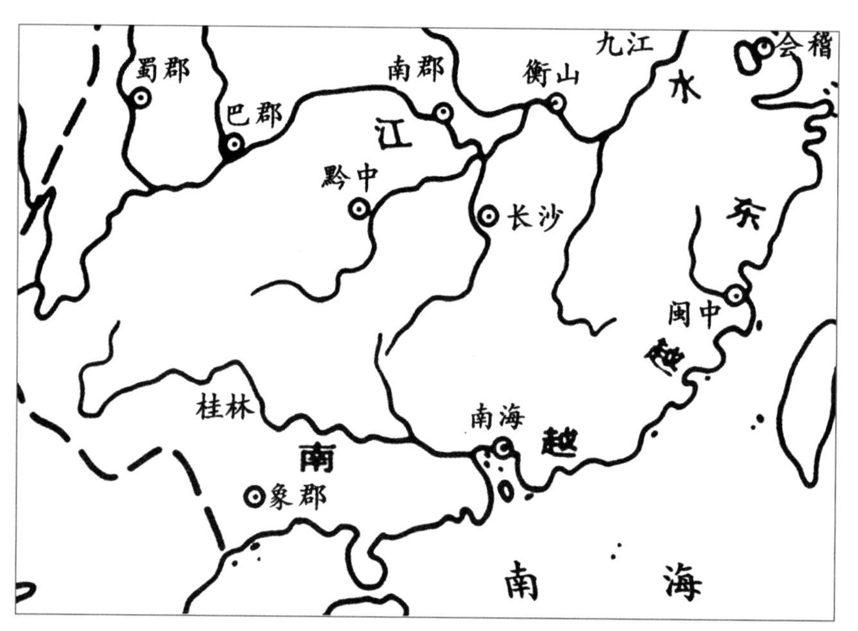

秦代分郡图（局部）

西汉时广东属交趾地（东汉时属交州地）

七年（264 年）又复置广州。

隋开皇九年（589 年），撤销南海郡，置广州总管府，仁寿元年（601 年）改番州，大业三年（607 年）又改为南海郡。

唐武德四年（621 年）废南海郡，复置广州，天宝元年（742 年）改广州为南海郡，乾元元年（758 年）复郡为州，南海郡又改广州。

2. 濒海而居的南越国

南越族是南海之滨的一个古老族群。秦末南海郡尉任嚣病危，委任龙川县令赵佗代职。任嚣死后赵起兵隔绝五岭通中原的道路，攻并桂林、象郡，建立南越国（公元前 203 年至公元前 111 年），国都位于番禺（今广东省广州市），疆域包括今天中国的广东、广西两省区的大部分地区，福建、湖南、贵州、云南的部分地区和越南的北部。南越国又称为南越或南粤，是岭南地区第一个封建王国。赵佗创建南越国，使岭南社会经济实现飞跃式的发展，社会形态从原始社会分散的部落统治一跃跨入封建社会，为今后的历史发展打下了基础。

南越国有丰富的海洋渔业文化和海洋商贸文化。南越国的墓葬中出土了大量的水产品，包括有鲤科鱼类、龟鳖类等淡水产品，产于珠三角河口地区的耳螺、笋光螺、河蚬等淡水和海水交界的水产品和青蚶、楔形斧蛤、龟足等海水产品，可见当时南越国已经掌握了娴熟的渔业生产技术。

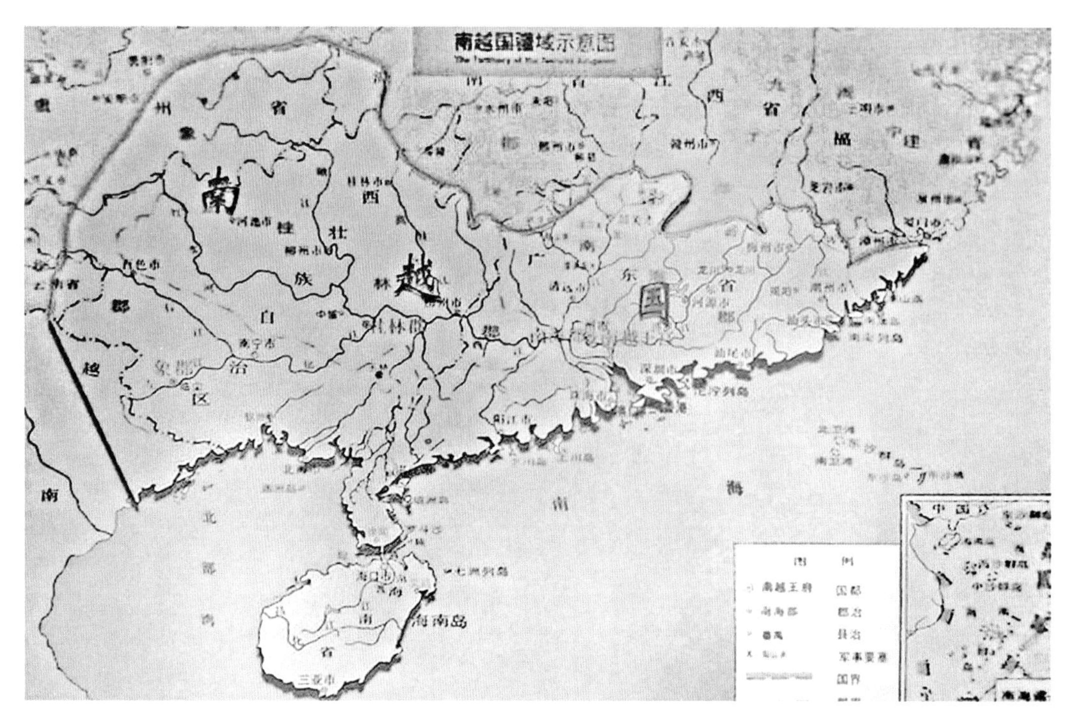

西汉南越国地图

南越国造船主要采用榫接法拼合，并用木钉、竹钉、铜钉或铁钉钉连。南越国制造的船只已经运用到军事、捕鱼、交通、娱乐、经商等各方面。

南越国的海上贸易也有很大的发展，据广州市的秦汉造船工场遗址的考古发掘证明，南越国的都城番禺已具备了生产大批内河和沿海航行船只的能力。当时的南越人已经开辟了通过南海与东南亚和南亚诸国进行海上商业贸易的路线，这条路线后来被称为“海上丝绸之路”。在南越文王墓中，就发掘出银盒、象牙、金花泡饰、乳香等与海外贸易密切相关的一些舶来品。

3. 南海重地广东

东汉末，魏、蜀、吴三国鼎立。汉献帝建安十五年（210年），吴国任命步骘为交州刺史。建安二十二年（217年），步骘把交州州治从广信东迁番禺。吴景帝永安七年（264年），东吴又把南海、苍梧、郁林、高梁四郡（今广东、广西大部）从交州划出，另设广州，州治番禺，广州由此得名。

唐初地方设州、县。岭南45州分属广州、桂州、容州、邕州、安南五个都督府（又称

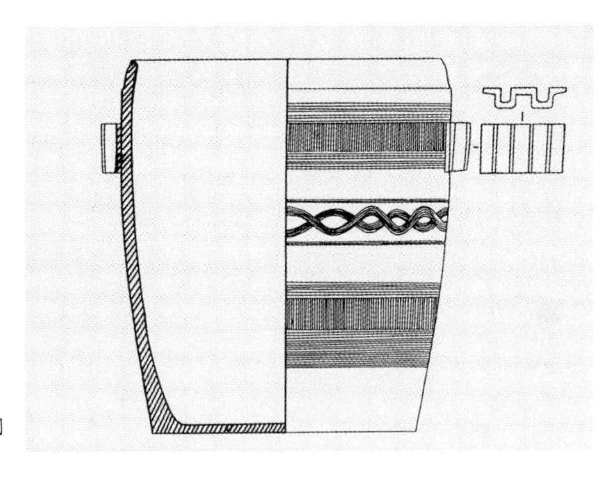

西汉南越王墓出土船纹提筒形制

岭南五管）。655年以后，五府皆隶于广州，治官称为五府（管）经略使，由广州刺史兼任。懿宗咸通三年（862年），岭南道划分为东、西道，东道治广州，广东属岭南东道，这是广东省名中“东”字的由来，也是两广分为东西的开始。

宋代地方行政制度分路、州（府、军）、县三级。广南路分为广南东路和广南西路，东路治所在广州，广东大部分属广南东路，广南东路简称“广东”。

元朝时，今广东省境分为广东道和海北海南道。广东道道治在广州，海北海南道道治在今雷州市。

明洪武二年（1369年），设广东行中书省，并将海北海南道改隶广东，广东成为明朝中央直辖13行省之一。雷州半岛、海南岛划拨广东统辖，结束了广东以往隶属不同政区的状况，广东省区域轮廓自此基本形成。

“广东省”名称正式使用始于清代，辖境与明代同。清设总督管辖广东、广西两省，称“两广总督”，初驻肇庆，清乾隆十一年（1746年）移广州。清代广东省最南的辖境是南海诸岛的曾母暗沙。西沙群岛（时称“千里长沙”）和南沙群岛（时称“万里石塘”）属于广东省琼州府的万州管辖。

1911年，辛亥革命后建立中华民国，广东省的名称和范围与清代相同。

1949年，新中国成立后，设广东省。1988年，中央政府将海南行政区从广东省划出，另设海南省。

由汉及清，广州和广东日渐成为中国南方经济重地，尤其是在海洋经济和海洋贸易方面一直居于中国南大门的地位。特别是明清时期以广州为对外贸易枢纽，甚至出现了一口通商、独领风骚的局面。

1. 史前文化及古越时期的海洋文化萌芽

史前文化的考古佐证

张镇洪著《南蛮不蛮——论珠江流域史前文化》一书说：岭南地区一直都被视为蛮荒之地。所谓蛮荒意为与中原地区相比，岭南地区生产落后，经济不发达，民风粗野，不够开化等。其实不然。大量的考古发现表明，早在史前时期，岭南地区已经存在丰富的文化，在人类起源、农业和家畜饲养起源、原始宗教和艺术的起源等方面都有过辉煌的成就。可以肯定地说，岭南地区不是蛮荒之地——南蛮不蛮。

距广东封开县城约 60 千米的河儿口镇有石灰岩山峰。1978 年在山峰坡上的垌中岩洞的堆积物中，发现了一颗人类的牙化石。1989 年，考古专家再次对此洞进行挖掘，又挖掘出两颗人类牙化石。垌中岩人是目前岭南地区发现的最早的人类，垌中岩人牙化石的年代为距今约 15 万年，被专家称为“岭南历史的揭幕人”。

1958 年在广东曲江县马坝镇西南的狮子山岩狮头洞穴里，发现了一个人类头盖骨和 19 种动物化石，经测定为距今 12.9 万年左右。

在封开县的罗沙岩遗址出土的人牙化石和石器，填补了广东地区距今 2 万～ 10 万年间史前文化的空白，其系列性和典型性在岭南地区是最完整和罕见的。

封开县的黄岩洞自 1961 年发现以来，不但发掘出两个古人类头颅化石，而且还发掘出大批的古动物化石，出土了 1000 多件砾石打制的石器。黄岩洞距今约 1 万年，是岭南旧石器时代向新石器时代过渡的典型洞穴遗址。

贝丘遗址和沙丘遗址是新石器时代的重要文化现象。中国沿海地区已发现贝丘遗址 200 多处，广东省有 70 多处。广东珠三角地区发现的贝丘遗址主要有蚬壳洲、茅岗、三水银洲、东莞蚝岗、村头、石排圆洲、南海鱿鱼岗、佛山河宕、大同灶岗、西樵山镇头。

蚝岗遗址地层堆积（肖一亭）

先秦古越时期的海洋文化萌芽

中国上古时代流传下来的历史地理著作《山海经》为我们描述了史前海洋民族的蛛丝马迹。《山海经》中《海外南经》，记载的“海外南”，指“海外自西南陬至东南陬者”，应指我国南海沿岸以及南海水域。其中记载的长臂国人“两手保操一鱼……捕鱼海中”。[1] 在更远的大荒地带，“南海渚中，有神，人面，珥两青蛇，践两赤蛇，曰不廷胡余”。又“有人名曰张宏，在海上捕鱼”。[2] 尽管成书于周朝的该书以神话传说构成，甚至充满荒诞色彩，但多少为我们提供了 6000 ~ 3000 年前南海土著生活的模糊景象。而随着我们对南海海洋文化越深入细致的了解，发现该书描述的可信度越大。

先秦时期长期活动在今广东沿海的古越人在史籍中不乏记载。四五千年前的新石器时代晚期，居住在南海之滨的南越人，已经善用舟楫近海行驶、捕鱼，来往附近岛屿，在一些岛屿上留下了生活遗址、岩画。《南越志》载：“越王造大舟。”而秦“使尉佗，屠睢将楼船之士南攻百越，使监禄凿渠运粮。”据考古材料发现，先秦时期的广东先民已穿梭于南海乃至南太平洋沿岸及其岛屿了，其文化可能间接影响了印度洋沿岸及其岛屿。汉代宗室刘安早已注意到南方的文化习俗，他在《淮南子·原道训》有说：“九嶷之南，陆事寡而水事众。于是民人劗发纹身，以象鳞虫；短绻不绔，以便涉游；短袂攘卷，以便刺舟……”史记

1 《山海经》卷六《海外南经》。

2 《山海经》卷十五《大荒南经》。

西汉南越王墓出土船纹提筒

集解中，应劭解释:“常在水中，故断其发，文其身，以像龙子，故不见伤害。”[1] 晋朝时，人们对越人的这种生活习性仍充满了神秘感，对其驾驭海洋的能力更予以神化:“南海外有鲛人，水居如鱼，不废织绩。”[2]

作为海洋民族，古越人善于制作舟楫。史载古越人“习于水斗，便于用舟”。《淮南子》有云:“是故世异则事变，时移则俗易……胡人便于马，越人便于舟，异形殊类，易事而悖，失处而则贱，得势而贵。”[3]20 世纪 70 年代以来，在广东沿海一带的揭阳、化州、茂名、吴川、海南沿海甚至内陆出土多艘汉魏两晋时期的独木舟，而这些地区正是古越人活动频繁之处，其制作独木舟的技术已经相当成熟。1982 年，广州南越王墓出土的大批珍贵文物中，有一样古代炊具——铜提筒格外引人瞩目，专家认为应称之为“筩”，是古时南人盛酒之器。该筩呈直筒形，腹壁为曲弧状，上腹壁两侧各铸一耳，以便盛酒提用，色泽浑然，器形完整，很难想象距今已有两千多年历史，足见该墓主人——南越国第二代国王赵眜生前宫廷生活的规模与奢华。尤其是提壶外壁的精美线性阴刻雕刻，勾勒出南越国时代岭南古越人

1 《史记 · 孝景本纪》，中华书局 1973 年版。

2 张华《博物志》卷一、卷二。

3 《淮南子》卷十一，《齐俗训》。

的海洋生活与海洋文化场景。提壶腹上为三组几何纹，主体花纹于筒腹中部环绕壶体绘有四组船纹，称为“羽人驾舟图”。只见船身均为两头尖翘，中部呈弧状，每船配有三帆，船尾有一人摇橹，桅杆上的羽饰迎风招展，船周围上有海鸟扑朔迂回，下有鱼鳖游弋左右，大有乘风破浪，航行海上之势。船上人物均头戴面具以及夸张的羽饰，或手拿弓箭刀斧，傩舞祭祀，或手持利剑挥向俯首坐地的俘虏，刀光剑影，鼓声催魂，蔚为壮观，极具仪式感。再现了古越人祭祀河神或海神的场面以及部落战争胜利杀俘猎头的情景。

1989 年 10 月，在珠江出海口上高栏海岛南端——宝镜湾发现两面内容丰富的阴刻岩画，被称为“宝镜湾遗址”。宝镜湾岩画，画成于距今 3000 ~ 4000 年前的青铜时代，其中最大的一幅岩刻近 15 平方米，被学术界称为“东南沿海岩画之最”，明显地体现了南海海洋文化的特点，有“南海明珠”的美誉。最为突出的是岩画上的船形图像。波涛汹涌的大海上，多艘装饰华丽的海船破浪前行，其造型已与现代船只无异，船身当中平阔，两头尖翘，平底，上宽下窄。其中一艘“载王之舟”气势庞大，不仅船头尖翘适宜航海，而且有帆有舵，可以利用风力调节方向。其间众多性别特征明显的男女围绕航海船只，头戴面具，跨步顿足，抛甩衣袖，俨然古代先民祭海傩舞的场面，应是祈祷海神护佑部落出海平安，丰衣足食……更有原始部落礼器——类似“鼎”的出现。专家认为整个祭祀仪式应是对日、月、天气变化等自然现象的顶礼膜拜，隐含了古代先民在长期与海相伴、与海谋生的艰难探索中凝练出的特有的海洋文化品质。

就在宝镜湾岩画发现后不久，人们在岩画所在山坡和附近沙丘不断采集到陶片和石网坠、石锛等新石器涉海工具，其中发现一石锚，重达 18.5 千克，古人为系缆绳而在石表面

南越王墓出土铜提筒船纹

珠海高栏岛宝镜湾石刻岩画

中间刻有凹槽，为舟船在海中抛锚定位。在整个南海之滨，从香港、澳门，直至广西沿海，发现的类似岩画已有多处，它们像一座座里程碑，见证了史前南海沿海古越先民创造的鲜明海洋特色的区域文化。

2. 古代南海海洋商贸文化和渔农文化

广东这片土地以及周边广袤的南海海洋地理空间，在中华大一统的政治格局下，与中原的关系日趋紧密，并以广阔的祖国大陆为依托，开发海洋，探索海洋，成为博大精深的中华文明中重要的组成部分。而南海海洋文化已经完成史前漫长的文化酝酿与文化积淀，正进入“以海为商”的海洋商业发展阶段，海洋特色的文化生活与社会发展也为大一统的中国封建帝国的繁荣与强盛发挥了重要作用。

古代南海海洋商贸文化的兴起与发展

崇商性是海洋文化的一大特点，在古代广东南海演绎得淋漓尽致。据《汉书·地理志下》

记载:“粤地，……处近海，多犀、象、毒冒、珠玑、银、铜、果，布之凑，中国往商贾者多取富焉；番禺，其一都会也。”著名的海上丝绸之路开辟于秦汉。《汉书·地理志》记载，汉武帝时，从徐闻、合浦、日南（今越南顺化）三港出航，途经都元国、邑卢没国、谌离国，之后上岸继续到夫甘都卢国，继续乘船到黄支国，已程不国，返航时到达象林县（今越南广南省一带），出航时拿着黄金与丝织品，返程时换回明珠琉璃以及奇石等物品。海洋商贸带来沿海地区的经济繁荣，也为南海沿岸的民众带来“以海为生”的新渠道。西汉后，这条海上丝绸之路愈加繁忙，贸易中心逐渐移至广州，开通了广州至东南亚国家多条航路，甚至最远到达印度、斯里兰卡、波斯湾，架起与古罗马（时称大秦）的贸易桥梁。隋唐五代时期，国力强盛。随着造船和航海技术的提高以及对外贸易的繁盛，围绕南海的中西海上交通完全控制在中央政府手中，海上丝绸之路迎来了新的繁荣时期。一条自南海始发沟通亚非欧三大洲的国际航路历经一代代海上冒险家的探索与开拓，逐渐清晰起来，它从广州出发，经九龙半岛和西沙群岛、南沙海域，向西南行至西亚、东非各地乃至欧洲，沿途经过 30 多个国家和地区，全长一万千米，是 16 世纪前世界最长的航线。《新唐书·地理志》中称之为“广东通海夷道”，中华文明借此声名远播。当时的广州俨然成为世界性贸易大港，各国商人蜂拥而来互市。唐天宝七年（748 年），鉴真东渡日本未果，被台风吹至海南岛后辗转广州，却有幸亲眼目睹广州外国商船林立、奇货珍玩交易不绝的海市盛况。

宋元时期，随着中国人民对南海自然地理环境和人文环境的进一步认识与了解，南海海商贸易规模超前，更为活跃，开发南海更为深入。南海海洋文化专家司徒尚纪据《岭外代答》《诸蕃志》等古籍考证，与宋朝有政治经济关系的海外国家和地区有 50 多个，而据《南海志》《岛夷志略》等元代史籍考证，则多达 140 多个国家和近 10 个地区。由海上丝路输入中国的商品在宋元时期多达 410 种以上。

明初，中国政府积极支持宗藩制政治制度下以朝贡制为特征的南海对外贸易，迎来了中国中世纪最为辉煌的海上盛世。从明永乐三年（1405 年）到明宣德八年（1433 年），受命于中央朝廷，航海家郑和率领数十万人马，分批分乘几十艘巨舰，从刘家港出发，经台湾海峡、我国南海海面，出使西洋各国，最远到达非洲东海岸。郑和巨大“宝船”所到之处，从东南亚直至马六甲一带，诸国政治的归附，朝贡贸易的运作，假道中国南海的海洋文明书写了最为绚丽的篇章。明朝中后期，直至清政府统治中国，国家海洋战略由于种种原因呈收缩之势，大部分时间明清政府实行东南沿海“海禁”，限制围绕海洋的经济贸易与社会发展，但仍保持广州一口对外通商。这一时期的广州，名副其实成为“金山珠海，天子南库”。由此诞生的广州半官办“十三行”特许经营对外贸易，在历史上书写了中国古代国际贸易的壮举，在当时的国家贸易全球化浪潮中扮演了主要角色。

古代南海渔农文化

围海造田　自宋元以来，封建中央政府逐步加强对南海的驾驭控制能力，同时大量移民的南迁，对中国这样一个以农业立国的封建国家，以海为田的渔农文化开始盛行于南海沿海一带，主要有围垦河海滩涂、煮海晒盐、水产捕捞。著名的造田工程有宋元时期珠江三角洲一带，依托西江、北江、东江干流两岸的围堤工程、潮州韩江口堤防体系的完成，滩涂化良田。雷州半岛沿海大修水利，雷州府城外修筑海堤，使昔日咸潮之地化为“东洋”万顷良田，时至今日，仍是“雷州粮仓”。这种与海争地的海洋文化传统发展到明清时期，为缓解两广地区日益增长的人口压力起到了积极作用。围堤规模和技术大大提高，珠江三角洲沿海筑堤成倍增长，韩江三角洲腴田三万多亩，雷州半岛成为明代广东粮食输出最大地区。为迅速使淤泥变为良田，广东沿海人们发明了“种芦积泥”法，利用芦苇将河流冲积而来的淤泥沉积于近海沙洲，经历漫长培育过程，成为稻田。

海滩涂的利用还表现在水产养殖。明代，出现养殖蛏子的“蛏田”。明末清初，广东沿海已经出现人工养殖牡蛎，当地人称之为“蚝”，珠江三角洲滨海出现了大量“蚝田”。此外，“毛蚶”甚至“玳瑁”也有养殖。

汕尾遮浪景区

徐闻县大井村——珠农将珠核植入贝腹

珍珠采集与养殖 历史上因源于南海而得名的“南珠”是中国古代海洋文化的一颗奇葩。采集珍珠始于汉朝，雷州半岛一带人善游采珠，“儿年十余岁便教入水，官禁民采珠，巧盗者，蹲水底，刮蚌得好珠，吞而出”[1]。当时，一捧珍珠价值连城，珍珠长期作为贡品为王公贵族与富者所独享。为此，唐政府特设珠池和采珠“珠户”，“廉州（今湛江廉江海边）边海中有洲岛，岛上有大池，谓之珠池。每岁刺史修贡，自监珠户入池，采以充贡，……池水极深，莫测也。如豌豆大者常珠，如弹丸者亦时有得，径寸照室，不可遇也”。南汉时，政府对采珠更为重视，在今雷州珠母海（北部湾）和东莞大步海一带，设立“媚川都”机构，配置兵马控制对珍珠的采集，这些“珠户”大都保持古越人生活传统，滨海而居。元明清以降，海上采珠的危险以及对采珠人的盘剥迫使政府采珠政策时罢时兴，但人们对珍珠的需索仍十分强烈，由此诞生出以假核人工培育珍珠的技术。将大蚌放在水中，以假核投入蚌之口中，频繁换清水，数月即成珍珠。

海洋渔业与海水养殖 古越人以海谋生最典型的形式就是海洋捕捞业的出现与发展，从此，这种海洋性生产生活方式在广东沿海人们的生活画卷中从未间断其文化表现。到明清时期，随着不断的人口南迁，岭南地区生齿日繁，加之长期以海为生的“水上人家”生活传统，人们对蛋白质的摄取更多地依赖于海洋渔业，海洋渔业长足发展。史料载，广东珠三角一带、潮汕地区地狭人稠，耕地严重不足，许多滨海百姓“半不务农，而以渔盐为生”，在雷州半岛，大批人口依靠耕海为生。海洋渔业发展依赖于渔具的进步，《广东新语》中为我们介绍了大量滨海捕鱼渔具，如用于海滨的渔具有笼、罾、罩、橇、箔、跳白、钓等，用于浅海的有罛（gū，大网），罛又分多种，不同的深浅、不同水质、不同季节、不

1 汉《异物志》。

汕头牛田洋围罾网

同鱼种，使用不同的渔具。[1]

明清时期，南海作业渔船已从小船小艇发展到一桅到三杆帆船，抗风能力增强，南海沿海渔民已经有成规模远航至西沙、南沙群岛的捕鱼探险行动。他们将航海生产经验记录下来，形成一种民间的航海指南，称之为《更路簿》（更为渔民航海路程计算单位，1 更 = 60 里）或《水路簿》，详细记录了南海诸岛捕鱼的航线、经历的岛屿，并命名这些岛屿。有人统计，就现有收集到的《更路簿》共记载近百个南海诸岛岛屿名称，这些地名大都作为“渔民名称”收入中国地名委员会 1983 年印发的《南海诸岛标准地名表》中，足见中国南海渔民海洋捕捞的历史悠久，南海诸岛历来是中国渔民的传统渔场，这一捕捞传统流传至今，是南海诸岛自古以来就是我国神圣领土的有力证明。

1　屈大均《广东新语》卷 22，鳞语，渔具。

3. 近现代政治事变影响下的海洋文化

历史进入 19 世纪，千年来形成的以中华帝国为核心、倚重陆权的国际秩序遭受前所未有的挑战，来自欧洲以海洋文化为特征的资本主义文明兴起，伴随着西方地理大发现、重商主义的立国观念，昔日不为封建帝国重视的蕞尔小国先后建立了现代民族国家，发生资产阶级革命，他们普遍采用资本主义生产方式，纷纷走向海外，进行殖民掠夺，而历来富庶繁荣的中国，成为其对外侵略的重要目的地。尽管明清以来封建统治者实行“海禁”，企图通过封锁国门求得国家长治久安，但在西方殖民者以坚船利炮为后盾，以鸦片贸易为突破口的强大攻势下，国门洞开，“闭关锁国”的国家战略顿时瓦解，清政府被迫与海上列强签订城下之盟。

在中国社会面临“千年未有之大变局”的时刻，地处南海之滨的广东始终处于与西方殖民者交锋的最前方。中国进入半殖民地半封建社会标志性的海战均发生在南海，封建王权与列强签订的不平等条约、割地、赔款多与广东、南海有关，传统中国以南海为核心的海洋商贸文化、海洋渔农文化遭到前所未有的挑战。

正是在这种特殊的背景下，饱受南海海洋文化熏陶的广东人穷则思变，审时度势，率先觉醒，在南海传统海洋文化遭受血与火的洗礼中，蜕变升华，不仅在全国率先爆发了一系列救亡图存的革命，同时，其变革思想也积淀成为影响整个中华民族奋进抗争的新的思想，涌现出一系列拯救中华民族，实现国家现代化的思想家与革命家，他们奔走呼号，唤醒民众，革故鼎新，摆脱封建传统束缚，以崭新的思想与风貌迎接新时代的到来，成为中国社会向现代迈进过程中海洋文化新的内涵，写就了中国现代海洋文明的新篇章。

从鸦片战争开始，广东人就以大无畏的精神英勇抵御外国侵略，三元里人民的抗英上演了一场以弱胜强的斗争，显示了沿海人民的坚韧不屈、勇猛善战的性格与气节。同时，广东人本能地意识到新文明的压迫，他们以长期浸染的海洋文化的眼光与气度，迅速接受西方海洋文明，萌发变革思想，他们站在不同的社会角度，演绎海洋文化的现代化。从“开眼看世界”第一人林则徐编写《四洲志》，到魏源编撰《海国图志》，提出“师夷长技以制夷”的变法主张，再到大胆引进西方神学思想创立“拜上帝教”的太平天国起义，横扫中国东南半壁江山，建立自己的政权，并在这支队伍中诞生了效法西方科技实业，走资本主义道路的著作《资政新篇》，都是对中国传统封建正统思想的否定与超越。这与广东这片海洋文化热土开放、包容的文化底蕴有着千丝万缕的联系。同样，耳濡目染南海海商贸易兴盛以及侵华殖民，清末香山人士容闳作为中国最早的海外留学生编著了《西学东渐记》，仔细观察并推动新文明在中国的传播。他身体力行，在清末以“自强求富”为号召的洋务运动中，积极筹措，到西方采买机械设备，振兴国家实业；出洋购置军舰，建立中国现代海军；筹划中国最早官派留洋学生，为中国培养人才，为中国向现代化的发展做出了贡献。另有香山人郑观应，作为中国早期维新派思想家，继承南海海洋商贸文化传统，虽以与洋人贸易的买办身份立身，却能胸怀国家民族大义，探索中国救亡图存的道路，在其影响深远的著作《盛世危言》中，以敏锐的洞察力与长期海外贸易的经验，坚定指出，中国要想与列强抗争，非与之进行“商战”不可！如此韬略，在今天社会主义市场经济大潮中，我国围绕世界市场的贸易战正酣之时，令人由衷地感叹其思维的超前与开阔。

基于对西方海洋文化孕育而生的资本主义现代文明进行系统审视并试图通过变法维新以振兴中华的代表人物康有为与梁启超，同样来自南海之滨。他们深谙新时代海洋所赋予人类社会丰富而深刻的生产生存方式的变革，对现代文明的理解与认同心有灵犀。在变法维新失败后，他们环球旅行，遍访欧美，以游记的形式为国人打开尘封的窗子，介绍西方国家的政治经济文化。通过中西、古今海洋文明的对比，对南海海洋文化有了更为深刻的理性认识，梁启超著《欧洲地理大势论》和《亚洲地理大势论》，通过对欧洲海洋地理与国家社会思想、技术、信息交流进步的关系分析，得出“此其开化之所以特早”的结论。同时，他以全球化的视野对广东肩负海洋使命，发扬海洋文化传统，创建现代海洋文明寄予厚望，他回顾中西海上交通的历史变迁以及广东在其中发挥的巨大作用，认为近世形势大变，“今之广东依然成为世界交通第一孔道”，这一优势铸就了广东人“剽悍、活泼、进取、冒险之性质，于中国民俗中稍现一特色焉”，是对南海悠久的海洋文化继往开来的总结与鞭策，具有划时代的意义。

正是由于深厚的海洋文化积淀，使鸦片战争前的广东成为中国最早的资本主义萌芽以及商品经济发达地区，为之后的社会变革培育了土壤，近代广东成为中国民族资本家的摇篮，同治末年，沿海近代工业开始出现，广

林则徐

东机器局、黄埔船厂的出现，具有划时代的意义。而蜚声全国的继昌龙缫丝厂，是全国同行业的第一家民族资本主义工业企业。

进入民国，当"推翻帝制，建立共和"的观念深入人心时，中国革命的先行者孙中山以更为深远的海洋观践行其建设祖国的崇高理想。其救亡图存的"三民主义"政治思想，以无私忘我的热情投身艰苦卓绝的民主主义革命中，很大程度上源于南海之滨浓郁的海洋文化的开放式的胸怀与世界观，源于一个饱受海洋文化熏陶的智者对西方文明踏海东来的深刻观察与思考。他敏锐地意识到海洋对各民族国家的现代化发展意义重大，首次在国家发展战略层面旗帜鲜明提出"海权思想"。他在《建国方略·实业计划》中就建设中国海洋事业更有具体部署。

自唐代就开始的岭南海外移民传统，到近代已具备相当规模，华侨遍布东南亚。他们远渡重洋，借着祖先披荆斩棘、闯荡大海的勇气与坚韧，带着对新世界的憧憬，创造了一个个人类族群大迁徙的奇迹，择地而居，为当地社会发展贡献自己的力量。鸦片战争后，又有大批华人出国，以两广人最多，遍及世界各地。

晚清时期，半殖民地半封建社会下，封建帝国财政已经捉襟见肘，但与"积贫积弱"的国家相比，南海一带的各国华侨商贸却是繁盛非常，民间资本雄厚，商贸往来活跃，超乎人们想象。如澄海地区陈簧利家族，依靠娴熟的航海技术，长期经营一支围绕南海的远洋航运船队，在汕头和香港之间作来回贸易，并形成新加坡、曼谷、香港、汕头的贸易网络。发财致富的陈簧利热心家族事业，在澄海当地做了大量好事，受到当地人们的广泛尊敬，其牌位进入省城广州的陈家祠。

由于鸦片战争后，不平等条约的签订导致沿海一系列通商口岸的出现，在客观上形成了殖民地文化的事实，广东也不可置之度外。而恰恰有广东传统海洋文化丰厚的底蕴铺垫，两广人民在香港、澳门等殖民地遭受不平等待遇同时，却能因势利导，最广泛地实现中西方文化的交流，努力吸收西方文明的优点。如西方政治思想文化的传入，报纸杂志林立，西方宗教、西方教育在岭南传播，科技的进步，西洋建筑风格在城市建设中的表现，西洋工艺、医药、语言、风俗也为广东人普遍认同与接纳，并通过两广传入内地。许多外国人在广州开设西医院，推广牛痘、西式餐饮、服饰、西洋工艺美术等，华洋杂处，形成了颇具特色的社会生活画卷，而岭南固有的海洋文化因子也因外来势力的介入而激荡、升华，形成了具有广东特色的商贸文化。同时，遍布世界各地的华侨，通过南海将岭南特色的生产生活方式传播到五大洲、四大洋，全世界著名的商埠"唐人街"，以民间传播的方式，使中华文化在世界各地生根发芽。在这样的环境熏陶下，近代广东出现了群像式的先进人物，开风气之先，引领中国人民迈入现代化的门槛。

4. 新中国成立以来的广东海洋文化

1949 年中华人民共和国成立，广东彻底摆脱了半殖民地半封建社会对祖国蓝色海洋事业发展的羁绊，而广东南海海洋文化漫长的积淀与成长，其所蕴含的人文精神以及巨大能量，也经历了曲折而复杂的理解、认识过程，并在新的时代以全新的方式得到诠释。

新中国成立之初，国际“冷战”环境下帝国主义对我国封锁禁运，直接影响我国南海海洋开发。这一时期，“以粮为纲”是广东省海洋经济着力发展的内容，20 世纪 50—60 年代，政府派出大量人力物力在珠江三角洲、粤东、粤西沿海“围海造田”，种植水稻等经济作物。与此同时，传统海洋产业如水产养殖、捕捞、晒盐业规模大大减少，尤其是海洋商贸文化

深圳盐田港物流中心

在计划经济体制下几近中断，中西文化交流与融合停滞不前，这是当时国际国内政治环境决定的，广东海洋事业发展错过了大好时机。

到了改革开放的年代，广东省又一次得风气之先，以其世纪之交强有力的变革再次展示了其海洋文化的厚重积淀对中国社会发展的巨大推动作用。1979 年 7 月，广东在全国率先试办深圳、珠海、汕头三大经济特区，充分利用广东临近港澳与文化传统的优势，国家给予的特殊政策，地方采取灵活措施，引进外资，搞活经济，率先超越计划经济发展模式，成为中国改革开放的排头兵。广东发扬“敢为天下先”“动态求变”、开放、兼容的海洋文化性格传统，积极投入到市场经济的大潮之中，20 世纪末，广东就已获得“世界工厂”的美誉，“广东制造”蜚声世界。

在 21 世纪，广东海洋强省的建设正在有计划有步骤地进行中。广东海洋经济稳步发展，海洋渔业、海洋油气业、滨海旅游业等主导产业国内领先，已经形成海洋交通运输、海洋旅游、海洋渔业、海洋油气、滨海电力等产业为重点，海洋药物日益得到重视的多种海洋产业全面开发的新格局。

回顾广东改革开放 30 年所创造的发展奇迹和凝聚的时代精神，海洋文化传统可谓是新广东人创造改革开放奇迹的激情所在、动力所在。学者在探究广东改革开放的成就时发现，拨开经济繁荣与一系列社会现代化的光怪陆离画面，最终展示在世人面前的恰恰是广东海洋文化的地域文化精神，是南海海洋文化在当代的成功演绎与创新！

特色鲜明的广东海洋文化

广东人傍海而居，凌波而行，耕海而生，踏海而舞，观海而歌，悟海而论，海洋文化由是生发。

1. 丰富多彩的广东海洋文化

广东堪称海洋文化圣地，有孕育和发展海洋文化的独特优势和良好条件。广东海洋资源极为丰富，在悠久的历史发展过程中，依海而生的广东人创造了丰富多彩的海洋文化，诸如海洋经贸文化、海洋移民文化、海上居民文化和海洋民俗文化，海洋军事文化、信仰文化、艺术文化等。其中特别值得一提的有以下几方面。

海洋经贸文化

由于地理、历史和文化因素，广东长期处在中国海上对外经济贸易和文化交流的前沿，创造了多项“中国之最”：先秦时期，岭南已有海外交往，是我国最早与东南亚发生关系的地区；广东徐闻是有历史记载的中国最早的海上丝绸之路始发港口；广东是海上丝绸之路的历史最早、年代最齐、港口最多、线路最长的古代海洋文化大省，有被称为“海上敦煌”的“南海Ⅰ号”宋代沉船和被称为“海上敦煌”的存放“南海Ⅰ号”的“海上丝绸之路博物馆”；番禺（广州）是秦末、南越国时期南方最大的海外贸易中心；唐朝在广州设置的“市舶使”，是中国最早的海上贸易管理机构；唐朝“广州通海夷道”，穿越南海、印度洋，抵达波斯湾和东非海岸，是当时世界上最长的远洋航线；清代广州长期是国内唯一的对外通商口岸，“一口通商”造就“天子南库”；广东人重商务实，粤商是中国古代著名商帮，也是海洋特色鲜明的商帮。

造船与航运文化

广东人乘“广船”走向世界，“广船”是中国船舶史上精彩的一笔。广东造船始于何时不得而知，广东为南越地，典籍中“越人善于舟”的文字很多。《汉书》云：“越，方外之地……处溪谷之间，篁竹之中，习于水斗，便于之舟。”《吴越春秋》亦云：“越性脆而愚，水行山处，以船为车，以楫为马，往若飘然，去则难从，锐兵敢死，越之常也。”《淮南子》云:“越人便于舟。”珠海古岩画中的舟形图案、广州中山四路发现的秦汉造船工场遗址、广州汉墓出土的汉陶舟、茂名出土的南朝独木舟，一定程度上反映了广东源远流长的古代船史。

中国古代造船工匠根据各地区水域特点，造出了各种适用船型，其中沙船、鸟船、福船、广船是四大传统船型。广东出产的木质海帆船被称为“广船”。代表清代广船形象和水平的是“耆英”号。

历史上广东是海上丝绸之路的重要始发地，“广船”沿海上丝绸之路走遍五洲四海。今天，广东现代港口海运续写着海上丝绸之路的辉煌。

以“海上居民”——疍家文化为代表的广东海洋民俗文化

疍家人是以船为家的水上居民，主要分为“河疍”和“海疍”。由于疍家人人数不少，新中国成立之初差点成为中国第 57 个少数民族。广东疍家人主要以在沿海港湾捕鱼抓蟹为生，兼及水上运输。祖祖辈辈过着与水为伴、浮家泛宅，迎风斗浪的生活，善于驾船海行，被称为中国古代最伟大的航海家。以疍家文化为代表的海洋民俗文化别具特色，包括行船捕鱼的讲究，饮食习惯与禁忌，节庆文化、渔家服饰、鬼神信仰与祭祀，船上婚礼，特色民歌——汕尾中山东莞一带的“咸水歌”“惠东渔歌”“霞山艇仔歌”和“雷州姑娘歌”等。

华侨大省的华侨文化

广东是中国华侨最多的省份。广东籍人士移居海外，据有关史料记载，大概始于晚唐或宋初。元明与清初，由于南方沿海经济比较发达，广东对外贸易迅速发展，移民海外的广东人逐渐增加，19 世纪中叶起，广东人开始大规模地移民海外，出现一波波移民潮。广东侨乡主要集中在珠江三角洲和潮汕平原。世界文化遗产“开平雕楼”是广东华侨文化一道亮丽的风景。

海外华侨克勤克俭，略有节余便托人捎带钱物回家并附家书，被称为“侨批”。早期东南亚地区的粤籍华侨，大部分通过这种方式汇款回家。中国改革开放后，海外粤籍华人与家乡来往更加频繁，对侨乡的社会经济与公益事业的发展做出了重要的贡献。

广东出现那么多的华侨和侨乡，除了自然地理因素和上述经济社会因素外，还有一个重要原因是广东的人文特征。广东人富勇敢开拓精神，顽强不屈、吃苦耐劳。他们不甘困苦贫弱，勇于越洋过海，开拓新天地，谋取新财富，创立新事业。

开风气之先的广东近代海洋思想文化

近代以来，中国思想史在广东滥觞。

广东近代海洋名人引领时代风潮、开风气之先，在南粤和中华大地上演出了由“启蒙发聩—改良维新—民主革命”组成的三部曲。梁廷枏、林则徐、郑观应、康有为、梁启超、黄遵宪、容闳、孙中山等一代巨子名垂青史。梁廷枏不仅在《广东海防汇览》编撰中功不可没，而且主撰《粤海关志》和《海国四说》。林则徐被称为“开眼看世界第一人”，力倡“禁烟”和海防。郑观应《盛世危言》是中国思想界中一部较早地认真考虑从传统社会向现代社会转变的著作，是一个全面系统地学习西方社会的纲领。郑观应重视海防，设计了分区设防、重点防御的海防战略，其水师论、船政论、炮台论颇有见地。梁启超是变法骨干、学术巨子，以世界眼光看待中国问题，倡言海洋，励民图强，明确指出“欲伸国力于世界，必以争海权为第一意”。容闳是“留学之父”，中国留学教育的功臣。孙中山领导辛亥革命，推翻帝制，以海权论警醒国人。孙中山认为，国力之盛衰强弱，常在海而不在陆，“制海者，可制世界”，积极主张发展海洋实业。

别具特色的海鲜美食文化

食在广东，名不虚传。粤菜列八大菜系，以其食材之广博讲究、烹饪手法之精致细腻而闻名天下，更因其地利之便以海味之鲜著称。广东海鲜美食，在潮州菜系、广府菜系中均有表现，湛江被称为海鲜美食之都。

豪气彰显、保家卫国的海洋军事文化

广东地处南海，为中国南大门，自古为海防要地。沿海一带遍布明清时期留下的关城、炮台、烟墩，这些与他省别地无异。广东海洋军事文化中最值得称道的是豪气彰显、保家卫国的海战英烈、群起抵御海上来犯之敌的民众故事。诸如虎门海战、三元里抗英、湛江广州湾抗法斗争等。广东海战博物馆、鸦片战争博物馆、三元里人民抗英斗争纪念馆、湛江博物馆为我们留下难得的历史记忆。

以南海第一庙——南海神庙为代表的海神文化

广州南海神庙坐落于广州黄埔区庙头村，是中国古代四大海神庙中唯一遗存下来的最完整、规模最大建筑群，是中国最大、最重要的南海神祭祀地。南海神庙也是中国古代对外贸易的一处重要史迹。它创建于隋开皇十四年（594 年），距今已有 1400 余年的历史。南海神庙立有康熙御笔“万里波澄”碑、韩愈“南海神庙碑”、苏东坡诗碑等。

潮风海韵的岭南文化精神

传统的“岭南文化”中的“岭南”，是地域概念，指“五岭”以南，[1]包括现今的广东、广西、海南三省区。但主要以属于广东文化的广府文化、潮州文化和客家文化为主，这应该是岭南文化的主体。“广东的特色文化就是岭南文化，它又是中华传统文化的一个重要组成部分。”

一般来说，人们谈及岭南文化是指传统岭南文化，不包括现当代广东思想文化。

岭南文化是在岭南地区长期的历史发展中逐步形成的，它既是中国传统文化在岭南地区的具体表现，同时又是在区域历史发展中形成的具有自身独特品格的文化体系，具有明显地域特色和精神品格，可以概括为：敢为人先、开放兼容、务实实干、重商求利。岭南文化的这些特征其实是彰显了岭南地区的海洋文化，体现的是岭南文化的海洋性和海洋特质。

海味十足的对外开放文化

岭南文化具有“尚新图变”“开放交流”“重商务实”的特质。明清以来，广东在中国政治、经济、文化学术，对外交流诸方面都具有特殊的地位。中国开放改革、向现代化的进军，也在广东这一海滩登陆。历史选择广东有其地理、历史、人文等诸多因素。京沪粤成为近现代中国三大经济、科技和文化中心，为鼎足之势。

改革开放何以选择广东，有其天时、地利、人和上的必然性和必要性。广东有地理和人文上的特异性。创办经济特区和开放沿海城市，这本身就具有海洋文化的意识和内涵。从改革开放初期采取的措施及其成效来看，“敢为天下先”“杀出一条血路来”和“摸着石头过河”的思想，正是海洋文化意识和精神的典型体现；引入外资和市场经济，是在思维方式和行为方式上接受了海洋文化和海洋经济，所提出的“排污不排外”“时间就是金钱，效率就是生命”等口号，深具海洋文化精髓。

---

1 《晋书·地理志下》将秦代所立的南海、桂林、象郡称为“岭南三郡”，明确了岭南的区域范围。岭南北靠五岭，南临南海，西连云贵，东接福建，范围包括了今广东、海南、广西的大部分和越南北部，宋以后，越南北部才分离出去。五岭不单是指五个岭名，也包括穿越南岭的五条通道。唐朝置岭南道，为贞观十道之一，治所位于广州(今广州市)，辖境包含今福建、广东全部、广西大部、云南东南部和越南北部地区。

现代都市深圳

2. 广东海洋文化精神

作为广东海洋文化核心和灵魂的广东海洋文化精神具有勇立涛尖、敢为人先的突出特征，其创造主体就是“敢喝头啖汤”的广东人。

广东海洋文化精神可概括为八个方面，即敢为人先精神、尚新图变精神、博大兼容精神、开放交流精神、刚毅无畏精神、开拓探索精神、平等自由精神、重商务实精神。

敢为人先精神

在长期的商业交往中，广东人逐步产生了竞争、开拓的意识，形成了中华传统文化中独具一格的敢为人先的精神。敢为天下先的作为，其精义在于“敢”和“先”二字。“敢”即大胆，干别人还不敢干的事，“先”是先行一步，争取第一。只有“先”才能主动，才有意义。

历史上有许多广东人背井离乡，漂洋过海，到外面的世界拼搏创业，或者沿着海上丝绸之路到别的国家进行商业贸易，或者四海为家靠出卖苦力谋生，在陌生的异国他乡开拓一方属于自己的天地，其中不少人成为当地工商界或金融界巨子。

20 世纪二三十年代林语堂在谈到广东人时说：“在中国正南的广东，我们又遇到另一种中国人。他们充满了种族的活力，人人都是男子汉，吃饭、工作都是男子汉的风格。他们有事业心，无忧无虑，挥霍浪费，好斗，好冒险，图进取，脾气急躁，在表面的中国文化之下是吃蛇的土著居民的传统，这显然是中国古代南方粤人血统的强烈混合物。”谭元亨也说：“2000 多年的海上丝绸之路，给这块发祥地带来的精神风貌，或形成的观念形态，显然迥异于中原。正是海洋，激发了他们敢于冒险的勇气，激发了他们敢于探求彼岸的雄心以及自由的精神。”

改革开放以来，广东秉持着这种文化特质，解放思想，开拓创新，以“杀开一条血路”的勇气和魄力，以敢为天下先的创新文化精神，不仅创造了世界经济史上的奇迹，也创造了引领时代潮流的新观念、新思想。这些都是广东形成自身文化竞争力的独特优势。借助经济特区等优惠政策的东风，岭南人文精神中敢为天下先，敢于打破桎梏、挑战旧观念旧制度的气魄再次被激发出来。广东人率先利用较高的经济自主权，大胆变革产业结构，大量吸引外资，努力搞活国民经济，使广东一跃成为改革浪潮中的先行者和排头兵。另一方面，这种精神气质成为推进国家现代转变的强大动力。在改革开放中，广东“先行一步”启动了中国人的现代思维，激活了整个民族的现代能量。岭南人文精神中的创新性、包容性、世界性铸就的文化品格，使广东的改革开放如虎添翼，显示了现代中国的发展状态与精神气象。

尚新图变精神

从唐代开始，粤人就敢于冒险犯难，前往南洋、澳洲和南北美洲等地建立家园并从事商业经营，从而使粤地成为我国侨胞最多的地区。即使在明清实行海禁的年代，粤人也敢冲破禁令出洋贸易。到了近代，中国被迫打开国门后，粤人把握时机，积极学习西方先进的管理经验和科学技术，修铁路、办工厂、设医院、引进技术设备。近代著名改良主义思想家、实业家，中山人郑观应更是力主变革，向西方学习，主张“采用机器生产，加快工商业发展，鼓励商民投资实业，鼓励民办开矿、造船、铁路”，“以商立国”。

近代的广东经历了深重的内忧外患。作为中国与世界交流的重要枢纽，广东人对内外交困的体会尤为深切。鸦片战争的失败，激发了中国变革图强、改良求新的思想文化运动和社会浪潮。对于“落后就要挨打”有着更为深切感受的广东，涌现出了一大批最早放眼看世界、站在斗争前列的杰出人物。同时，近代岭南得风气之先，最早拥抱西方文明，进而成为中西文化交流的重要桥梁，多种文化思潮在这里交汇融合，先后涌现出了一大批文化先驱和先进思想。广东人在历史巨变面前，率先融传统与现代为一体，升华传统人文精神，奠立现代人文底蕴。为世人所熟悉的康有为、梁启超发起的百日维新，试图模仿西方国家的制度进行政治经济的改革。林则徐是近代中国“开眼看世界”的第一人，林则徐、魏源等人提出“师夷长技以制夷”。孙中山确立“三民主义”的学说、领导资产阶级民主革命。变革求新的思想革命和社会革命猛烈地冲击着封建文化传统和封建专制制度，也在岭南文化中打下深深的烙印。

在市场机制下，人们要在竞争中站稳脚跟，实现自己的理想、获取自己的利益，“等、靠、要”只能是死路一条，必须充分发挥主体的主观能动性，开拓进取，勇于创新。改革开放以来，广东人民以解放思想、更新观念为先导，率先探索发展商品经济，率先探索建立社会主义市场经济体制，率先朝着基本实现社会主义现代化的目标迈进，创造了无数个“第一”，“敢饮头啖汤”成为新时期广东人精神的形象描述。

博大兼容精神

博大兼容是海洋的品格，更是海上生存者具有的品格。广州任上，林则徐曾在自己的府衙写了一副对联：“海纳百川有容乃大，壁立千仞无欲则刚。”这副对联形象生动，寓意深刻。

鸦片战争以来国人痛思贫弱之弊，尚新图变，于是有“开眼看世界”的呼吁，有魏源“师夷之长技以制夷”的提倡和《海国图志》的著作，有“洋务运动”，有新文化运动对“德先生”和“赛先生”的推崇。

李权时指出：“岭南位于东亚大陆边缘、南海之滨。得天独厚的地理环境和自然环境形成的岭南文化，必然是‘窗棂之下，易感风霜’，免不了要发生与其他外域文化的碰撞和交汇，形成一种开放的文化心态，呈现出与较为封闭的内陆文化有明显的不同性质。”

岭南文化历来就处于与不同文化相互对流和沟通的状态，不存在严重冲突和对抗的局面。在这种文化土壤上生活的广东人，必然有着博大兼容精神。无疑，在改革开放的新时期，现代广东人这种精神由于更为优越的自然社会条件得以强化。也正是现代广东人这种精神，在“排污不排外”的方针指导下，批判、改造和汲取其他外域文化的精华，结合广东改革开放的伟大实践，形成和发展了适应社会主义市场经济内在要求的一系列新的思想观念，有力地推进了广东物质文明、政治文明和精神文明建设的发展。

开放交流精神

海洋具有天然的开放性，因此同时具有交流性。开放交流更是海洋人的自觉选择。选择海洋意味着开放，开放交流必然会选择海洋。海洋文化所具有的开放、包容的特性，使其容易吸纳、消融中原文化和其他外来文化。这是岭南文化富有生机活力的缘由。岭南文化是经过融汇百越文化，吸纳中原文化和海外文化而形成的。

从海上来广州的海商、公使、高僧等，分属东非、西亚、中东、东南亚各国人，在唐代，据说有“十万”之众。广州是一个向国际开放的世界东方大港，居民语言、风俗各异，舶来品充塞市场，洋溢着海洋文化的氛围。广州市有专供外国人聚居的所谓“蕃坊”，有南海神庙、扶胥港（黄埔港）、镇海楼以及华林寺、怀圣光塔寺、先贤古墓等外来遗迹宗教。这些海洋文化遗迹，林林总总，广州简直是一座天然的海洋文化博物馆。至于岭南其他地方的海洋文化遗址、文物（包括海底沉船），更不胜枚举。

岭南地区从汉唐时期开始便成为沟通中外关系的重要门户，即使在清朝厉行闭关政策的时期也是如此。在长期的经济、文化交流中，岭南文化逐渐融入了一种善于吸收外来文化的开放因素。这使得广东人能灵敏地感受到外界的刺激，赶上时代的潮流，不断更新观念，丰富文化的内涵与生活的内容，较少保守思想与封闭心态。

刚毅无畏精神

浩渺无际的海洋，启开人们的心智与胸怀。海面是湛蓝柔顺的，但又倏忽巨浪翻天。变幻莫测的海洋，引发人们奇思妙想，使人的思维敏锐活泼。借助舟楫遨游海中，可破浪而前，凌波而上，锻铸了人们的胆识和智慧，养成了人们坚韧勇敢的性格。海洋孕育了岭南人，岭南人则以对大海的深切了解和超凡的领悟力，创造出与内陆不同的文化。人依存于海而创造海洋文明，海洋则因人而演义出种种传奇，变化万千，沧桑而富丽。

闯海人的生活体现了刚毅无畏精神，粤商在商海打拼体现了刚毅无畏精神，华侨出洋闯世界，历九死一生，在异国他乡立足谋生，创一份事业，需要刚毅无畏精神。

穷则思变，勇于冒险。一批批华侨先辈别妻离子，背负着改变个人与家庭命运的重托，奔赴万里之遥的异国他乡。他们知道这一选择充满风险：背井离乡，语言不通；在侨居地从事开矿山、辟田园、筑铁路等其他国家的民众不愿意涉足的高风险、低收入行业；遭受种族歧视甚至迫害，但华侨先辈以其智慧、坚毅、忍耐之进取精神，想方设法突破各国加诸华人群体的不公正待遇，甚至“不惜性命于一掷也，作冒险之进行”，小则为家，大则谋国，以实现其人生理想，这是何等的壮烈与勇敢！

中国有那么多沿海地区和省份，为什么广东成为华侨华人第一大省？原因之一是广东人尚新图强、刚毅无畏的精神和气概。

开拓探索精神

海洋充满了诱惑，人类对海洋充满了好奇，由于海洋的吸引和人们好奇心的冲动，于是去探险，去发现。

在樟林古港华侨纪念馆里有“过番三件宝”的图片和实物，过番的人们，带着一个篮子，

湛江港

里面放着几件旧衣服、已经切成的几块甜粿、一条浴巾，冒着生命危险在海上飘摇，心中希望到达彼岸的时候有美好的生活在等着他们。电视剧《家园》的主题曲是这么唱的：“天连着海，海连着天，离别家园红头船。为了过上好日子，好日子，阿哥下海到天边，到天边……”《火船驶过七洲洋》诗写道：“火船驶过七洲洋，回头不见我家乡；是好是劫全凭命，未知何日回‘寒窑’。”

在改革开放的今天，广东人先行先试，勇于开拓探索，走出一条新路，成为改革开放的排头兵。改革开放前的广东，是一个比较落后的地方，工业基础比较薄弱。然而，搞商品经济、市场经济必须走现代工业化的道路，走城镇化建设的道路。广东人要冲杀出一条血路来，除了要靠国家的正确路线、方针和政策的指引之外，必须有开拓探索精神。因为摆在广东人面前的是一条从来没有人走过的道路，既不能从书本中去找到现成的答案，也无法从前人的经验中去找到固有的模式，更不能靠幻想和争论来解决出路，只能靠自己“摸着石头过河”，靠自己的实践探索。

平等自由精神

海洋是全球通达联络的，海洋具有大尺度时空中开放自由的特点，人们的海上生存和活动超越了狭隘地域的局限和束缚，在广阔的空间中自由航行，自由营生。相对于陆地社会而言，海上活动显得无拘无束。而且，海洋社会具有商业性，人们在商业活动中遵循价值规律平等地交易、自由买卖。自由和平等是商业社会的要求和特征。

由于广东在历史上一方面商贸比较发达，基于商品经济发展的要求，自主自由的主体存在成为必然，个体的观念、自主的意识历来比较强烈。另一方面，正如梁启超所说，中国传统文化实以南北中分天下，北派之魁为孔子，南派之魁为老子，孔子之见排于南，犹如老子之见排于北。以儒家文化为核心的中原文化与岭南文化，分属于同一文化总体系中的内核型文化和边缘型文化。在这一种属关系和母子关系的制约中，岭南文化凭借它的地理位置，凭借明清以来岭南发达的手工业和对外贸易，凭借它对外来文化的兼收并蓄，使得中原的传统文化对它的影响不断淡化，使得它具有更大的自由度和容纳力，因而使中原传统文化的核心精神——整体主义对广东人未能形成强有力的影响，也为岭南文化中自主自由精神的滋长提供了重要的条件。而随着社会主义市场经济在广东的孕育形成，更为现代广东人自主自由精神的弘扬奠定了坚实的基础。同时，现代广东人这种自主自由精神的弘扬，也成了广东建立社会主义市场经济不可缺少的重要文化条件，从而焕发了广东人建设社会主义现代化的极大的主动性、积极性和创造性，成为广东率先实现社会主义现代化一股重要的精神力量。

重商务实精神

历史上，粤商与徽商、晋商、浙商、苏商合称五大商帮。粤商早期虽不及晋商、徽商，但当晋商、徽商相继黯然之时，粤商不仅长盛不衰，而且越来越辉煌，最终一跃成为首屈一指的商帮。粤商因何能长盛不衰，且能成为当今经济发展时期的一代富商？是有其深远的历史渊源的。粤地特殊的海洋性、边远性区位，使其从秦代开发以来，就一直承担着与世界交往的重任。便利的海运、河运交通，丰富的海产、亚热带果品，都为粤人从事商业活动提供了有利条件。

长期的海内外贸易，历史悠久的商贸经济传统，历经千百年，逐渐形成守规矩、讲规范、重信用的商业精神。因外贸刺激、商品经济发达、商品交换成为社会经济生活中的突出内容，因而商品意识不断发展与强化，重商求利的观念日益成为影响行为的主导因素。特别是随着侨居海外的岭南人的增多，重商求利的观念通过侨民和家属的频繁往返，反馈回岭南，使得岭南文化带上浓厚的重商色彩。岭南文化的重商特征在文化氛围、社会心理与价值观念上表现得相当明显，对于精明、能干、颇具经济头脑的广东人来说，实惠与功利的价值取向十分突出，而反映在思想意识方面，近代岭南地区有影响的思想家的思想体系均具有实用主义的倾向。

务实是一种实干的精神，就是讲求实效的精神，就是办实事的精神。务实求真精神无疑是中国人的普遍精神。现代广东人更加突显了这种精神，并使它更具有了现代意义。现代广东人正是以这种可贵的务实求真的精神，在改革开放的前沿阵地上，探索出了一系列的成功经验，不仅改变了广东原有的落后面貌，而且对推动整个中国的社会主义现代化建设做出了自己应有的重大贡献。

中国四大传统船型之广船

现代港口海运续写海上丝绸之路辉煌

第二章

凌波而行
“广船”走向世界

落日千帆远岸渡，杳杳天低鸥没处。

穷目，穷目，望尽天涯路。

——题记

海是冒险家的乐园，船是海上冒险家的“行头”。

黑格尔说：“大海给了我们茫茫无定、浩浩无际和渺渺无限的观念。人类在大海的无限里感到他自己的无限的时候，他们就被激起勇气，要去超越那有限的一切……。人类仅仅靠着一叶扁舟，来对付这种欺诈和暴力，他所依靠的完全是他的勇敢和沉着，他便是这样从一片稳固的陆地上，移到一片不稳的海面上，随身带着他那人造的地盘，船——这个海上的天鹤，它以敏捷而巧妙的动作，破浪而前，凌波而行——这一种工具的发明，是人类胆力和理智最大的光荣。”

海上凌波而行是广东人的嗜好和“弄潮儿”本色的展现，“广船”则是他们凌波走海的“行头”。广东人乘“广船”走向世界，“广船”是中国船舶史上精彩的一笔。

广州出土的冥器木船（上）和东汉陶船（下）

广东的南越先民，至迟在新石器时代便已使用舟楫，1989 年在广东珠海市高栏岛宝镜湾发现的岩画，经考古鉴定是春秋时期或更早期的遗迹。岩画中的海船首尾上翘，下窄上宽，其中“天才石”岩画的图形中有一艘船后部竖一长竿，竿上还飘着一旗幡之类的物体，此竿是否是桅，尚未有人论证，只是有人推测是船桅和帆。

1975 年，在广州中山四路发现了秦汉造船工场遗址，共有三个平行排列的船台，长逾 100 米，每个船台由枕木、滑道和木墩组成，用以承载船体。遗址中还出土了铁钉、铮凿、斧、锛等工具。根据造船专家和考古学家的研究，这个造船工场主要生产适应内河与沿海岸航行的平底船，载重量在 30 ~ 60 吨。船台的年代，始于秦统一岭南，一直沿用到西汉文景之际。

1986 年，广州农林下路发现了一座南越王时期的木椁墓，出土一艘彩绘的木船模型。船上有 12 名划桨木俑，后部是两层木楼，推进器

广州城区秦代造船遗址、造船工具和铁钉

有楫、桨、橹等，还有尾舵、爪锚等附件。借助船，再加上越人熟谙水性，掌握海洋季风变化并能利用星辰辨识方向的特点，南越国可以进行海上贸易活动。同时，在海南西沙群岛的甘泉岛上发现的南越国时期的陶器，证明了南越国已开始和东南亚一带进行贸易交流。

1. 南海骄子——广船

中国古代造船工匠根据各地区水域特点，造出了各种适用船型，其中沙船、鸟船、福船、广船是四大类传统木质帆船船型。

沙船是发源于长江口一带的方头梢平底的浅吃水船型。沙船广泛用于内河与近海，其特点：一是船底平能坐滩，不怕搁浅；二是顺风逆风都能航行，适航性能好；三是船宽稳性大；四是多桅多帆，吃水浅，阻力小，快航性好。

鸟船是浙江沿海一带的海船，因其船首形似鸟嘴，故称鸟船。古人认为是鸟衔来稻谷种子，才造就了浙江鱼米之乡，所以把船头做成鸟嘴状。因鸟船眼上方有条绿色眉，故又得名绿眉毛船。

福船是福建、浙江沿海一带尖底海船的统称。福船高大如楼，底尖上阔，首尾高昂，两侧有护板。全船分四层，下层装土石压舱，二层住兵士，三层是主要操作场所，上层是作战场所。福船吃水最大达八米，是深海优良战舰，也是明代水师主要战船。

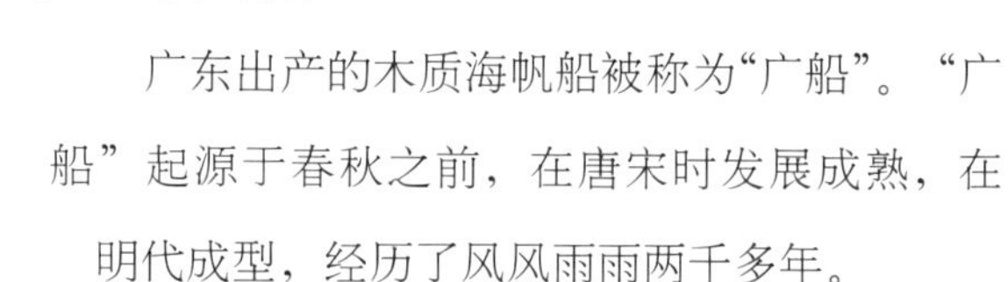

广东出产的木质海帆船被称为“广船”。“广船”起源于春秋之前，在唐宋时发展成熟，在明代成型，经历了风风雨雨两千多年。

广船采用高强度铁力木作龙骨和舵杆，它的基本特点是头尖体长、梁拱小，甲板脊弧不高。船体的横向结构用紧密的肋骨跟隔舱板构成，纵向强度依靠龙骨和纵桁。结构坚固，有较好的适航性和续航能力。

唐宋元时期是“广船”从发

广船模型（据广州粤海第一关纪念馆）

展成熟走向定型的时期，先进的造船技术工艺在这三个时期得以充分应用、巩固与发展，并开始了新的用料选择以增加船舶的纵横向结构式强度。龙骨、大欕、肋骨、桅杆、舵杆的选材，甚至外板的精选等使“广船”向坚实、耐用迈进了一大步，使之更适于南海甚至印度洋的航行。明代四大船型基本定型，广东新会的横江、尖尾船，东莞的乌艚、米艇等都是官府作为战船选取的船型。

广船“耆英”号

代表清代广船形象和水平的是“耆英”号。

“耆英”号建成于清道光二十六年（1846年），属于以人物命名的船舶。其名称来自驻广州钦差大臣耆英。耆英因与英国签订了第一个不平等条约——《南京条约》，将香港割让给英国，在中国近代史上臭名昭著，可是“耆英”号帆船却声名远扬。

“耆英”号原为一艘往来于广州与南洋之间贩运茶叶的商船。后于1846年至1848年期间，曾经从香港出发，经好望角及非洲东岸到达英国，创下中国帆船航海最远的纪录。“耆英”号在1846年由一位英国商人秘密购买，这打破了当时中国有关不得出售中国船只予外国人的法律。该船船员包括30名中国人及12名英国水手，并由英国船长查尔斯·阿尔佛雷德·奥克兰·凯勒特指挥。船上还有一位自称四品官员的中国人希生，估计充当翻译。

“耆英”号全长近50米、宽约10米、深5米，载重750吨。柚木造成，分15个水密隔舱，设三桅，主桅高27米，头尾桅分别高23米和15米。主帆重达9吨，悬吊式尾舵，负重能力达800吨。“耆英”号引起了西方很大注意，因为它向工业化刚刚起步的西方展示了中国当时的航海及造船能力，堪称中国历代古船设计思想和建造技术的结晶，是中国古船宝库中的一件稀世珍品。

2. 今日“广船”——广东造船业

中国近代造船业走过了坎坷曲折的道路。新中国成立时，全国仅有十几家钢质船厂，只有年产几千吨小船的能力。新中国成立以来，船舶工业受到党和国家领导人的深切关怀和高度重视。新中国第一代领导人毛泽东在深刻总结百年历史时指出："为了反对帝国主义的侵略，我们一定要建立强大的海军。"并指示："核潜艇，一万年也要搞出来！"鼓舞着中国造船人在自力更生的基础上，建立起船舶工业体系，为海军建设做出重要贡献。1958年7月9日，时任中华人民共和国总理周恩来在广东省广州市领导人陶铸、朱光、曾志等陪同下视察广州造船厂。1956年1月10日，毛泽东主席在时任上海市长陈毅陪同下视察江南船厂。朱德委员长曾视察广州船厂。

广东造船业有悠久的历史，新中国成立后是中国造船业大省，在造船和相关装备制造业方面颇具实力。"广船国际""黄埔造船""中船龙穴"等是代表性造船企业。

广船国际，船行四海

1993年6月7日，广州广船国际股份有限公司经成立于1954年的广州造船厂改制设立，同年在香港和上海上市，是中国首家造船上市公司，中国船舶工业集团公司属下华南地区重要的现代化造船核心企业。公司享有自行进出口权，先后荣获"中国制造业500强""中国品牌500强"等荣誉称号。

广船国际具有雄厚的设计力量，具有先进的船舶开发和管理软件系统，具有先进的进口试验、检测仪器设备。其下属的技术中心是国家级技术中心，广东省首批五家企业重点工程技术中心之一，研究开发领域遍及普通船型船舶产品（如油船、货船、多用途船等），

"威斯比"号客滚船

兼顾研发高技术、高附加值船舶（如大型滚装客船、汽车滚装船、半潜船、化学品船、多用途集装箱船、高速渡轮等）、大型建筑桥梁钢结构产品（如高层、大型建筑、桥梁等）、机电一体化产品（如港机设备、工业生产流水线等）、计算机系统工程等。企业持续发展积累雄厚的技术储备，为未来市场预研产品，开发新技术、新产品、新工艺、新装备，努力生产具有高性能、高品质、高经济指标，适应市场需要的产品，提高企业的竞争力和产品市场占有率。

2002 年，成功为中远集团建造出中国第一艘、世界上最先进的大型半潜式运输船。

广船国际股份有限公司为瑞典格特兰（GOTLAND）航运公司承建了两艘客滚船，两艘船合同价为 1.1 亿美元。“威斯比”号客滚船是其中的第一艘。该船 2000 年 5 月开工，总长 195.8 米，宽 25 米，设计吃水 6.4 米，从底部至顶部共有 11 层甲板，其中第二层和第五层为汽车甲板。该船服务航速 28.5 节，船上配有卫星电话系统、寻呼系统和海上应急撤离系统，直升机升降平台等设施。2003 年 1 月 28 日，“威斯比”号客滚船交付离港驶往瑞典。“威斯比”号的交付，填补了中国半潜船、客滚船建造史上的空白。

广州黄埔造船厂：老树新枝

黄埔是广州的一张名片，诸如黄埔古港、黄埔军校、广州黄埔造船厂等。广州黄埔造船厂是百年老厂，始建于 1851 年，现为中船黄埔造船有限公司，是中国船舶工业集团公司属下大型国有企业。

广州黄埔造船厂公司占地 97 万平方米，码头岸线 2800 余米，水深 6 ～ 12 米，拥有华南地区最大的室内船台和造船车间，拥有 12 000 吨举力浮船坞，120 吨门座式起重机，150 吨平板车等一批先进的下水、加工、起吊与运输设备，拥有强大的研究开发队伍和先进的计算机三维设计工作站。

广州黄埔造船厂公司可建造潜艇、各类战斗舰艇、军辅船，各类货船、工作船、工程船、公务船、出口渔业捕捞加工船，450 客位各类铝质高速船，近海工程项目、钢构工程、大型港口机械等。

公司产品——驻守香港的护卫艇被誉为“中华第一艇”；“海洋石油 623”是中国国内首艘自行设计和建造的 6500HP 电力推进油田守护船，为海上石油和天然气勘探、开采工程、建筑设施等提供多种服务，航行于无限航区／近海航区，是国际上先进的船舶；“南海救 112”号、“南海救 101”号 2008 年 9 月担任“神舟七号”海上应急救援保障任务和护卫

“中船黄埔”建造的“南海救 116”号

任务，成为“神七”升空的海上卫士。

2010 年 5 月，黄埔船厂建造的亚洲最大半潜船“祥云口”出坞。该船总长 216.7 米，型宽 43 米，型深 13 米；装货甲板长 178 米、宽 43 米，总面积超过 1 个标准足球场；载重量 5 万吨，续航力达 18 000 海里。该船不仅可以以下潜方式装载运输自重达 3 万吨、重心高达 25 米的钻井平台、水上加工厂等；也可以通过船侧或艉部滑动自重达 2 万吨的成套设备装船；下潜深度从主甲板计起达 13 米；全船压载舱容量达 8 万吨。

龙穴腾龙创佳绩

为促进造船业发展，中国建设长江口、渤海湾、珠江口三大造船基地，中船广州龙穴造船基地是珠江口造船基地建设的关键项目，由中船集团负责建设，是华南地区最大的现代化造船基地。

中船集团是中国造船规模最大、世界第二的特大型造船集团。广州中船龙穴造船有限公司是中国船舶工业集团公司所属的现代化大型船舶总装企业，于 2006 年 5 月 25 日注册成立，是中国三大造船基地之一的龙穴造船基地的核心企业，是目前我国在华南地区最大的现代化大型船舶总装骨干企业。公司位于广州市南沙区龙穴岛，占地面积 253 万平方米，腹地纵深 1.3 千米，拥有泊位 4 个，大型船坞 2 座，配套 600 吨龙门吊 4 台。

公司的产品定位为超大型油轮、苏伊士型油轮、阿芙拉型油轮、巴拿马型油轮，超大型矿砂船，超好望角型和好望角型散货船，超巴拿马型及巴拿马型散货船，大型集装箱船，高新技术船舶等民用船舶。

公司代表性产品是“新埔洋”号油轮，总载重30.8万吨，满载总排水量35万多吨，甲板长333米、宽60米，面积有4个足球场大，并设有直升机升降平台。是我国自主研发、设计并建造的大型原油船。

“新埔洋”号油轮配备各种世界上最先进的驾驶与导航设备，即便穿越惊涛骇浪也能“24小时机舱无人值班与自动导航”。配备先进的淡水造水机，每天可通过海水淡化产生30吨生活用水，船员日常用水无忧。可装载燃油6000吨，可持续航行60天、近4万千米，相当于绕地球赤道整整一周。配有十多门消防高压水炮，射程30多米。其他“武器”包括燃烧瓶、高压水枪、太平斧等。

超大型油轮被视为衡量一个国家综合造船水平的重要标杆。目前仅有日本等少数造船

“新埔洋”号油轮

大国能独立建造这类超大型船舶。和国外的主要航运公司相比，国内航运公司的油轮规模明显偏小，超大型油轮数量也较少，国内所有航运公司的超大型油轮加起来也不及日本邮船一家。中船龙穴基地生产的超大型油轮开创了我国自行设计建造30万吨级以上油轮的历史。

进入21世纪，广东造船业发展态势良好，2010年，广东共有规模以上船舶修造企业174家，主要集中在珠江三角洲地区。海洋船舶业增加值由2001年的23亿元增加到2010年的55亿元；造船完工量由2001年的23艘增加到2010年的307艘，由2001年的20万吨增加到2010年的427万吨。

打造中国南方国家级造船中心

国家《船舶工业中长期发展规划（2006—2015年）》提出的2006—2015年间重大项目规划的重点是新建、扩建以30万吨级以上船坞为代表的大型造船设施和船用低、中速柴油机生产项目。重点建设以大连、葫芦岛、青岛为主的环渤海湾地区，以上海、南通为主的长江口地区和以广州为主的珠江口地区的大型造船基地。另外，抓好其他三个方面的工作，加大新船型开发力度、全面建立现代造船模式、集中解决船舶配套瓶颈。贯彻这一精神，广东省提出建设三大造船中心，拣选世界大型修造船基地的目标。具体说一是建设珠江口国家级造船中心，包括中船黄埔造船厂、文冲造船厂、菠萝庙造船厂、中船龙穴造船厂、广船横门造船厂；二是建设汕头地方性造船中心和湛江地方性造船中心。

根据《珠江三角洲地区改革发展规划纲要》，珠三角要在2020年前打造产能千万吨级的世界级大型修造船基地和具有现代化技术水平的海洋工程装备制造基地。

根据广东省《先进制造业重点产业发展十二五发展规划》，广东着力优化船舶产品结构，实施品牌发展战略，重点发展大中型油船、大型矿砂船、好望角型散货船、大型汽车运输船、大型集装箱船、大型液化天然气（LNG）船、高速滚装客船、豪华游船等适应世界船舶市场需求的高附加值产品。加快推进相关配套设施建设，尤其是游艇休闲港的建设。提高船舶改装技术水平和修船效率，基本形成布局合理、结构优化的船舶配套产品生产及研发体系。

国家发展和改革委员会2011年11月颁布的《广东海洋经济综合试验区发展规划》强调加快船舶工业结构优化升级，合理布局海洋船舶工业，打造世界大型修造船基地。支持广州提升大型船舶制造基地自主设计制造能力。大力发展船舶配套产业，提升船舶配套设

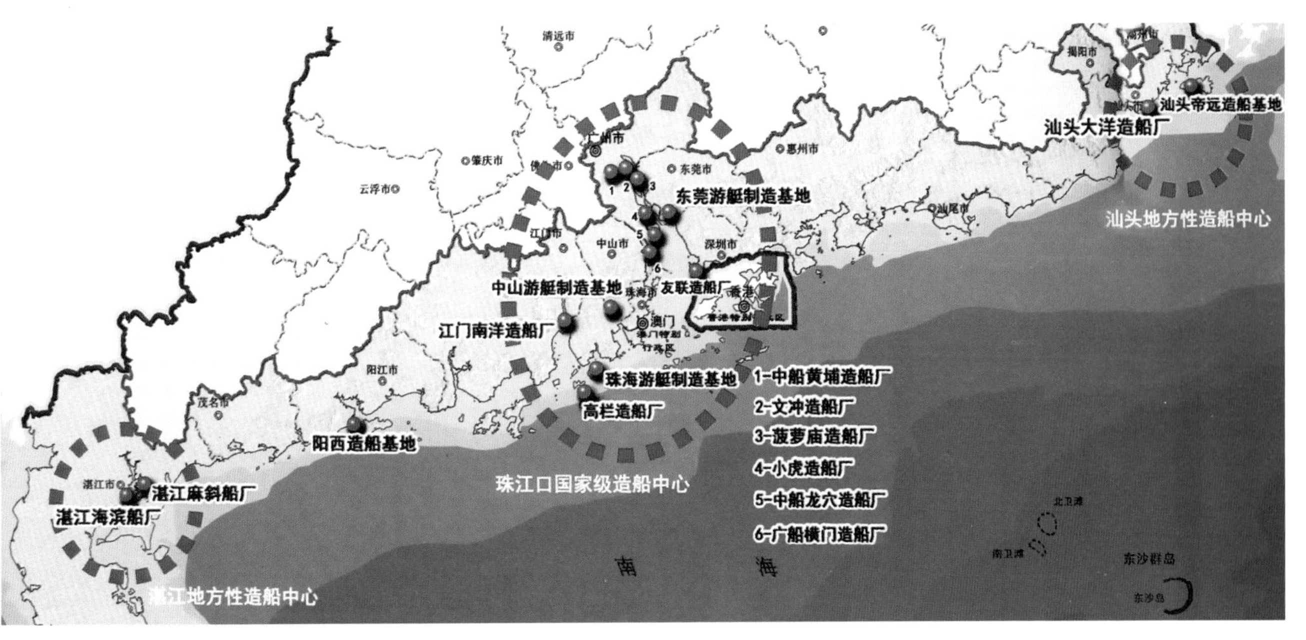

广东海洋船舶工业建设示意图

备自主品牌的开发能力，建设广州、江门船舶配套基地。积极发展游艇制造业，重点建设珠海、东莞、中山等游艇制造基地。加强远洋运输、远洋渔业、海洋科考和地质调查等大型船舶技术的研发和应用，加快发展高技术、高附加值的大型集装箱船、海洋工程船、大型油轮和大型砂矿船。推进拆船工业现代化、机械化和环保化。

中国沿海有许多天然港湾，沿海地区港口密布，由于新中国对海洋航运业和沿海港口建设的重视，现已形成五大港口群：环渤海港口群、长江三角洲港口群、东南沿海港口群、珠江三角洲港口群、西南沿海港口群。

广东拥有良好的港口建设资源，深水岸线长1510千米，适宜建港的海湾200多个，其中广澳湾、大亚湾、大鹏湾、伶仃洋、高栏列岛、海陵湾、湛江湾、琼州海峡北岸等具有建造10万～40万吨级港口的条件。至2010年年底，广东共有沿海万吨级泊位245个。初步形成了以广州港、深圳港、珠海港、汕头港、湛江港等为全国性主要港口，潮州、揭阳、汕尾、惠州、虎门、中山、江门、阳江、茂名港等地区性重要港口和其他一般港口为补充的格局。通过深水航道实现主要枢纽港相通，有众多千吨级、百吨级航道与内河港口相连。有多条国际航线与全球接轨。可通达新加坡、马来西亚、菲律宾等亚洲国家以及欧洲、美洲、非洲、大洋洲等沿岸国家。

广东省沿海港口不仅是广东，而且也是我国华南、西南等广大地区经济社会发展的重要基础设施和对外交往的门户。改革开放以来，特别是20世纪90年代之后，在国家“三主一支持”交通发展长远规划和《广东省沿海及珠江三角洲港口总体布局规划》的指导下，全省沿海港口取得了长足的发展，对腹地经济社会发展和对外开放起到了重要的支撑和促进作用。

據交通部门透露，广东沿海港口货物吞吐量、集装箱吞吐量多年来位居全国第一。2010年，广东沿海主要港口的货物吞吐量81 771万吨，集装箱吞吐量3647万标准箱。广东的著名港口有广州港、深圳港、珠海港、汕头港、湛江港等。

漢書卷二十八下　一六七〇

處近海，多犀、象、毒冒、珠璣、銀、銅、果、布之湊，(一)中國往商賈者多取富焉。番禺，其一都會也。

自合浦徐聞南入海，得大州，東西南北方千里，武帝元封元年略以為儋耳、珠厓郡。民皆服布如單被，穿中央為貫頭。(一)男子耕農，種禾稻紵麻，女子桑蠶織績。亡馬與虎，民有五畜，(二)山多麈麖。(三)兵則矛、盾、刀，木弓弩，竹矢，或骨為鏃。(四)自初為郡縣，吏卒中國人多侵陵之，故率數歲壹反。元帝時，遂罷棄之。

《汉书》关于番禺的记载

广州港集装箱码头

1. 广州港

广州港历史悠久，早在2000多年前的秦汉时期，广州古港就是中国对外贸易的重要港口，是中国古代“海上丝绸之路”的起点之一。广州是我国古代对外贸易的重要港口城市，古称番禺，历代为岭南地区政治、经济和文化中心。2000多年来广州外贸城市地位一直保持至今。史料记载，早在战国时代广州已开始与邻国有贸易往来，秦汉时广州是南海郡治所在地、热带珍贵特产的集散地，当时我国的海外贸易枢纽。史载：“番禺（广州）亦其一都会也，珠玑、犀、玳瑁、果、布之凑。”[1]

唐朝时，广州对外贸易有更大发展，广州成为世界著名的港口，我国重要海外航线是从广州出航，称“通海夷道”。当时的广州海外各国商船云集，广州对外贸易占全国大部分。从五代与宋代，广州继续为我国最大通商口岸，明清海禁时，广州仍特许对外通商。可见

1 见《史记》，《汉书》。

广州两千多年来一直保持对外贸易城市和港口的地位。

广州港位于珠江入海口和珠江三角洲中心地带，地跨广州、东莞、深圳、珠海、中山五市，是我国沿海主要港口和国家综合运输体系的重要枢纽，是广东省能源、物资的主要中转港。

广州港集团有限公司是2004年经广州市人民政府批准，由原广州港务局依法按照现代企业制度的要求改制而成立的具有法人资格的国有独资有限责任公司。公司主要从事集装箱、石油、煤炭、粮食、化肥、钢材、矿石、汽车等货物装卸（包括码头、锚地过驳）和仓储、货物保税业务以及国内外货物代理和船舶代理，代办中转、代理客运，国内外船舶进出港拖轮服务、水路货物和旅客运输、物流服务，兼营港口相关业务。

作为华南地区综合性主枢纽港，广州港在腹地经济持续快速发展的推动下，货物吞吐量持续增长。1999年全港货物吞吐量突破1亿吨，成为中国大陆第二个跨入世界亿吨大港的港口。2009年广州港全港货物吞吐量完成3.75亿吨，集装箱完成1131万标准箱。集装箱吞吐量在世界十大集装箱港口排名从2008年的第7位跃升为第6位。2010年全港货物吞吐量达4.11亿吨，位居全国沿海港口第三位，全港集装箱吞吐量超过1254.6万标准箱，位居全国沿海港口第四位。

2. 深圳港

深圳港位于广东省珠江三角洲南部深圳市东、西两翼，东濒大鹏湾，西靠珠江口伶仃洋矾石水道，水陆均与亚太航运中心——香港相连。深圳港是以其无比优越的地理位置和良好的深水条件，用经济特区建港的特殊模式，与深圳市的经济同步发展起来的。经过30余年的建设和发展，先后建立了蛇口、赤湾、妈湾、盐田、大铲湾、东角头、沙鱼涌、下洞、福永、内河10个港区。2009年全港货物吞吐量为19 365万吨，其中集装箱吞吐量为1825万标准箱，连续8年位居世界集装箱港口第四位和连续13年位居中国内地集装箱港口第二位。目前深圳港已成为我国综合运输体系中的主枢纽港和华南地区集装箱枢纽港，并发展为世界级集装箱大港。深圳港为全球繁忙的集装箱港口之一，还是中国内地居上海港之后的第二大集装箱港口。

深圳港集装箱码头

3. 珠海港

珠海港位于广东珠江口西岸，临海扼江，海路横渡珠江口可达深圳和香港。距香港 36 海里；北距上海 928 海里；南距湛江 217 海里、海口 255 海里。珠海具有良好的建港条件和独特的区位优势，珠海港是国家定位的 25 个沿海主要港口之一和全国综合运输体系的重要枢纽。

经过改革开放以来 30 多年的发展，珠海港已形成包括西部的高栏港区为主体，东部的万山以及九洲、香洲、唐家、洪湾、斗门等港区共同发展的港口格局，其中高栏和桂山为深水港区，其他为中小泊位区。 规划港口岸线长度 11 060 米。截至 2012 年 7 月底，珠海港共有泊位 131 个，其中生产性泊位 126 个，万吨级以上泊位 17 个。港口吞吐能力 7001 万吨，集装箱吞吐能力 139 万标箱。珠海港积极贯彻落实《珠三角改革发展规划纲要》中关于完善现代化功能，形成与香港、广州、深圳港分工明确、优势互补、共同发展的珠江三角洲港口发展战略，坚持走与广州、深圳等同区域大港错位和差异化发展道路，重点发展油气化工品、煤炭、矿石、天然气等大宗散货和集装箱运输。

目前，珠海港正在建设珠江口西岸地区最发达、最具成本优势，集江海联运、海铁联运、海公联运、海空联运以及管道运输等多种运输方式相互配套支持的现代化集疏运体系。“十二五”规划期间珠海港的发展目标是逐步建成沿海集装箱干线港、珠三角乃至华南地区能源保障大港以及区域性物流中心。为此，珠海港投入 230 亿元建设 33 个码头和配套设施项目，新增万吨级以上泊位 29 个。专业化、公用性泊位大幅增加，港口码头结构性矛盾全面改善。

4. 湛江港

湛江港位于中国大陆最南端的广东省雷州半岛，素以“天然深水良港”著称。东接珠

华南地区最大的铁矿石专业码头——湛江港 25 万吨级矿石码头（许卫杰摄）

三角、西临北部湾、背靠三南（大西南、华南、中南）、面向东南亚。是中国大陆通往东南亚、非洲、欧洲和大洋洲海上航程最短的港口，已与世界100多个国家和地区通航。2013年港口吞吐量达到1.8亿吨。

湛江港是新中国成立后第一个自行设计建造的现代化海港。自1956年开港以来，经过50多年的建设发展，湛江港已成为全国沿海12个战略枢纽港之一和原油、铁矿石物流集散中心之一，是西南沿海港口群的龙头港和我国中西部地区货物进出口的主通道，是泛珠三角地区连接东盟自由贸易区的最佳海上物流平台，是中国大陆的重要远洋门户，在亚太经济圈中具有极其重要的战略地位。

湛江港是全国唯一的东、中、西三大地带共用的沿海主枢纽港，货源腹地横跨华南、西南、中南三大经济区域，主要包括广东、广西、云南、贵州、四川、重庆、湖南等省区，并辐射湖北、江西、安徽、福建、江苏等部分地区。

湛江港既是国家综合运输体系的重要枢纽，也是粤西地区和环北部湾地区的交通中心枢纽。五种运输方式一应俱全，形成了立体综合运输网络，交通条件十分优越。畅通的交通运输网络，便捷的集疏运通道，为湛江港发展创造了优势的外部交通条件。

湛江港（集团）股份有限公司是湛江港最大的公共码头营运商，前身为湛江港务局，于2004年改制为湛江港集团有限公司。2007年、2008年经整体改制、增资扩股，成为由湛江市国资委控股，招商局国际、宝钢集团等六家企业持股的外商投资股份制企业。

5. 汕头港

汕头港位于广东省东部沿海，是沿海主要港口之一，与世界58个国家和地区的272个港口有货运往来，担负着粤东、闽西南、赣南地区对外贸易进出货物的运输，是交通部确定的全国沿海18个主枢纽港之一。

汕头港的直接经济腹地是汕头、潮州、揭阳、梅州4市所辖14县的广大地区，其间接腹地包括闽西南及赣南部分地区。随着广梅汕铁路的通车，汕头港的腹地范围还将扩大和延伸。腹地经本港吞吐的主要货物有煤炭、石油、钢铁、水泥、化肥、木材、粮食等。

汕头港务集团有限公司成立于1999年，由原汕头港务局政企分开后企业经营部分组建，是国家大型一类企业。经营业务主要涉及集装箱、煤炭、矿粉、粮食、杂货等的装卸，仓储、中转、理货，船货代理、航修航供服务、疏浚等。集团辖下珠池、广澳、马山、礐石、老港区五大港区，拥有生产性泊位22个，其中万吨级以上深水泊位11个，年实际通过能力达3000万吨。仓库、堆场、通信等港口生产设备及配套服务设施完备。

随着汕头经济特区各项基础设施的日臻完善，进港铁路的畅通，以港口为枢纽，连接海湾大桥，深汕、深厦高速公路，广梅汕铁路，京九铁路和梅坎铁路，汕头港辐射全国的立体交通运输网络已经形成，汕头港优势更加突出。

改革开放以来，汕头港以世界先进港口为发展目标，坚持科技兴港战略，在持续快速发展过程中，港口适时加大硬件投入，不断引进先进技术和先进设备，企业设备现代化水平明显提高。港口服务船舶配套齐全，拥有拖船、挖泥船、供水船、电焊船、交通船等各类船舶22艘，可提供船舶拖带、靠泊，航道、码头疏浚，海上消防救助、供水、航修等服务。

6. 广东省沿海港口布局规划

《广东省沿海港口布局规划》是根据腹地经济社会发展对港口的要求，国际、国内航运发展趋势和港口发展实际，从分层次、分系统等不同角度对全省沿海港口的布局进行规划，明确未来的总体发展方向和各港口的功能定位，为指导全省港口发展提供依据。

规划提出沿海港口的发展定位。根据《全国沿海港口发展战略》和《全国沿海港口布局规划》对我国沿海港口的总体定位，腹地经济社会发展要求和广东省的实际特点，未来广东沿海港口发展的战略定位：一是腹地参与经济全球化过程中十分宝贵的战略性资源，是腹地承接国际生产要素和产业转移的重要平台；二是促进腹地经济结构调整升级和优化产业布局，保持国民经济持续较快增长的重要保障；三是腹地进一步扩大对外开放，利用国内国际两个市场、两种资源，加强经济和国防安全的重要基础；四是广东省率先实现社会主义现代化，加强泛珠三角合作，维护香港繁荣和稳定的重要依托；五是综合交通体系的重要枢纽，国内外客货流、信息流、资金流多重网络汇集的关键节点。

规划目标：按照科学发展的要求，遵循世界港口的发展趋势，通过优化布局和资源整合，形成布局合理、结构优化、层次分明、功能完善的现代化港口体系。合理利用沿海的港口资源和条件，充分发挥港口对腹地经济社会发展的支撑和促进作用。

规划的实施包括分阶段规划目标和近期建设重点。规划到2020年，广东形成布局科学、结构合理、层次分明、功能完善的现代化港口体系；沿海港口总体能力适度超前国民经济

“中远广州”轮首航广州港

发展要求；港口与城市和环境和谐相处，在临港工业、商贸活动和综合物流中的作用更加突出；港口技术装备水平、管理体制、市场运作机制和服务质量达到国际先进水平；港口与铁路、公路、内河、管道等运输方式协调发展；在沿海形成一批具有重要影响的临港工业基地和大型物流园区，使港口逐步发展成为集运输、商贸、临港工业和物流服务为一体的综合性服务中心；充分满足广东全面建设小康社会和率先实现社会主义现代化战略目标对港口的要求。[1]

“广船”从广东出发，“广船”联通四海。

“广船”早已走向世界，“广船”继续在世界上行走！

1 广东省交通厅：《广东省沿海港口布局规划》，2008 年 11 月 5 日。

第三章

海上丝绸之路始发地

西洋渺远，三墩灯暗，青瓷香茗满广船。

离唐山，近夷蕃，万里写入胸怀间。

——题记

广东地处南海，有多处海上丝绸之路始发港口。

海上丝绸之路从最早的“始发港”——徐闻出发，让徐闻富甲一方；

海上丝绸之路从古代“经济特区”——广州出发，“一口通商”造就“天子南库”；

海上敦煌——“南海一号”沉船，见证海上丝绸之路的辉煌；

红头船和“南澳一号”沉船——昭示潮汕古港的地位；

对外开放的窗口——特区深圳，续写海上丝绸之路的新曲。

海上丝绸之路——广东的不解之缘。

海上丝绸之路——是广东一支唱不完的歌……

在陆上丝绸之路之前，已有了海上丝绸之路。海上丝绸之路的出现应在秦朝以前，而据史书确切记载可追溯到汉代。

南越族群是善于航海的族群。广州南越王墓中出土的希腊风格银器皿以及南越国宫殿遗迹发掘出来的石制希腊式梁柱，证实了秦末汉初海上丝绸之路贸易已经存在，岭南地区向西方输出丝绸以换取各种物资，并且有希腊工匠来到中国参与了南粤王宫殿的建造。

两汉时期国家统一，社会相对稳定，经济发展，国力强盛，科技文化领先世界。汉廷采取开明的对外政策，开辟了陆上、海上丝绸之路，使得中国的对外经济文化交流突破了东亚范围，远及欧非，为人类文明的进步做出了巨大贡献。当时出现了一些比较重要的商业城市，如徐闻、合浦、番禺等。《汉书·地理志》载徐闻、合浦为海上丝绸之路始发港。魏晋时，孙吴政权黄武五年（226 年）置广州（郡治今广州市），加强了南方海上贸易。有史料可稽，东晋时期广州成为海上丝绸之路的起点，对外贸易涉及 15 个国家和地区，不仅包括东南亚诸国，而且西到印度和欧洲的大秦。隋统一后加强南海对外贸易的经营，南海、交趾为隋朝著名商业都会和外贸中心，义安（今潮州市）、合浦也是占有一定地位的对外交往港口。唐宋时期是海上丝绸之路的繁盛时期。唐朝经济发展，政治理念开放兼容，外贸管理体系较完善，法令规则配套，有利于海上丝绸之路的拓展和畅通。唐朝海上交通北通高丽、新罗、日本；南通东南亚、印度、波斯诸国。特别是出发于广州往西南航行的海上丝绸之路，历经 90 多个国家和地区，航期 89 天（不计沿途停留时间），全程共约 14 000 千米，是 8—9 世纪世界最长的远洋航线。自唐开元二年(714 年)设市舶使后，市舶使（一般由岭南帅臣兼任）几乎包揽了全部的南海贸易。另外地方豪族和地方官乃至平民也直接经营海外贸易，为社会生活带来变化。当时的出口商品仍以丝织品和陶瓷为大宗，此外还有铁、宝剑、马鞍、绥勒宾节（Silbinj，意为围巾、斗篷、披风）、貂皮、麝香、沉香、肉桂、高良姜等。进口商品除了象牙、犀角、珠玑、香料等占相当比重外，还有林林总总的各国特产以及“昆仑奴”的贩进。海上丝绸之路的繁盛，对唐代社会的变迁以及中外文化交流的发展起到了相当大的作用。宋朝与东南沿海国家绝大多数时间保持着友好关系。明朝既有郑和下西洋对海上丝绸之路的利用和促进，又有海禁政策的消极影响。就清代的海上丝绸之路而言，从海禁到广东一口通商，是清代对外贸易史的重要转折点。出口商品中茶叶占据了主导地位，而丝绸退居次席，土布和瓷器（特别是广彩）也受到青睐。清康熙二十四年（1685 年），清政府在粤、闽、浙、苏四省设立海关，这是中国近代海关制度的开始。清代广州的外贸制度是具有代表性的。它是在从十三行到公行，从总商制度到保商制度的发展过程中形成的一套管理体系。民国时期香港逐渐演变成为远东国际贸易的重要转口口岸，除了洋行之外，在抗战前英国一直是第二大贸易伙伴，抗战后为美国所取代。

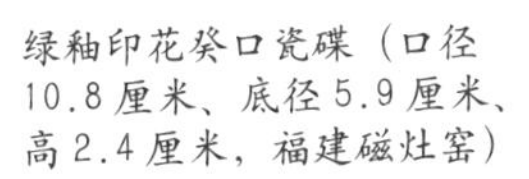
绿釉印花葵口瓷碟（口径10.8厘米、底径5.9厘米、高2.4厘米，福建磁灶窑）

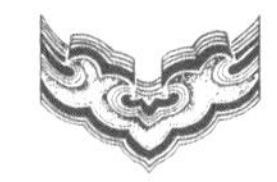

广州作为海上丝绸之路重镇，能够做到海外贸易不断、海关常开，连“海禁”时期也被政府网开一面而特许“一口通商”，非泉州、宁波等所能及，足见其地位非同一般。

1. 由来已久的海上交通重镇

郭沫若主编的《中国史稿》说广州是“海上交通的重要都会”。

古代中国与西方各地的海上交通，主要通过南海与印度洋航路连接。位于南海之滨的广州，因其独特的地理位置，较早开始对外贸易，自汉、唐、明、清直至现代，一直是中外海上贸易的枢纽，东西文明交汇的口岸，也是中国走向世界的门户，世界透视中国的窗口。

中国原始航海活动始于新石器时期，尤其是岭南地区，濒临南海，海岸线长，大小岛屿星罗棋布。早在四五千年前的新石器时代，居住在南海之滨的南越先民就已经使用平底小舟，从事海上渔业生产。先秦时期岭南的越人已穿行南海，与东南亚各地有贸易往来。

秦汉时代是开发海上贸易，将航海向远洋发展的重要时期。据史书记载，秦始皇平定岭南时期，当时处在番禺（即今广州）的一支秦军，专门建造了大量的船只，供平定瓯越所需。秦汉以来，海上航行和海上贸易逐步发展，航路在逐步扩展和延伸。《汉书·地理志》记载了汉代中国的航海者已懂得驾驶着海船航行在沿北部湾和中南半岛今越南海岸线南下，并穿过马六甲海峡，西北经缅甸，再向西到达印度、斯里兰卡。在广州西汉南越王墓出土文物里，有一捆共五根非洲象牙。同墓出土的还有一只银盒，与伊朗出土的波斯薛西斯王银器极其相似。这是迄今为止发现最早的海上舶来品。

两汉时期，广州的海外贸易主要是与印度、东南亚诸国的贸易，在《汉书》和《后汉书》中记载有印度、柬埔寨、缅甸、苏门答腊等地诸国使者到中国来的情况。不过，这时由于航海技术和造船技术还较落后，航船较小，还不能从广州直穿海南岛东南海面深水区，而要绕至北部湾浅海区航行，有些航段还需“蛮夷贾船，转送至之”[1]。

三国时期，广州出海航道东移，海船从广州起航后，可经海南岛东南海面进入西沙、南沙群岛水域驶往东南亚各地，而不必再绕至北部湾航行。在三国时人康泰的著作中，记载了有关南海的一些情况。

三国两晋南北朝至隋这 400 多年间，是海上丝绸之路的拓展时期。此时，广州至大秦（古罗马帝国）的海上丝绸之路已经形成。那时，从那婆提（今爪哇）至广州，定期航船的航班期是 50 天。东晋末，高僧法显大师去天竺（今印度）取经，就是从这条海上丝绸之路回国的。同时，远航亚非欧国家的这条航路越走越远。中国商船从广州起航，远航南海、太平洋、印度洋、波斯湾，把丝织品、陶瓷、茶叶输往国外，又将金、银、琉璃、象牙、沉香等输入中国。当时通过广州来华经商的国家和地区大为增加，有 15 个之多。尤其隋朝建立之后，隋炀帝十分重视对外贸易，开辟了海上丝绸之路的新航线。隋船从广州出发，沿安南（今越南）海岸航行，通过真腊[2]海岸，到达马来半岛北部东岸。

两晋南北朝时期，广州已能造出载人五六百、载货万斛的船舶，而最壮观的是广州的楼船，有四层，楼高三四米，抵御风浪的能力十分强，可把大量的丝绸运到外国去。

东晋南朝时，南北政权的分裂割据，使南方的东晋及南朝各政权财政收入大为减少，海外贸易成为重要的财政来源。南朝梁武帝得到广州的蕃货时曾说“朝廷便是更有广州”[3]。各 10 级官员也从海外贸易中得到极大的好处，“商舶远届，委输南州，故交广富实，物积王府”。有些官员得一箧珍宝，便“可资数世”。[4]丰厚的利润刺激了海外贸易的进一步发展。从《宋书》《南齐书》《南史》等史籍的记载来看，中国与东南亚各国、印度洋沿岸地区各国及西亚的波斯等国都有频繁的往来。而此时造船技术的进步，也使远航印度洋及波斯湾成为可能。

南朝时期，广州对外贸易的范围扩展到了波斯湾及阿拉伯半岛沿岸地区。1960 年 7 月，广东省文物管理委员会与华南师范学院历史系组织发掘队，在英德县浛洸镇郊石磡岭发掘清理南朝古墓时，发现了三枚波斯萨珊王朝银币。1973 年 3 月，在曲江县南华寺东南山坡

---

1 《汉书 · 地理志》。

2 真腊（kmir），又名占腊，为中南半岛古国，其境在今柬埔寨境内。

3 《南史》卷五十一，《吴平侯景传附萧劢传》。

4 《晋书》九十，《吴隐之传》。

波斯萨珊王朝银币

的南朝古墓中，发现九片剪割开的波斯银币。1984 年 9 月 29 日，在遂溪县附城区边湾村南朝窖藏发现了一批金银器和波斯银币。广东出土的波斯银币说明了当时波斯与广州等地贸易往来的频繁，一条从广州出发，穿过马六甲海峡，驶入孟加拉湾、阿拉伯海，到达波斯湾及阿拉伯半岛的航路在南朝时已存在。

隋唐时期，广州成为唐“通海夷道”南海道的起点和南海诸国从海上进入中国的门户，以广州为中心的世界贸易圈逐渐形成。为了管理海外贸易，唐代开始在广州设立市舶使，掌管市舶贸易。

至宋代，中西海上贸易更加发达，政府设多处市舶司加强对外贸易管理，而其中以广州市舶司设立最早也最为重要。宋朝广州成为海外贸易第一大港。由大食国（指阿拉伯半岛以东的波斯湾和以西的红海沿岸国家）经故临国（今印度半岛西南端的奎隆），又经三佛齐国（印度尼西亚苏门答腊岛东部），达上下竺与交洋（即今奥尔岛与暹罗湾、越南东海岸一带海域），“乃至中国之境。其欲至广（广州）者，入自屯门（今香港屯门）。欲至泉州者，入自甲子门（今陆丰甲子港）”。这就是当时著名的中西航线。这条主干道的航线除了向更远处伸展之外，还有许多支线。

明代，海禁时松时紧，其他各处市舶司时有罢革，但广州市舶司一直未曾关闭。明初实行“有贡舶即有互市，非入贡即不许其互市”，以及“不得擅出海与外国互市”的政策。但对广东则特殊：一是准许非朝贡国家船舶入广东贸易；二是唯存广东市舶司对外贸易；三是允许葡萄牙人进入和租居澳门。当时的“广州—拉丁美洲航线”（1575 年）由广州起航，经澳门出海，向东南航行至菲律宾马尼拉港。继而，穿圣贝纳迪诺海峡进入太平洋，东行到达墨西哥西海岸的阿卡普尔科（Acapulco）和秘鲁的利马港（Lima）。

广州是中国南疆第一商埠，以“一口通商”和“十三行”著称。清康熙二十四年(1685 年)，粤海设关，开辟了中西通商的新时代。尤其是从乾隆二十二年（1757 年）清廷专限广州一口通商以后，在跨越 18 世纪、19 世纪的近百年中，广州成为中外经济文化交流的中心地，真正的国门商都。鸦片战争以后，中国门户洞开，中外关系进入迄今未有之“大变局”，海路成为帝国主义侵略和掠夺中国的重要通路。

2.“通海夷道”和“市舶使”

唐朝时期，广州与阿拉伯地区的贸易继续发展，航路进一步扩展，广州通海夷道成为中国与东南亚、印度洋和阿拉伯地区友好往来的纽带，中外航船更频繁地航行于这一航路上，广州港和广州通海夷道被载入史册而得以永传。

唐代中后期广州有了大规模的造船业，能造楼船、斗舰、游艇等六种船只，在性能、设备、载重、动力、作战能力方面，已列入世界的前列。外籍《中国印度见闻录》中谈到“只有庞大坚固的中国渔船，才能抵御波斯湾的惊涛骇浪，而畅行无阻”。

唐贞元年间（627—649 年），广州海上交通空前频繁，广州实际上已成为世界著名的港口，每年来广州的外国商船多达 40 艘，广州与南海、波斯湾的船舶往来如梭。唐贞观年间对地理学很有造诣的宰相贾耽（730—805 年）在《海内华夷图》中记录了几条主要的对外交通路线：①营州（今辽宁朝阳）入安东（今辽东）道；②登州（今山东烟台）海行入高丽渤海道；③夏州（今陕北横山）塞外通大同云中（今山西大同）道；④中受降城（今内蒙古包头）入回鹘道；⑤安西入西域道；⑥安南（今越南河内）通天竺道；⑦广州通海夷道。其中尤以第五道和第七道，即陆上丝绸之路和海上丝绸之路最为重要。

据《新唐书 · 地理志》记载，“广州通海夷道”的具体走向如下：从广州起航往东南方向，200 里至屯门山（今广东深圳南头、香港一带），这里是珠江口海防重镇，唐朝驻有水师。出屯门，扬帆向西，两天后到九州岛岛石（今海南东北海域七洲列岛）。转而向南，两天后至象石（今海南东南海域独珠石）。又向西南航行三天，到达中南半岛的占不劳山（今越南岘港东南占婆岛）。又南行两天，至陵山。又航行一天，抵达门毒国（今越南归仁）。又航行一日后，到达古笪国(今越南芽庄)。再航行半天，可以抵达奔陀浪洲(今越南藩朗)。

又航行两日后，到军突弄山（今越南昆仑山）。又航行五天，进入马六甲海峡，海峡南北百里，北岸有罗越国（今马来西亚南端），南岸有佛逝国（今印度尼西亚苏门答腊东南部巨港）。由佛逝国往东，航行四五天，至诃陵国（今印度尼西亚爪哇）。

出马六甲海峡往西航行，三天到葛葛僧祇国（印度尼西亚苏门答腊东北岸伯劳威斯，Brouwers）。从葛葛僧出发，航行四五天，至胜邓洲（今印度尼西亚苏门答腊日里附近）。又往西航行五天，至婆露国（今印度尼西亚苏门答腊北部西海岸大鹿洞附近），六天至婆国伽蓝洲（今印度尼科巴群岛）。转向北方，航行四天，至狮子国（今斯里兰卡）。又西行四天，经没来国（今印度西部阔伦），到达南天竺的最南端。又往西北航行，经过十多个小国，至婆罗门（今印度）西部。又过十天，经天竺西境五个小国，至提国（今巴基斯坦卡拉奇）。从提国向西航行 20 天，经过 20 多个小国，至提罗卢和国（今伊朗阿巴丹附近）。又向西航行一天，至乌剌国（今伊拉克奥波拉）。海船到这里需要换乘小船，溯河而上，两天后到末罗国（今伊拉克巴士拉），这是大食国的重镇。又往西北陆行千里，抵达王都缚达城（今伊拉克首都巴格达）。

从婆罗门南境，从没来国至乌剌国，都是沿着大海东岸航行。大海西岸以西，是大食国的领土。大食以西，最南的国家叫三兰国（今坦桑尼亚桑给巴尔）。从三兰国往正北方向航行 20 天，经过十多个小国，至设国（今也门席赫尔）。又航行十天，至萨伊瞿和竭国（今阿曼马斯喀特西南）。又往西航行六七天，至没巽国（今阿曼苏哈尔）。又往西北航行十天，至拔离诃磨难国（今巴林）。再航行一天，至乌剌国，与东路汇合。

这条漫长的海洋航线始于广州，沿着传统的南海海路，穿越南海、马六甲海峡，进入印度洋、波斯湾，如果沿波斯湾西海岸航行，出霍尔木兹海峡后，可以进入阿曼湾、亚丁湾和东非海岸，途经 90 余个国家和地区，航期 89 天（不计沿途停留时间），是八世纪、九世纪世界最长的远洋航线，也是东西方最重要的海上交通线。

唐代“广州通海夷道”远及印度洋、波斯湾和东非海岸，贸易地域较前代扩大。广东海商与阿拉伯商人左右了当时东西方海上贸易，形成东方以唐朝广州为中心，西方以大食巴士拉、西拉头、苏哈尔诸港为中心和主要起讫点，联结东南亚诃陵、室利佛逝、南亚狮子国、印度河口等重要海上贸易枢纽的“海上丝绸之路”。唐代与广东贸易往来的国家和地区有林邑、真腊、堕和罗、哥罗舍分、丹丹、盘盘、罗越、婆利、诃陵、印度、波斯、大食等。

古代广州是中国最早开放的门户，在中国与世界各国的政治、经济、宗教、文化的交

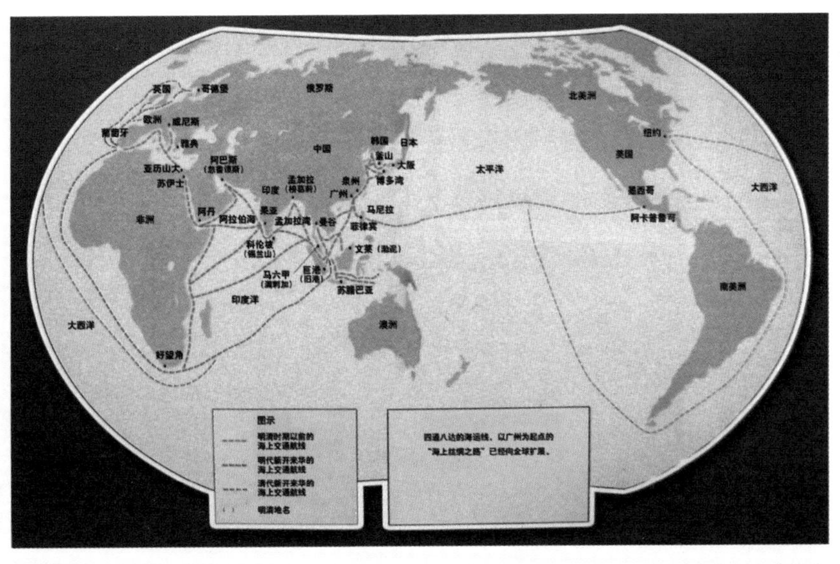

以广州为起点的海上丝绸之路向全球扩展

往中起着重要的桥梁作用。广州古代的海外贸易分为朝贡贸易和市舶贸易两种。

朝贡贸易是中国政府与海外诸国官方的进贡和回赐关系。所谓朝贡，是指前来中国的外国使节（贡使）前往京城朝见皇帝，在递交和接受两国外交文件的同时，把一些国内珍贵的土特产作为礼品贡献给皇帝，皇帝也回赠相同价值的礼品给对方。而广州由于是对外开放的窗口，因此便有着过境和接送外国朝贡者的任务。

唐代朝廷对来朝贡的国家一般都有着相当丰厚的回赐，这种“贡”和“赐”的关系实际是不等价的，对朝廷来说是得不偿失的。

而实行了市舶贸易之后，开始有了等价交换，它相当于今天的自由贸易。当然，实行这种贸易，朝廷和地方为了赚钱，就必须设立专门的机构进行监管。

唐开元二十九年（741 年），在广州城西设置“蕃坊”，供外国商人侨居，并设“蕃坊司”和蕃长进行管理。所设之市叫“蕃市”，而专为侨民子女所办之学校称为“蕃学”。到了蕃坊兴盛的宋代，已是“蕃汉万家”了。

唐显庆六年（661 年），于广州创设市舶使，派专官充任，总管海路邦交外贸。市舶使的职责有四：对来华船舶征收关税；代表朝廷选购舶来品；代表朝廷管理海外各国朝贡事务；总管海路通商事务。中国海上贸易开始走向规范化的管理，这是一套全新的市舶管理制度与经营方式。广州是唐代唯一设立市舶使的城市。

唐代市舶使一览

时间	姓名	任职	地点	身份	资料出处
玄宗开元二年（714年）	周庆立	市舶使（兼右威卫中郎将）	安南	朝官	《旧唐书》卷八《玄宗纪》
开元十年（772年）	韦某（姓韦名某）	市舶使	广州	宦官	《全唐文》卷三七一于肃《内给事谏议大夫韦公神道碑》
玄宗天宝初（742—756年）	不详	中人之市舶使	广州	宦官	《新唐书》卷一二六《卢奂传》
代宗广德元年（763年）	吕太一	市舶使	广州	宦官	《旧唐书》卷一一《代宗纪》
德宗初（780—805年）	王虔休	市舶使（以岭南节度使兼任）	广州	宦官	《全唐文》卷五一五王虔休《进岭南王馆市舶使院图表》
宪宗元和八至十一年（813—816年）	马总	市舶使（以岭南节度使、广州刺史兼任）	广州		《全唐文》卷五八〇柳宗元《岭南节度飨军党记》
宪宗元和九年（814年）	马某	专任押番舶使	广州		《全唐文》卷八五九《唐故岭南经略副使御史马某墓志》
文宗开成元年（836年）	不详	市舶使	广州	宦官（监军）	《旧唐书》卷一七七《卢钧传》
宣宗大中四年（850年）	李敬实	市舶使	广州	宦官（监军）	《西安东郊出土唐李敬实墓志》;《唐故宣义郎行内待省内仆局丞员外置同正员上柱国李府君墓》

宋开宝四年（971年），宋太祖下令在广州设立市舶司，这是中国历史上第一个专司对外贸易的管理机构。

宋元丰三年（1080年），朝廷正式修订了《广州市舶条》，并向全国推行，这更充分说明宋代广州在海外贸易中的重要地位。当时广州已是“万国衣冠，络绎不绝”的一个著名对外贸易港了。

明万历以后，广州每年夏、冬两季均举行定期的市集贸易（故称“定期市”，地点就在现在的海珠岛一带），每次数天或数个星期不等。当时荷兰侵略者驻台湾第三任长官讷茨曾说：中国政府允许葡萄牙人留居澳门，每年两次到广州买货，他们的确从这种通商中比马尼拉的商人或我们获得更多利润。然而中国物产富饶，运往广州的货品很多，以致葡人没有足够的资金购买。这样一来，从北方以及内地来参加市集的商人们看到他们的货物卖不出去，便用自己的船把货物直接运往马尼拉和泰国等地去。

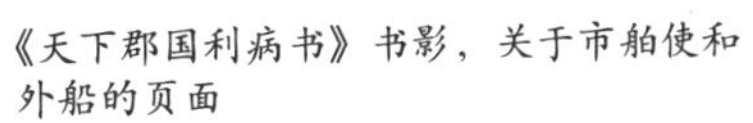

《天下郡国利病书》书影，关于市舶使和外船的页面

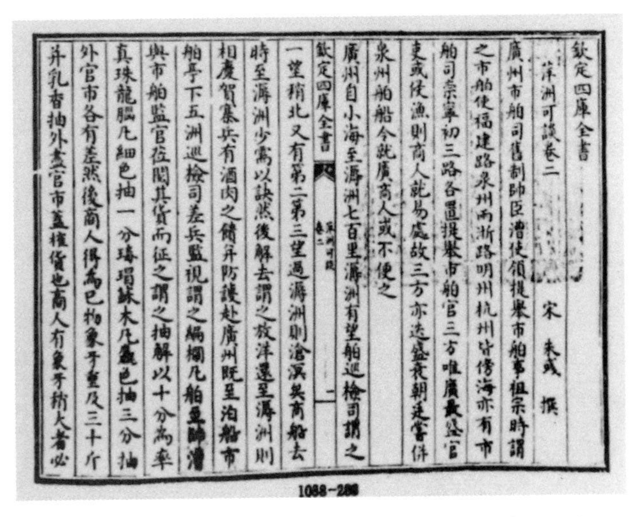

欽定四庫全書

萍洲可談卷二　　宋　朱彧　撰

廣州市舶司舊制帥臣漕使領提舉市舶事祖宗時謂之市舶使福建路泉州兩浙路明州杭州皆傍海亦有市舶司崇寧初三路各置提舉市舶官三方唯廣最盛官吏或侵漁則商人就易處故三方亦迭盛衰朝廷嘗併泉州船舶令就廣商人或不便之

廣州自小海至溽洲七百里溽洲有望舶巡檢司謂之一望稍北又有第二第三望過溽洲則滄溟矣商船去時至溽洲少需以訣然後解去謂之放洋還至溽洲則相慶賀寨兵有酒肉之饋并防護赴廣州既至泊船市舶亭下五洲巡檢司差兵監視謂之編欄凡舶至帥漕與市舶監官莅閱其貨而征之謂之抽解以十分爲率真珠龍腦凡細色抽一分瑇瑁蘇木凡粗色抽三分抽外官市各有差然後商人得爲己物象牙重及三十斤并乳香抽外盡官市蓋榷貨也商人有象牙稍大者必

《萍洲可谈》书影，关于市舶司的页面

明朝还在广州、泉州、宁波三地建造驿馆。广州叫怀远驿，泉州叫来远驿，宁波叫安远驿。广州的怀远驿有房子 120 间，外商入住之后，一切的食宿、交通、医疗、文娱皆由驿馆负责，以示“怀柔远人”之意。此种制度延续了 100 多年。

准确地说，怀远驿设于明永乐四年（140 年），在城外蚬子步，即今西关十八甫路附近。怀远驿由专门负责管理海外贸易的官方机构市舶司来管理。中国官吏在这里检查外国船只运来的货物，并进行征税和收购。有时还把国家的有关规定在这里张榜公布。而外国人员在这里通过从事中介贸易的商人（“牙人”），把中国官方收购后剩下来的货物卖出，买回中国产品。

到了清康熙年间，随着珠江北岸向南延伸，原位于江边的怀远驿已远离江岸，在其南面则出现了十三行夷馆。从此，怀远驿就被十三行夷馆所取代了。

3.“十三行”“一口通商”造就“天子南库”

广州十三行是清代设立于广州的经营对外贸易的专业商行，又称洋货行、洋行、外洋行、洋货十三行。清康熙二十四年（1685 年）开放海禁后，清廷分别在广东、福建、浙江和江南四省设立海关。粤海关设立通商的当年，广州商人经营华洋贸易二者不分，没有专营外贸商行。次年 4 月间，两广总督吴兴祚、广东巡抚李士祯和粤海关监督宜尔格图共同

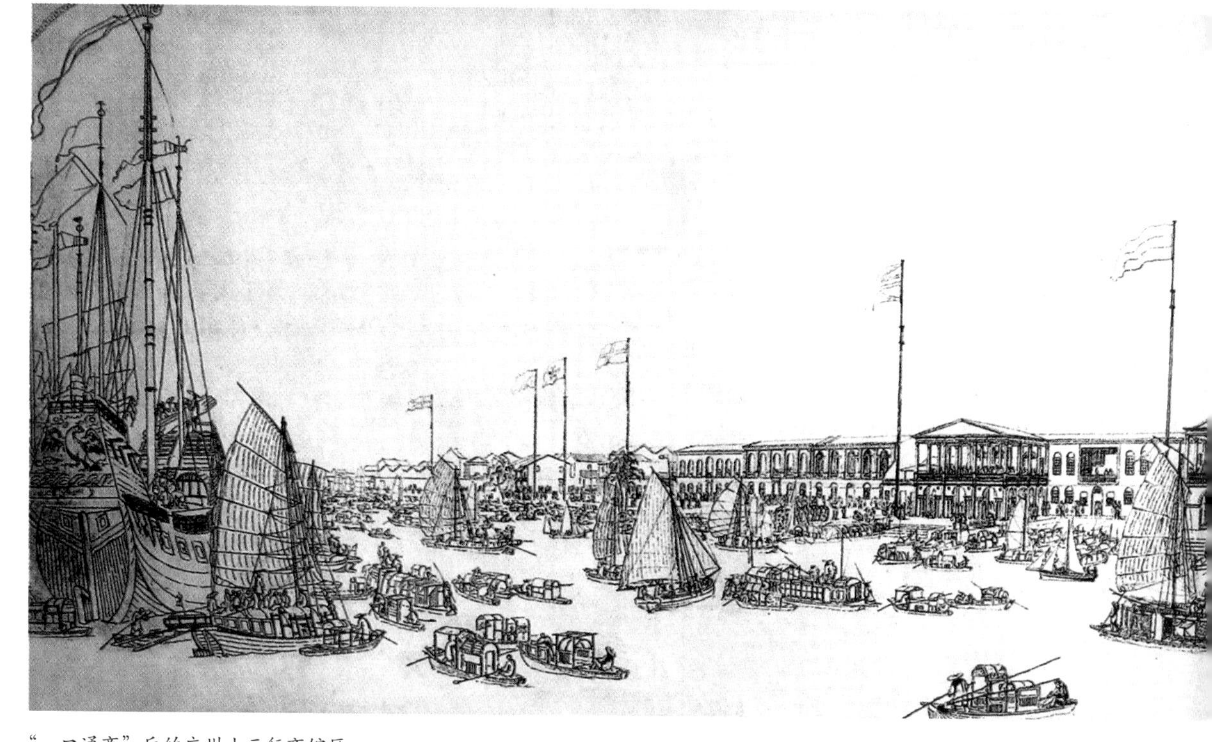

“一口通商”后的广州十三行商馆区

商议，将国内商税和海关贸易货税分为住税和行税两类。住税征收对象是本省内陆交易一切落地货物，由税课司征收；行税征收对象是外洋贩来货物及出海贸易货物，由粤海关征收。为此，建立了相应的两类商行，以分别管理贸易税饷。前者称金丝行，后者称洋货行即十三行。从此，洋货十三行便成为经营外贸的专业商行。

广州十三行的行商首领潘启于清康熙五十三年（1714 年）生在栖栅社（今龙海市角美镇白礁村潘厝社），于清乾隆五十二年（1788 年）卒在广州，后被葬在故里文圃山下（今龙海市龙池开发区灿坤工业园区）。

潘启又叫潘振承，字逊贤，号文岩，其父潘乡是一个地道的农民，家庭较为贫苦。潘启是潘乡五个儿子中的老大，也是广州十三行的商总（即行商首领）、19 世纪世界首富。

广州十三行名义上虽称“十三”，其实并无定数。

洋货十三行在创建时，广东官府规定它是经营进口洋货和出口土货（包括广货、琼货）的中介贸易商行。最初指定洋货十三行经营的贸易对象，实际包括外洋、本港和海南三部分内容。清乾隆十八年(1753 年)，业务曾一分为二，专营外洋各国来广州贸易的叫外洋行，经营出海贸易的称为海南行。自乾隆二十五年（1760 年）起，外洋行不再兼办本港贸易的事务，另由几家行商专营暹罗（今泰国）贡使及其商民贸易税饷事宜，称为本港行。而海南行又改称福潮行，经营包括广东潮州及福建商民往来买卖税务。这时来到广州海口商船渐多，贸易发展，各行口商人资本稍厚者经办外洋货税，其次者办本港船只货税，又次者办福潮船只货税。乾隆六十年（1795年），本港行因其中个别商人倒账破产而被官府革除，其业务划归外洋行，每年推举两家来轮流办理。清嘉庆五年（1800年）以后，在广州经营贸易的商行，按业务范围划分只有外洋行和福潮行。前者仍称洋货行或十三行。

专设经理广州外贸税饷事务的洋货十三行，是清廷实行严格管理外贸政策措施的重要组成部分，其目的在于防止中外商民自由交往。它由封建官府势力“招商承充”并加以扶植，成为对外贸易的代理人，具有官商的社会身份，也是清代重要的商人资本集团。洋货十三行作为清代官设的对外贸易特许商，要代海关征收进出口洋船各项税饷，并代官府管理外商和执行外事任务，这是清代对外贸易的主要特点。

为了整顿洋行制度，进一步加强对外商的直接管理，清廷于乾隆十年（1745年）从广州二十多家行商中选择殷实者五家为保商，建立保商制度。保商的责任是承保外国商船到广州贸易和纳税等事，承销进口洋货，采办出口丝茶，为外商提供仓库住房，代雇通商工役。保商对于承保的外国商船货物因享有优先的权利，在其他分销货物的行商交不出进口货税时，必须先行垫付。凡外商有向官府交涉禀报的事，责令保商通事代为转递，并负责约束外商不法行为。尽管外商对保商制度表示不满，但清廷一直加以维护。行商和外商利益一致时，就互相勾结；利益矛盾时，就互相欺骗敲诈，酿成种种纠纷。有的行商在封建官府和外商之间投机取巧，获利致富。但有的行商则在封建官府和外商夹击下，招致破产。

鸦片战争前的广州十三行街建立有同业商人行会组织，即所谓“洋行会馆”（公行）。清康熙三十八年（1723年）及五十九年，广州行商曾两次组建公行，但为期都不长。公行议定行规，表面是为约束不法行为，扶持对外贸易，实际上却增加了不少禁约。它对货物实施公行垄断，以便按照行会的利益自行调整价格。英商为打破公行垄断，通常用收买个别行商、贿赂官府的手段，使公行难以持久，如清乾隆二十五年（1760年）广州公行正式奉准成立，到三十六年即被解散。此外，公行存在期间，在行商之间及行商和散商之间，又为争夺商业利润互相倾轧，外商得以乘机在进出口货价和交易量上利用矛盾，遂造成公行的亏损和债务。公行制度下的行商，因对行欠债务负有连带责任，故不断出现倒闭。乾隆四十七年（1782年）公行再度恢复，并开始设立利用行佣积累起来的公所基金，清偿行商的拖欠、罚款等，以维护公行的稳定。重建后的公行，延续了近60年。

清乾隆二十二年（1757 年），清政府一道圣旨，广州成为全国唯一海上对外贸易口岸，史称“一口通商”，广州成为清代对外贸易中心。据清宫档案记载，1754 年，洋船到港 27 艘，税银仅 52 万两。1790 年，洋船增至 83 艘，税银达到 110 万两。到鸦片战争前，洋船多达年 200 艘，税银突破 180 万两。十三行被称作是清政府财源滚滚的“天子南库”。屈大均在《广东新语》卷十五“货语”里写道：“洋船争出是官商，十字门开向二洋。五丝八丝广缎好，银钱堆满十三行。”1850 年，广州在世界城市经济十强中名列第四，1875 年仍列第七。

清乾隆四十九年（1784 年），刚刚结束独立战争的美国商人便组建船队首航广州，标志着中美直接贸易的开始。

从 19 世纪后期开始，瑞典王国对外贸易迅速发展，1731 年瑞典东印度公司成立，1732 年东印度公司船只首次到达中国广州。自始每年都有瑞典货船来华。瑞典商船在广州购买的最主要商品是茶叶，其次是瓷器和丝绸。到 18 世纪中期，对华贸易占瑞典对外贸易总额的 10% ～ 15%。

鸦片战争以后，《南京条约》规定，废除中国对外贸易中的公行制度，开放五口通商，废止十三行独揽中国对外贸易的特权，允许英国商人在各口岸任意与华商交易。名为“交

美国“中国皇后”号停泊在黄埔港

18世纪来往于歌德堡与广州的海上航线

易”，其实是外国入侵者对中国这块肥肉的肆意劫掠。

清咸丰六年（1856年），十三行毁于广州西关大火。

十三行在历经沧桑之后归于终结，但东西方文明在广州的交汇、融合以及不断扩散，却深刻地影响着中国的经济发展和社会文化生活。十三行代表了一个时代、一种制度、一种情结，承载着丰富的政治、经济、历史、文化内涵，十三行的沧桑是广州乃至近代中国历史变迁的一个缩影。十三行的意义，至今仍在延续。

4. 大量文物古迹见证海上丝绸之路的辉煌

据专家们的考证，古代广州通过海上丝绸之路进行商品贸易和中外文化交流，所以这条路又叫文化之路、友谊之路。至今广州在这方面仍保留有丰富的文化遗迹。

从出土文物看，广州有关“海上丝绸之路”的文物和古迹遍布全城，主要有：秦代造船工场遗址、唐代的“蕃坊”“蕃学”、清“十三行”，古黄埔港、光孝寺、西来初地、华林寺、六榕寺、海幢寺、南海神庙、怀圣寺与光塔、清真先贤古墓、长洲的琐罗亚斯德教徒墓地、柯拜船坞，南越王墓出土的文物银盒和铜熏炉等。

与海上丝绸之路有关的地名有西来古岸、扶胥港、光塔路、十三行、宝顺大街、濠畔街、沙面、琶洲、丹麦人岛、法国人岛等。

与海上丝路有关的人物就更多了，主要有：牛应、康泰、昙摩耶舍、求那跋摩、拘那罗陀、菩提达摩、常骏、王君政、义净、杨廷壁、阿布·宛素葛、伍秉鉴、潘仕成等。

“西来初地”

在西关下九路有一块石碑，上书“西来古岸”。这是为纪念印度菩提达摩（简称达摩）禅师东渡来华传教而立。达摩禅师是古代天竺（今印度）香至国王第三子。他为到中国传播佛教，远渡重洋，经过三年的艰辛航行，于我国南北朝梁武帝普通年间（6 世纪 20 年代）到达广州。当时广州的海岸在今下九路附近。达摩禅师在绣衣坊码头登陆上岸。达摩禅师来华后，人们在绣衣坊码头附近营造传教建筑，名为“西来庵”。达摩在西来庵宣传佛教佛经，为中国佛教禅宗的创立起了重大作用。这一带后来被称为“西来初地”。

古琶洲塔

琶洲塔位于广州市海珠区的琶洲（今新港东路），靠近珠江边。此塔建于明万历二十八年（1600 年）。塔为八角形楼阁式砖塔，内膛为八角直井式，外观 9 层，内分 17 层，高 50 多米。基角处有西方人形象的跪状塔力士，用双手或单手托塔，神态生动。传说当年珠江中常有金鳌浮出，所以原称海鳌塔，又因建塔的山冈为两山相连如琵琶，故称为琶洲塔。塔名沿用至今。

琶洲塔底座的托塔力士

琶洲塔古代屹立江心，似中流砥柱，又因塔可作导航的标志，故有“省城华表”之称。“琶洲砥柱”是清代羊城八景之一。琶洲历史上也曾经是古代著名的海港，叫琶洲港，是广州海上丝绸之路的重要遗址。宋代起此处为广州外港，是前来贸易的外国海舶停靠之地，此处山高 20 ~ 24 米，当时此塔是番舶的导航标志。明代在山上建琶洲塔，更好地起到了导航的作用，引领着源源不断的满载货物的外国商船来到中国，促进了广州的海洋商贸发展。

广州琶洲塔

黄埔古港

黄埔古港位于今广州市海珠区石基村，北临新港东路，南隔黄埔涌与仑头相望，西临东环高速公路，东隔珠江与长洲、深井相望。广州叫黄埔的地方很多，但黄埔村应是这个地名最早的出处。

黄埔古港见证了广州“海上丝绸之路”的繁荣。自宋代以后，黄埔村长期在海外贸易中扮演重要角色。南宋时此地已是“海舶所集之地”。明清以后，黄埔村逐步发展成为广州对外贸易的外港。据《黄埔港史》记载，从清乾隆二十三年（1758 年）至清道光十七年（1837 年）的 80 年间，停泊在黄埔古港的外国商船共计 5107 艘。

英国人威廉·希克 1769 年来过广州，他对广州赞不绝口：“珠江上船舶运行穿梭的情景，就像伦敦桥下泰晤士河，不同的是，河面的帆船形式不同，还有大帆船，在外国人眼里再没有比排列在长达几英里的帆船更为壮观的了。”

黄埔古港兴旺发达的时候，正是 17 世纪到 19 世纪广州海外贸易最为鼎盛的时期，也就是近代西方商人津津乐道的“对华贸易的黄金时代”。

粤海关和黄埔税馆

清康熙二十四年（1759 年），全国设江、浙、闽、粤四海关，粤海关在黄埔村设黄埔挂号口和税馆。清乾隆二十二年（1757 年），清廷在中国撤销江、浙、闽三海关，仅保留了粤海关，指定广州为唯一对外贸易口岸，长达 80 多年。

期间黄埔古港迅速发展，在这里有黄埔税馆、夷务所、买办馆等，外国商船必须在这里报关后由中国的领航员带商船入港，办理卸转货物缴税等手续，然后货物才能进入十三行交易。

南海神庙及码头遗址

南海神是海上交通护卫神，与广州海上丝绸之路的发展有着不可分割的关系。广州“盖水陆之道四达，而蕃商海舶之所凑也。群象珠玉，异香灵药，珍丽玮怪之物之所聚也。四方之人，杂居于市井，轻身射利，出没波涛之间，冒不测之险，死且无悔”[1]。外贸的繁荣离不开中外商人的参与。无论官方还是民间，祈祷还是答谢，南海神都成为南海航行中不可缺少的神灵，供奉南海神的南海庙成为维系海上丝绸之路延续的纽带。港口是广州海上丝绸之路的载体，南海神庙在一定程度上可以说是港口附属的宗教文化建筑，起着文化上、心理上的慰藉作用。南海神东、西庙分别居广州城东和城西南，除官方祭祀外，中外商人

1 （宋）章粢：《广州府移学记》，《永乐大典》卷二一九八四“学”字韵引《大德南海志》。

广州南海神庙扶胥古港口牌坊

与广大民众亦参与其间。

广州南海神庙位于今广州市黄埔区穗东街庙头村，其所在的扶胥镇一带唐代时成为广州的外港，称扶胥港。南海神庙作为港口的重要组成建筑保留至今。

南海神庙居“扶胥之口，黄木之湾”[1]，今狮子洋与珠江连接处，东西向珠江漏斗湾到此转向南北向狮子洋大漏斗湾，以南便是“大海”，“自此出海，溟渺无际”。[2]是优越的泊船之处，是广州出海驶往外域必经的通道，也是到广州贸易的外国货船进入内港前停泊和接受检查的地方。现存的章丘是古扶胥港的重要地物，是历史岸线的参照标志。南海神庙是扶胥港的航海祭祀建筑，既是官方朝廷祭祀海神的场所，又是民间中外客商出航前后祈愿和答谢海神的地方。神庙外现存有宋代建筑遗址、唐代码头遗址、明代铺石活动面遗址、明代石基码头遗址、清代码头遗址等遗存。

南海神庙西南，章丘坡脚至岸边现存有明代石基码头遗址，全长125米，由官道和小

1 （唐）韩愈:《昌黎先生文集》卷三一《南海神庙碑》。

2 《元和郡县志》卷三四《岭南道》。

广州南海神庙明代码头遗址

桥、接官亭、埠头构成。边缘多用红砂岩石块砌筑，做工考究，应属官用设施。宋代后期扶胥港淤浅后各级官员仍到南海神庙致祭，该道应为此而设。

南海神庙"海不扬波"坊前有清代古码头遗迹，用麻石铺砌，共九级亲水台阶，通往南海神庙内的道路铺五板麻石，喻为九五至尊，皇家气派。引路的两边留有圆形的"火烧坑"，是昔日信众三更生火、五更敬神习俗的遗迹。

南海神庙现存碑刻45块，其中唐碑1块，宋碑2块，元碑1块，明碑17块，清碑4块。

南海神庙“海不扬波”坊前清代古码头遗迹

其中大多数碑文赋予了南海神在海上丝绸之路贸易中所起的庇护神功能，部分碑文直接刻有海外贸易和外国商人来华贸易历史。北宋开宝六年（973 年）《大宋新修南海广利王庙碑》谓：“自古交趾七郡贡献上国，皆自海，沿于江，达于淮，逾于洛，至于南河”，“故砺砥砮丹，羽毛齿革，底供无虚岁矣。”

南宋乾道元年（1165 年）《南海广利洪圣昭顺威显王碑》云：“夷舶往来，百货丰盈顺流而际，波伏不兴，自唐迄今，务极徽称。”南宋乾道三年（1167 年）《重修南海庙记》载：“西南诸蕃三十余国，各输珍赍，辐辏五羊，珍异之货，不可缕数。……尘肆贸易，繁颗富盛，公私优裕，系王之力焉。”南宋宝庆元年《转运司修南海庙记》云：“矧可射思，南海最大。外通蛮夷，何啻百十，国神之威灵亦远矣。”

5.“哥德堡”号的前世今生

“哥德堡”号（East Indiaman Gotheborg）是大航海时代瑞典著名远洋商船，曾三次远航中国广州。

1745年1月11日，“哥德堡Ⅰ”号从广州启程回国，船上装载着大约700吨的中国物品，包括茶叶、瓷器、丝绸和藤器。8个月后，“哥德堡Ⅰ”号航行到离歌德堡港大约900米的海面，离开哥德堡30个月的船员们已经可以用肉眼看到自己故乡的陆地，然而就在这个时候，“哥德堡Ⅰ”号船头触礁随即沉没，正在岸上等待“哥德堡Ⅰ”号凯旋的人们只好眼巴巴地看着船沉到海里，幸好事故中未有任何伤亡。人们从沉船上捞起了30吨茶叶、80匹丝绸和大量瓷器，在市场上拍卖后竟然足够支付“哥德堡Ⅰ”号这次广州之旅的全部成本，而且还能够获利14%。这之后瑞典东印度公司（Swedish East India Company）又建造了“哥德堡Ⅱ”号商船，它最后沉没在南非。

“哥德堡Ⅰ”号在短短几年间先后三次远航广州，第一次是1739年1月至1740年6月；第二次是在1741年2月至1742年7月；最有名的是第三次，在1743年3月至1745年9月。

1993年，瑞典新东印度公司开始筹划仿造“哥德堡”号，1995年6月11日，“哥德堡Ⅲ”号安放龙骨开工建造，新地船厂举行了传统风格的盛大典礼，瑞典国王卡尔十六世成为这项工程的监护人。2003年6月，经过十年的精心打造，这艘使用18世纪工艺制造的“哥德堡Ⅲ”号新船顺利下水。该船全长58米，排水量1250吨。瑞典全国从国王到普通国民都对“哥德堡Ⅲ”号的中国之旅倾注了极大的热情，瑞典国王古斯塔夫十六世在此前表示，当2006年7月“哥德堡Ⅲ”号抵达中国时，他将亲自前往广州迎接。2005年10月2日，新“哥德堡”号正式远航中国。十多万市民倾城出动，500多艘船跟随欢送，场面极其壮观。

瑞典仿古商船“哥德堡”号

瑞典建造“哥德堡”号仿古船的初衷，是为了向人们再现瑞中友好交往的历史。“哥德堡”号航行到今天，的确履行了自己神圣的使命。当前瑞典已成为世界上发达富裕的国家之一，中国则是全球经济发展最快的国家，拥有广阔的市场潜力，两国友好合作的前景非常美

为纪念瑞典“哥德堡”号重访广州，在黄埔古港遗址专门修建的纪念墙

好，“哥德堡”号的前程依然无限。

瑞典国王古斯塔夫说，瑞中两国在各领域的合作富有成效，中国的迅速发展正给瑞典企业带来新的商机，未来两国间的联系必将更加紧密，瑞中关系将会迈上新的台阶。瑞典议长佩尔·韦斯特贝里说，瑞典用了100多年的时间从贫穷走向富裕，但中国的这个进程却远比包括瑞典在内的其他国家更为迅速，双方有许多值得交流和借鉴的地方，以便实现各自的持久发展。

由于“哥德堡”号的仿制成功及访问中国，中瑞两国和人民之间比以往更希望增进了解和加强合作。

海上丝绸之路始发港有多个，比如合浦、徐闻、广州、泉州、宁波等。但史载最早的海上丝绸之路港口则是徐闻。徐闻是当之无愧的中国海上丝绸之路始发港。[1]

2000多年前的汉代，徐闻置县，并为合浦郡郡治所在地。由于是海上丝绸之路港口，朝廷要员黄门译长、左右侯官在此地管理海上贸易，徐闻成为当时的区域性政治、经济中心，在汉徐闻港所在地二桥一带留下生活和府治遗址、汉墓群。考古发现的历史遗迹——港口设施、陶制生活用具、印纹汉砖、汉瓦当、玛瑙珠串等文物印证了历史典籍的有关记载，是海上丝绸之路的重要物证。

1. 史载汉港徐闻

据《汉书·地理志》记载，西汉元鼎六年（公元前111年），汉武帝派近臣到徐闻管理并进行海上贸易（黄门译长）。汉武帝组织的官办贸易使团自徐闻、合浦出海，到达今越南、泰国、缅甸、印度和斯里兰卡等国进行贸易，形成通达东南亚和印度洋沿岸一带的海上丝绸之路。《汉书·地理志》记载："自日南障塞，徐闻、合浦，船行可五月有都元国，又船行可四月有邑卢没国，又船行可二十余日有谌离，步行可十余日有夫甘都卢国，船行可二月有黄支国……有译长，属黄门，与应募者俱入海，市明珠、璧、琉璃、奇石异物，赍黄金杂缯而往所至……黄支之南有已不程国，汉之译使自此琮矣。"[2] 大量的丝绸、黄金由此运往东南亚、缅甸、印度及海湾国家，返回时运回犀角、珠玑、象牙、翡翠……徐闻港一时间船来船往，货积如山。

---

1 《史记·秦始皇本纪》载秦始皇二十八年（公元前219年）徐福东渡，据统计日本的徐福遗迹有50多处。但徐福东渡是为秦始皇寻找长生之药。山东半岛的古港口有可能在秦以前海行而至朝鲜半岛和日本，但缺乏明确的史籍记载。

2 都元国，古国名，在今印度尼西亚西部；邑卢没国、谌离、夫甘都卢国，故地都在今缅甸境内；黄支国，在今印度；已不程国，在今斯里兰卡。

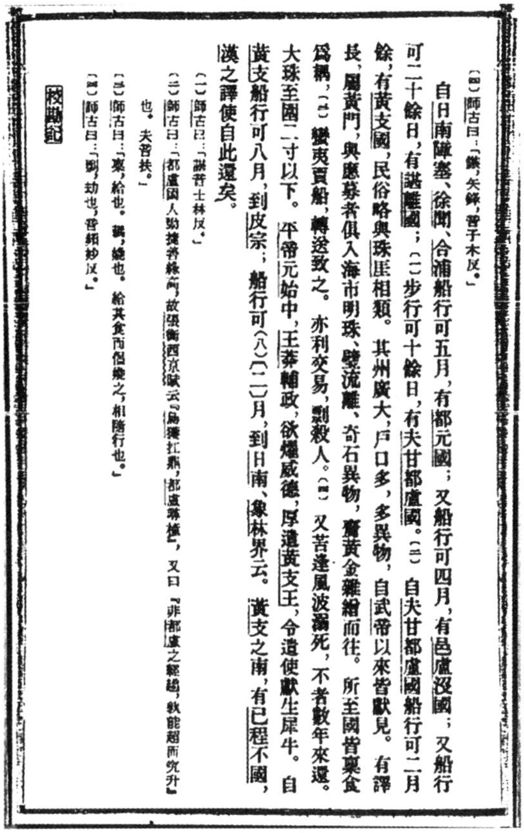

[四] 師古曰：「嫩，矢鋒，音子木反。」

自日南障塞、徐聞、合浦船行可五月，有都元國；又船行可四月，有邑盧沒國；又船行可二十餘日，有諶離國；[一] 步行可十餘日，有夫甘都盧國。[二] 自夫甘都盧國船行可二月餘，有黃支國，民俗略與珠厓相類。其州廣大，戶口多，多異物，自武帝以來皆獻見。有譯長，屬黃門，與應募者俱入海市明珠、璧流離、奇石異物，齎黃金雜繒而往。所至國皆稟食爲耦，[三] 蠻夷賈船，轉送致之。亦利交易，剽殺人。[四] 又苦逢風波溺死，不者數年來還。大珠至圍二寸以下。平帝元始中，王莽輔政，欲燿威德，厚遺黃支王，令遣使獻生犀牛。自黃支船行可八月，到皮宗；船行可(八)[二]月，到日南、象林界云。黃支之南，有已程不國，漢之譯使自此還矣。

[一] 師古曰：「諶音士林反。」

[二] 師古曰：「都盧國人勁捷善緣高，故張衡西京賦云『烏獲扛鼎，都盧尋橦』。又曰『非都盧之輕趫，孰能超而究升』也。夫音扶。」

[三] 師古曰：「稟，給也。耦，媲也。給其食而侶媲之，相隨行也。」

[四] 師古曰：「剽，劫也，音頻妙反。」

校勘記

《汉书·地理志》书影

郡以雷爲名投荒錄云郡南濱大海以雷爲名以其雷聲近在簷宇之上雷州之北高州之南數郡亦多雷聲似在尋常之外漢置左右侯官在徐聞縣南七里積貨物於此備其所求與交易有利故諺曰欲拔貧詣徐聞元和郡縣志地濱炎海人惟夷獠多居欄以避時鬱寰宇記州居海上之極南氣候倍熱所謂除夜納涼者容有之圖經州多平田沃壤又有海道可通閩浙故居民富實市井居廬之盛甲於廣右圖經州人循習以立冬後已酉日爲臘先祭其先然後集親故而共飲焉或云路伏波之闢九郡也徐聞之人以冬已酉日遇害故州人臘祭必祭其先穎濱先生和陶淵明停雲詩有曰人欲嘉平槧酒如江注云雷人以十月臘祭蓋其年已酉日在十月耳州三面並海圖經本州實雜黎俗故有官語客語黎語今之語言之間官語則可對州縣官言也客語則平日相與言也黎語雖州人或

宋王象之《舆地纪胜》引唐《元和郡县图志》徐闻段书影 B

汉船队始发地徐闻港在今徐闻治下的二桥村的海岬腹部，前峙三墩岛，是一处较好的避风良港。清宣统三年（1911 年）《徐闻县志》记："徐闻城，汉元鼎置县，海滨讨网村。讨网村，前临大海，峙三墩。"

汉时政府加强海上丝绸之路沿海港市的管理，唐代的《元和郡县图志》中记："汉置左右侯官在徐闻县南七里，积货物于此，备其所求以交易有利，故谚曰：'欲拔贫，诣徐闻'。"

徐闻海港地望，北魏郦道元《水经注·温水注》引王范《交广春秋》曰："朱崖、澹耳二郡，与交州俱开，在大海中南极之外，对合浦徐闻县。清朗无风之日，遥望朱崖洲如囷凛大。从徐闻对渡，北风举帆一日一夜而至。"这段话说得很清楚，合浦郡徐闻县就在海南岛对岸。另李吉甫《元和郡县图志》说这是一个巨大商业转运中心港，必然拥有广大腹地，又是商贾云集之所，扼琼州海峡交通门户。按以上各种分析，它不出海峡北岸，故谭其骤

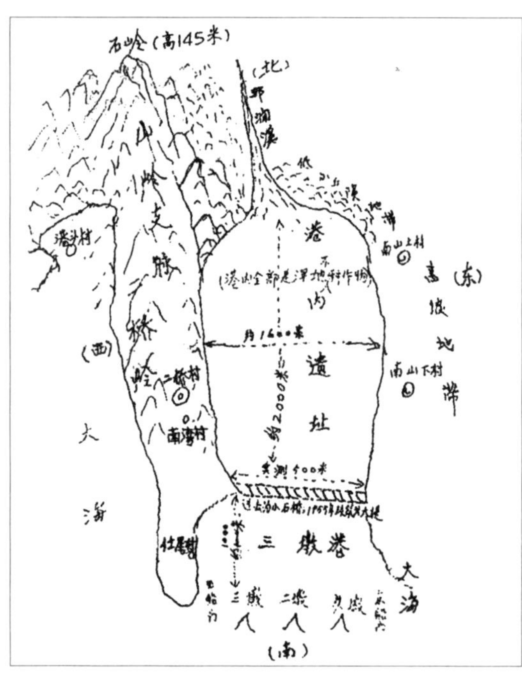

二桥、南湾、仕尾村与汉徐闻港示意图

《中国历史地图集》主张汉徐闻县在雷州半岛南端不无道理。

《汉书·地理志》留下了官办海上丝绸之路贸易的最早记载，并有唐代《元和郡县图志》呼应。出发地点明确——徐闻、合浦；出行线路和目的地明确——经越南、缅甸到达印度和斯里兰卡；出行目的明确——带去丝绸等，购来明珠、璧、琉璃、奇石异物。管理官员明确——高级别的“黄门译长”“左右侯官”。表明湛江徐闻是汉代海上丝绸之路的重要港口、重要关口，地位显赫的区域性政治中心，富甲一方的经济中心。

位于徐闻县西南的南三镇（原五里乡）二桥（原讨网村）、南湾、仕尾村，是一处伸向琼州海峡的半岛形岬角，前临大海，峙三墩。南北走向的平台地貌。海拔10米，二桥、南湾、仕尾三个村向海依次排列。二桥、南湾村后有那涧溪。溪口正对海上三墩，三墩与溪口间的海湾为汉徐闻港旧址。

清康熙《粤闽巡视纪略》记载：“三墩在城南二十里突出海中，号小蓬山。”三墩是古代海港的天然屏障。至今，三墩上各有一古井，为过往船只补给淡水之用。故《徐闻县志》载：“前临海，峙三墩，中有淡水，号龙泉。”

汉徐闻港岸边土岭上的航标座

雷州半岛千年牛车古官道

三墩之首墩上龙泉古井

在仕尾村北仕尾岭上，考古发现了一个呈八角形，直径2米、深40厘米的巨型石雕器物，质地为玄武岩，八角均饰八卦纹，器物内壁被火灼成黑色，因年代久远而有多处龟裂。设在海边的这一巨型器物专家考证为导航灯座，古代在此点燃“烽火”以示方位。

两汉时期徐闻拥有优越的地理位置：靠近东南亚，为中国航船沿着海岸向东南亚航行的最近地点；接近岭南经济最为发达的区域，并有着方便的交通联系中原，为自中原和岭南经济发达区域前往东南亚的最便捷地点；位于北部湾适宜建立外贸港口的地带，是一个对东南亚和海南岛联系都很方便的地点。两汉时期，徐闻港所在的合浦郡是岭南开发较早的区域之一，并靠近经济比较发达的苍梧郡，又通过岭南通往北方最重要的交通线，与作为主要出口物资的提供地和进口物资的主要销售地的中原保持密切联系，具有较其他港口广阔得多的经济腹地。因此，徐闻才有可能发展为当时最重要的对外贸易港口。

徐闻是西汉大陆与南海交通之要冲。从自然地理的角度看，徐闻位于广东雷州半岛南端，县西南的讨网村，与正海面中头墩、二墩、三墩三海岛相望。这里是西汉中国沿印度支那半岛东面南下，到达东南亚地区各个国家或穿过马六甲海峡到达西亚乃至非洲各国的最近港口之一。如《旧唐书·地理志》所说，当时“南海诸国，大抵在交州南，自汉武帝以来，皆朝贡必由交州之道”。

2. 二桥生活和府治遗址、遗物呼应典籍

徐闻二桥村汉官上马台

《汉书 · 地理志》《元和郡县图志》等历史文献的记载得到了湛江徐闻、雷州、遂溪等地文物考古的证实。

徐闻县汉代遗址分布于二桥村及紧挨的南湾村和仕尾村一带。徐闻二桥遗址是广东发现的十个汉代建筑遗址之一，也是四个出土瓦当的遗址之一。二桥村、仕尾村地处海湾，临海不远处即可望到海上的三墩，地理位置与《徐闻县志》载“徐闻城，汉元鼎置县，海滨讨网村。讨网村，前临大海，峙三墩”，“讨网港，县西南三十五里”的史料相吻合。该地附近山岭上有被称为东营和西营之二地，营者，驻兵营地也。与史料“汉置左右侯官”呼应。2002 年 12 月 9 日至 2003 年 1 月 17 日，在高台遗址的探沟里发现相对完整的卷云箭镞纹、绳纹瓦当，出土铁器、铜器、铺首、陶罐等高级别的西汉早期文物，疑为汉代驻军兵房。二桥、南湾发掘出土遗物主要是陶器。

1993 年发掘时发现的遗迹有墓葬、灰坑、房屋、水井、烧土面及柱洞等。出土遗物以陶器为主，另有少量铜器、铁器和石器。在遗址周围还采集到与遗址年代相当的“万岁”瓦当及龟纽铜印等。

“万岁”瓦当属于官府的建筑构件，可知在汉代确有朝廷派出的、级别较高的官员在徐闻管理海外贸易。徐闻出土了不同类型的汉代瓦当。年代最早的是卷云箭镞纹瓦当，属西汉时期)；万岁瓦当、灵芝纹瓦当、吉羊纹瓦当均属汉代。“万岁”瓦当出土可以确认汉徐闻城的方位及使用“万岁”瓦当的“黄门译长”“左右侯官”的品位。[1] 汉朝廷黄门曾在徐

---

1 王俞春《中国历代官署官名辞典》谓:“黄门，官署名。汉代置，黄门之署。职近亲近以供天子，百物在焉。”“黄门侍郎。官名，沿秦置黄门侍郎，其职担任皇帝传达诏令，处理宫中杂事。由宦官担任，可出入宫禁。”“译长，官名，汉时黄门所主持传译与奉使的职官称为译长。”侯官，《礼记 · 王制》云:“五等之制禄爵，公、侯、伯、子、男凡五等。”《鄘风 · 旄丘序》孔颖达疏“侯为州牧也”。

闻二桥、南湾一带建置行官之类官署，其级别相当州郡之治。

2002 年对二桥、南湾一带有文化遗物分布的25 万平方米范围进行密集钻探，在此基础上选取二桥村三处地点进行试掘。本次勘探发掘出土遗物丰富，发现灰坑和柱洞较多，出土物主要是建筑构件绳纹板瓦、筒瓦、瓦当等，生活用具罐、盆、釜、壶等，生产工具铁器、纺轮和网坠。

从二桥遗址出土的遗物可知，在汉武帝建徐闻县治之前，二桥一带已有较为频繁的人类活动和定居生活，从而说明汉政府在此设县治和官港是有一定基础的。一般来说，古代官营对外贸易是在民间贸易的基础上发展起来的，只有民间对外贸易在长期的航海中形成港口，官府才会派遣官吏从这些港口启航出海贸易。

白陶盆

“万岁”瓦当（东汉）

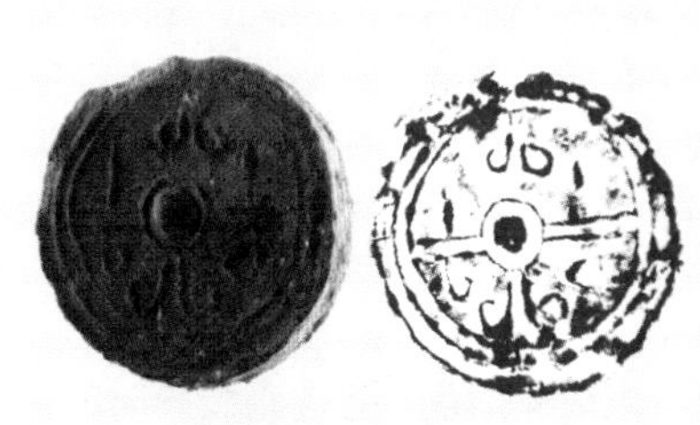
卷云箭镞纹瓦当（西汉）

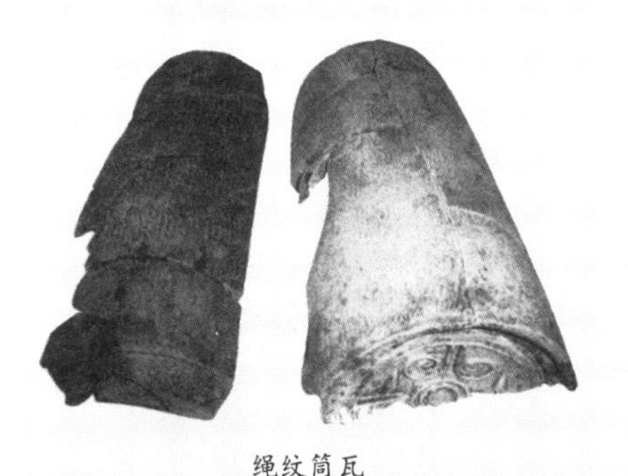
绳纹筒瓦

徐闻二桥遗址出土的文物

3. 徐闻二桥周边汉墓群丝路文物丰多

徐闻汉墓的发现始于 20 世纪 60 年代，到 21 世纪初，共发现三百多座。这些墓呈群体分布，反映汉代“聚族而居，合族而葬”的风俗。已发现的汉墓集中分布于县西南部沿海一带，二桥及其以北、以西、以东。比较集中的墓群有四个：一是华丰岭；二是二桥村及邻近的那干、港头、南山；三是县城华建糖厂、贵生路附近及城南槟榔埚村；四是龙塘红坎村一带。

徐闻汉墓随葬品主要是陶器，另有石器、金属器和珠饰等。出土珠饰等为海外“舶来品”，各种珠饰形状大小不一，种类主要有琥珀、玛瑙、

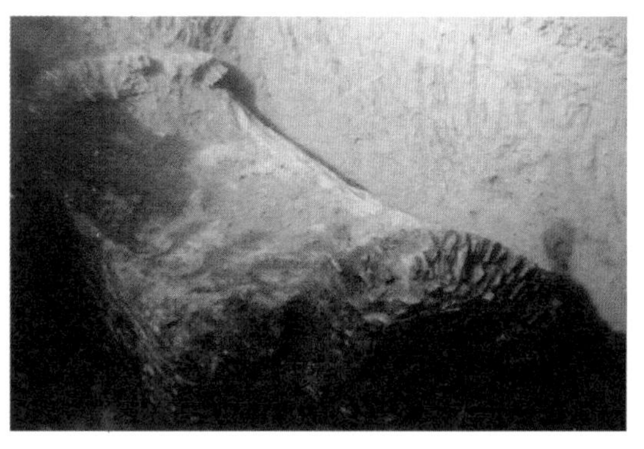

徐闻二桥那涧沟东岗岭汉墓（左），贵生路汉墓（右）

琉璃、水晶、紫晶、银珠、古玉、玉石、青金石和檀香珠等共368粒。当时汉船携带黄金和丝绸，前往东南亚诸国进行贸易，购回“明珠、璧琉璃、奇石异物”，作为朝廷贡品献给皇室、王公贵族、地方富豪官宦玩赏。这些海外珠饰的出土，不但反映了汉代徐闻的经济繁荣，而且折射出两千多年前汉港徐闻的外贸景象。

徐闻二桥村后灰场汉墓出土的陶熏炉，是一件用于熏香的器皿。海上丝绸之路又被称为陶瓷之路、香料之路。陶熏炉既是陶瓷之路的证物，又是香料之路的证物。

4. 雷州半岛丝绸之路港口的历史沿革

徐闻二桥汉港是盛极一时的海上丝绸之路贸易古港，但汉代以后逐渐衰落。在今徐闻辖区范围内，有其他港口延续海上贸易：唐代，沓磊浦曾是中国著名的对外贸易口岸；宋代，递角场是南方水陆结合的津梁；明清时代，白沙古埠和海安古港是沟通海内外的交通贸易埠头。唐至清代，雷州一直为州府治所在地，政治与经济中心北移，雷州半岛中北部港口承担海上贸易，这些港口包括雷州港、通明港、赤坎港等。

徐闻二桥汉港的衰变

徐闻二桥汉港在汉代以后逐渐衰落，一是东汉后期政治动荡，造成经济衰退，影响对外贸易的开展和贸易政策的改变。三国时交趾（即越南）一度反叛，攻打合浦等地，使徐闻、合浦至东南亚各国的航路受到严重阻碍。 二是晋代以后，番禺（广州）港已逐渐取代徐闻、合浦，成为我国最大的对外贸易口岸。三是远洋航路改变。航海技术的进步、船舶吨位的增加、抗风能力的加强，使得船舶可直接从番禺（广州）放洋出海。《新唐书·地理志》记载从广州出发到印度洋的航路，大部分航船乘东北季风从海南岛东部海面经七洲洋直下南海，通过马六甲海峡到印度洋。四是受自然因素影响。徐闻古港讨网港（三墩港）逐渐被泥沙淤积，日久荒废。五是隋朝以后，雷州半岛政治、经济中心北移，雷州半岛中北部港口发展起来，发挥海上贸易功能。

在徐闻二桥、南湾、仕尾一带，既出土西汉时期的卷云箭镞纹瓦当，也出土了东汉时期的万岁瓦当、吉羊纹瓦当、灵芝纹瓦当，其周边汉墓既有西汉时期的，又有东汉时期的。二桥遗址及周边汉墓群中大量东汉遗物的出土，表明徐闻港在整个汉朝时期海上贸易中的重要地位和作用。

在考古调查中，徐闻汉代墓葬、遗址发现众多，三国、晋、南朝的却较少发现，反映了徐闻二桥港逐渐衰落的事实。

徐闻华丰岭出土的波斯蒜头壶见证了中外贸易文化交流

徐闻徐城镇南坛园汉墓出土的玛瑙饰品

唐代——沓磊浦曾是中国著名的对外贸易口岸

唐朝初年，合浦郡址由徐闻县的讨网村迁至广西合浦，同时讨网港址也从华丰村迁至今沓磊村，称沓磊浦。从此，沓磊港便取代讨网港的地位，成为我国对外贸易和通往海南的重要港口岸。据《海口市志》：“经徐闻沓磊驿，通衢京都，方便官宦使节往来，传递京师、省城文图。以递送物资、公文等。”明万历年间汤显祖贬谪徐闻时曾到此地游览，留下诗句：“沓磊风烟腊月秋，参天五指见琼州；旌旗直下三千尺，海气能高百尺楼。”

徐闻二桥村后灰场汉墓出土的陶熏炉

宋代——递角场是南方水陆结合的津梁

徐闻三墩港汉代以后逐渐衰落。宋朝在徐闻南部沿海建立一个著名的盐场和南方的水陆结合的津梁——递角场。这在宋地理总志《太平寰宇记》《舆地纪胜》中都有所记载：北宋开宝五年（972年）废徐闻县和遂溪县并入海康县，南宋乾道七年（1171年）复置徐闻县时“仍以递角场作县治”。

徐闻二桥那涧闸东坡汉墓出土陶屋

明清时代——白沙古埠和海安古港是沟通海内外的交通贸易埠头

白沙村，位于徐闻县海安镇东，距县城15千米。从明清时期开始，白沙古埠就是“五府通商”（高州府、雷州府、廉州府、钦州府和琼州府）口岸之一的古商埠和渔埠。据清《徐闻县志》记载：白沙古埠因地处海口镇对岸，海面宽阔，红坎湾附近水势平缓，舟蚁汇聚，商贾云集，通过白沙埠和海安港大量输出徐闻的沉香木、土糖寮、南药高良姜和槟榔、红白藤等土特产，从广州、合浦、西营、海南等地换回煤油和大米、布匹、陶瓷等物品。后来，由于海安港的日益崛起，并利用港阔水深占领了强势地位。白沙埠的通商地位逐渐被十几千米外的海安港取代，逐渐冷落沉寂。

陶簋

陶壶

陶三足鼎

徐闻二桥村后灰场汉墓出土的文物

海安港埠在海安镇南，古港遗址大概在古海安千户所城东门外，明清代的海安，已成雷州一最重要的商埠。据《粤海关志》称：清代海安港是广东省的七大总口之一，名曰雷廉总口。现亦有碑文可证。

现海安城中仍留有海关旧址残迹。

位于海安街的制宪禁革陋规示碑，碑刻海关

海安海关旧址

海安《制宪禁革陋规示碑》

征收过境货物税款和严禁侵吞国家课税的条文。

雷州半岛中北部海港——雷州港、通明港、赤坎港

雷州港是唐宋时期雷州半岛主港。它位于今雷州市南渡河口，以雷州郡城为依托，海路通闽、浙、广、潮，或下琼崖而出南洋，主要集散半岛的谷、米、牛、酒、黄鱼等货物。明万历《雷州府志》载，大宗货物有棉花“自广西海南随舶至雷，集于南亭河下，发各商转鬻”。

通明港在明、清两代为雷州府的重要军事要地。明代我国东南沿海常受倭寇侵扰。明洪武二十七年（1394年），官府在今通明港一带增筑炮台烟墩，加强防倭。后来，官府在这里筑城墙，建要塞，派驻军，称为“白鸽寨”，又称“白鸽寨水师”。通明港海路四通八达，水上交通十分方便，是商品聚散经销的好地方。因此，从明万历年起，外地经商者慕名而来，云集此地，建铺筑街，发展商业。

在通明港海域，渔民出海捕鱼打捞到水下文物有象牙、铜器、古石药槽、酒埕、青釉碗、唐碗、宣德炉等。

1984年，在雷州半岛北部遂溪县附城的南朝遗址，出土了成批的波斯萨珊王朝银币，

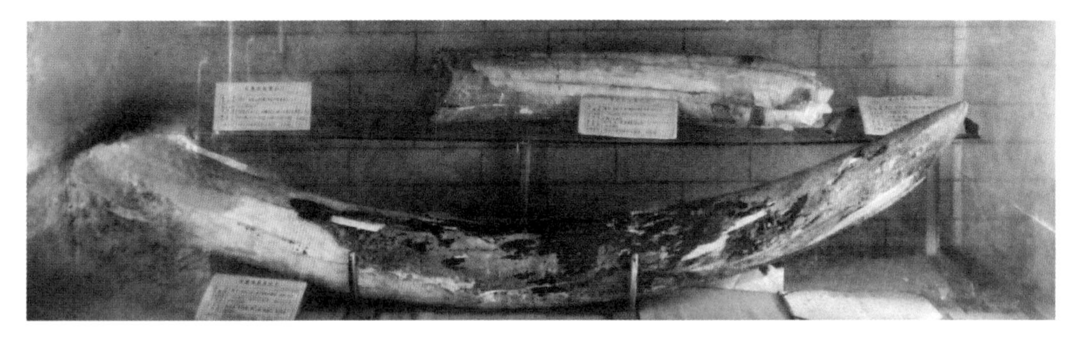

湛江通明港海域出水的古代象牙

其铸造年代大约在与南朝差不多同期的385—485年之间。同时出土的还有鎏金盅、金环、萨珊式银碗、金碗、银手镯、银环、银簪、银盒、金花等10多个品种共104件。这是当时雷州半岛对外交往的一个证据。

赤坎港不仅是国内商人经商来往的港口，也是对外交往的口岸。湛江赤坎出土的134枚18世纪西班牙银币上，多数有中国钱庄之类的中文印记，表明在流入中国后亦长期流通使用。

海上丝绸之路在其创始阶段就是一条从中国出发的国际性贸易交往海上通道。汉代徐闻港是这条国际性贸易交往通道开创阶段的始发港，其遗址在今湛江市雷州半岛最南端徐闻县五里镇二桥村、南湾村、仕尾村，即前面旧称三墩港的海湾。当年这个港口是繁荣的，“汉置左右侯官，在此囤积货物，备其所求，与交易有利。故谚云欲拔贫，诣徐闻。”作为开启海上丝绸之路贸易的始发港口，汉代徐闻港在海上丝绸之路中的历史地位是不容忽视也是无法取代的。

广东阳江因附近海域发现宋代沉船“南海一号”而名噪一时。

古代阳江，又称高凉，汉时属南海郡。南朝时这里已有外商来贸易，《梁书·王僧儒传》载：“天监初……南海太守，郡常有高凉生口，及海舶每岁数至，外国贾人以通货易。”此史料说明，早在南朝时，外国商人已来阳江贩卖生口（奴隶）了。唐宋时期阳江以盛产瓷器和漆器闻名中外。

阳江地处广东经济重心珠三角与湛江地区结合部，是我国“海上丝绸之路”的重要转运港，是广州南下水陆交通所经之地，又是西江流域的出海捷径。历史文献已明确记载阳江为“海上丝绸之路”转运港的地位，但长期以来被忽视。唐代全国地理总志李吉甫的《元和郡县图志》岭南条载，当时的贸易大港——扬州、广州的相当一部分丝绸等货物都是经海路贩至阳江，再转输其他地区的。已故著名历史地理学家徐俊鸣教授也曾认为：唐代阳江可能是对东南亚贸易的港口。宋代，阳江在海上丝绸之路的地位进一步加强，《太平寰宇记》《萍洲可谈》、日本人藤田丰八著

广东海上丝绸之路博物馆藏“南海一号”船示意图

青白釉菊瓣碗(口径 12.1 厘米、底径 3.6 厘米、高 5.1 厘米，江西景德镇窑)

青白釉印花芒口碗（口径 10.9 厘米、底径 4.2 厘米、高 5.3 厘米，江西景德镇窑)

青白釉六楞瓷执壶（口径 6.8 厘米、底径 7.4 厘米、高 24 厘米，福建德化窑)

白釉印花四系罐(口径 4.4 厘米、底径 6.8 厘米、高 10 厘米，福建德化窑)

的《中国南海古代交通丛考》等文献记载表明：宋代阳江海陵岛是南海航线转折点，该航线阳江以东与海岸线平行，以西则直接放洋，并且岛上已有海关一类的机构。明清时，阳江的地位也不减于前。从宋代开始，商人在阳江城兴建了妈祖庙（即祖创宫)，借此寄托保护心理。海外贸易使阳江城商业也十分兴旺，商人因此建立商会。

“南海一号”是沉没 800 多年的南宋时期木质商船，长 30.4 米、宽 9.8 米，船舱内保存文物总数为 6 万～ 8 万件。这是迄今为止世界上发现的海上沉船中年代最早、船体最大、保存最完整的远洋贸易商船，试探发现，有不少是价值连城的国宝级文物，号称“海上敦煌”。

“南海一号”已出水大量完整瓷器，汇集了德化窑、磁灶窑、景德镇、龙泉窑等宋代著名窑口的陶瓷精品，品种超过 30 种，多数可定为国家一级、二级文物。“南海一号”还出水了许多“洋味”十足的瓷器。

金器是“南海一号”上目前出水最惹眼、最气派的一类文物。“南海一号”出水的金手镯、金腰带、金戒指等黄金首饰，没有生锈，闪闪发亮。它们比较统一的特点是粗大。鎏金手镯口径大过饭碗，粗过大拇指，足足四两不止。可以推测佩戴这些饰品的人体格粗壮，身材高大。

“南海一号”的考古价值是第一位的，但考古价值不能简单用金钱来衡量。“南海一号”

对研究我国古代造船工艺、航海技术等都提供了典型标本。其搭载的文物也有可能解开“海上丝绸之路”的诸多秘密，其文物考古价值远远高于经济价值。因见证古代海上丝绸之路,“南海一号”发掘出来后建馆展出，馆名为“广东海上丝绸之路博物馆”。

建于阳江市海陵岛十里银滩的广东海上丝绸之路博物馆于2005年12月28日开工兴建。2007年1月16日，考古队前往沉船海域开展打捞前最后一次海底勘查，之后进行了持续9个多月的打捞。2007年12月21日，“南海一号”古沉船起吊，12月22日上午10时，在现场举行了“南海一号”出水的仪式。2007年12月28日下午3点，“南海一号”正式进入水晶宫。2008年水晶宫开馆迎接四方游客。

博物馆的建成解决了“南海一号”宋代沉船文物打捞起来后收藏、保护、研究和展览场馆等问题，对推动“海上丝绸之路学”的研究有着十分重大的作用。

从宋代盛极一时的阳江石湾窑、阳西县溪头镇北寮村沿岸沙洲的宋元文化遗址及“南海一号”的发现等相关实物史料综合分析，在早期近岸航线上，阳江依靠诸多天然良港等自然条件，为海上丝路航船提供避风、补给，后来还通过货物集散、中转、生产产品加入等方式，在海上丝路史上发挥着重要的作用。选择离“南海一号”沉船最近的阳江海陵岛十里银滩为博物馆的建设场址，提升了阳江在海上丝绸之路中的地位。

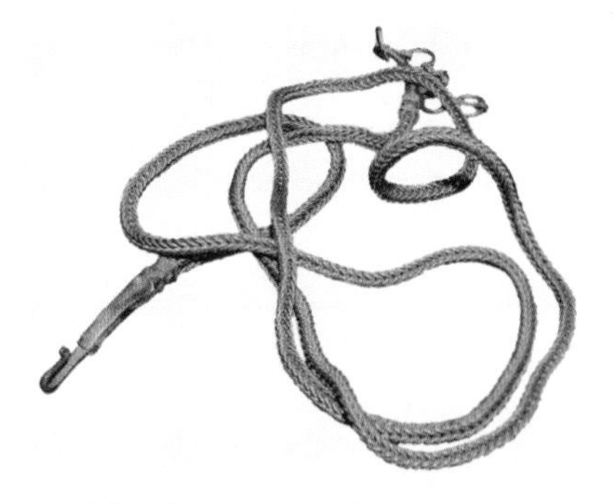

鎏金腰带（长172厘米，重566克）

鎏金虬龙纹环（外径11厘米、内径8.2厘米、环体直径1.5厘米）

方楞金环（外径5.7厘米、内径4.8厘米，环体方形，边长0.4 厘米）

金戒指（直径分别为1.9厘米、2.2厘米 、2.2 厘米）

广东海上丝绸之路博物馆

说到海上丝绸之路和南海古沉船，值得一提的还有潮汕古港与“南澳一号”沉船。

有2000多年历史的海上丝绸之路在不同的历史时期有广州、泉州、徐闻、合浦、阳江、扬州、苏州等一系列的始发港。广东潮汕古港曾是古代“海上丝绸之路”的主要港口。

潮州地区是滨海之地，早在西汉就已经有航海的记载。宋代海上丝绸之路的政策给潮州地区带来了机遇，促使这一地区的海运贸易应运而生，樟林、凤岭、庵埠、东陇、柘林和南澳各个港口相继崛起、繁荣。《宋史·三佛齐传》记载，太平兴国五年（980年）：三佛齐国番商李甫诲，乘船载香药、犀角、象牙至海口，会风势不便，漂船60日至潮州，其香药悉送广州。明清时期，隶属潮州的南澳岛港口成为日本、暹罗商人盘踞走私的港口。

1. 柘林港：“海上丝路”粤东第一港

潮州市饶平县境内的柘林港，是潮汕地区最早的对外通商港口，为“海上丝绸之路”的重要中转港。据史料记载，古时天津、上海、泉州通往西方和东南亚的货船，经常停泊在柘林港避风，并进行给水、补充生活物资。而南澳岛上的货物和生活物资，则大都经柘林港与大陆流通。

柘林港不仅是历史上的海防要塞，更是古代海运发达的名港。早在元代，因海运发达，柘林港内及东小门海面礁石上建“龟塔”“蛇塔”，山上建“镇风塔”，为当时进出港口的船舶安全导航，见证了柘林港的海上贸易史。明代虽然实行严厉“海禁”，柘林港仍是“商船巨舰往来之所”。就国内海运而言，柘林港是潮州乃至粤东海运的主要港口，货物运输，北上津、沪，南下吕宋、安南、暹罗、马来亚，都以柘林港为进出口港。

明朝建立以后不久，便实行“海禁”政策，只许官方贸易，不许民间商人出海。实际上，除了郑和下西洋以外，其他时期的官方贸易以接待外国商船为主。沿海地区的富户为了谋利，穷苦百姓为了谋生，便只

樟林古港

好铤而走险，从事海上走私活动。潮州地区在这一方面是很突出的。潮州、南澳、澄海、饶平等地，出现了以许栋为首的通倭走私集团，他们亦商亦盗，活动于海上。通倭船舰及日本商船往来频繁，柘林港是其主要停泊点，常有几百艘商船停泊。柘林港入口货物主要有大米、白砂糖、布匹等，出口货物有陶瓷、红糖、茶叶等。

鸦片战争之后，西方殖民者急于从中国掠夺劳动力，载运到荷兰、古巴、南美垦殖。那时，洋船常驶入柘林港，登岸拉丁，载运劳动力出国当牛马，做苦工，柘林港成为移民出国的口岸。清道光二十二年（1842 年）柘林镇李武豪等十多人便是从柘林港乘洋船出国做苦工的。

广东专家在柘林港实地考察并寻古访迹后认为，柘林港是“海上丝绸之路”粤东第一港，兴起于隋唐，盛于明清。雍正年间柘林港进入繁盛时期，当地兴起“红头船”[1]海运之风，商民大造“红头船”300 余艘，航行于台湾、广州、上海、天津、宁波、福州、泉州等地。

1 因广东商船大桅杆上部及船头均油红漆，故有“红头船”之称。

2. 白沙湖：货船必经之地

汕尾白沙湖是海陆丰地区三大咸水湖之一。据学者黄伟宗介绍，白沙湖是距离国际航线最近的港口，仅 6 千米，是远航货船的必经之港。有史料记载说，该海域危险但属必经之地，也是潮汕地区沉船最多的港口。

据有关资料记载，汕尾白沙湖在唐宋时期贸易活跃，是一个热闹的古港口，在当地曾出土大量的历史文物。同时，在汕尾地区另有大安、公平、海丰等唐宋大陆河口港，这对唐代“海上丝绸之路”均起到重要的支撑作用。有资料说，汕尾航段，岸线曲折，为破碎海岸结构，其间岛礁环列，岛链内航道险恶，岛链外洋面开阔，历来是海上贸易和战争的重要场所，由于其地理位置险要，历史上海盗、走私猖獗。

3. 樟林港：粤东通洋总汇

澄海市的樟林港和凤岭港，是宋代和明清时期两个重要的商业贸易港，尤其是樟林港。据有关资料记载，清康熙二十三年（1684 年）撤销“海禁”后，樟林古港便以其得天独厚的地理位置，海上运输日趋兴盛，成为汕头开埠之前粤东一个重要的海运港口和海防军事要塞，繁荣达 200 年之久。在乾隆、嘉庆年间进入全盛期的樟林古港，其关税占了全广东省的 1/5。它既是南北货物的集散地，又是潮汕贸易“海上互市”的转运枢纽。该港航线北通福建、台湾等地，南达东南亚各国，史称“粤东通洋总汇”。光绪元年，英国出版的世界地图上，已赫然标有“樟林”的名字。

樟林时因“遍地樟木，枞灌成林”而得名。红头船队从这里出发，浩浩荡荡，扬帆远航。北上沪、津，西至雷、琼，南下可达安南、暹罗、马来亚诸地。樟林的先辈，移居海外的也日益增多。贸易的兴起，红头船事业的发展，使樟林港日益繁荣昌盛，外地客商纷纷前来。一时间，樯橹如林，商贾似云。樟林埠，被喻为“通洋总汇之地”。1972 年，澄海东里和洲河滩出土一艘红头船，上有标记：“广东省潮州府领口字双桅一百四十五号蔡万利商船”，可以推知当时在潮州府注册的双桅海船，至少有 145 艘之多。潮州海商在清代海外贸易中是一支重要的力量。

新兴街是当时樟林古港全盛时期的货栈街，全长近 200 米，由 54 间双层的货栈组成，目前仍有部分货栈保存完好。汉学界权威学者饶宗颐先生在 1999 年参观了新兴街后，评价

樟林古港华侨纪念馆红头船模型

该街“是海上文化的一个象征”。学者黄伟宗认为樟林港是广东“海上丝绸之路”东线的重要港口。

4.“南澳一号”引出的海上丝绸之路话题

在广东汕头南澳岛“三点金”海域，有沉睡400余年的明代古沉船，被命名为“南澳一号古船”。该船是2007年5月间被发现的。

在汕头南澳岛东南三点金海域的乌屿和半潮礁之间，2007年，有渔民潜入海底作业时无意发现了一艘载满瓷器的古沉船。南澳沉船水下考古队对沉船进行了详细的调查、勘探，初步判定该沉船的年代为明万历年间，船载文物主要为明代粤东或者闽南及江西一带民间瓷窑生产的青花瓷器。根据暴露出来的隔舱板和船体上部凝结物的状态判断，古船处于正沉状态，方向接近正南北向，初步判断古船长度不小于25.5米，宽度不小于7米。古船的上层结构已不存在，但隔舱和船舷保存状况较好。由于船体表面覆盖有泥沙和大块凝结物，船体和文物受腐蚀和人为因素破坏较小，初步判断除船体中部的两三个舱体外，沉船其他部分及舱内船货保存较好。经水下考古人员初探，沉船上货物散布范围长约28米，宽约10米，装载的瓷器至少有1万件。

南澳为“海上丝路”要冲，汕头南澳岛地处闽、粤、台三地海面交叉点，辽阔的海域是东亚古航线的重要通道，海上交通十分方便，向北航行可到日本、朝鲜各国，向东可抵达菲律宾群岛，向南越过南海，直达爪哇、印度尼西亚等南洋各国。优越的地理位置和交通条件，使南澳海域不单为国人南船北上或北船南下必经之中转站，更为外国船舶来华于粤海入闽海，或闽海入粤海之门户，“为诸夷贡道所必经”。史载：“郑和七下西洋，五经南澳。”南澳在明朝有“海上互市之地”之美誉。“南澳一号”的发现证明了汕头南澳海域在明代已是中外舶商进行贸易的重要场所，也是当时“海上丝绸之路”（或叫陶瓷之路）的重要通道之一，是国际贸易货物的转运、集散中继站与必经之路。

作为航海大国和海洋商贸大国的中国，在21世纪的今天要弘扬航海商贸文化，分享海洋利益，实现海洋强国，广东作为中国南方海洋大省和中国对外改革开放的窗口，在弘扬航海商贸文化，建设海洋商贸大国中有义不容辞的责任。

粤商与徽商、晋商、浙商、苏商一道，在历史上被合称为“五大商帮”。广义上的粤商包括广州帮、潮州帮、客家帮，狭义的粤商指广州帮（包括东莞、江门、佛山等地区的广府民系的商人）。粤商文化历史渊源深远，商业氛围浓厚。粤商由于特殊的地理位置，毗邻东南亚、香港、台湾，面向南海，勇于越洋过海走向世界。粤商与海上丝绸之路，与中外贸易共生共荣。

粤商开放包容，富于冒险精神，敢为人先，市场敏感性强，接纳和包容性强，注重实干和苦干。

据史载，早在秦汉时广东就有海外贸易，明清时期中国的资本主义尚处于萌芽阶段，粤商就以其独特的岭南文化背景，与海外的密切联系在中国商界独树一帜。早期粤商的代表在广府，其中以十三行最为突出，主要从事贸易和运输。粤商伴随着广东商品流通的扩大，商品经济的发展，发迹于东南亚、香港和潮汕地区。第二次世界大战期间，粤商虽然曾一度沉寂，但在20世纪70年代再次崛起于中国南部、香港及东南亚等地。广州是粤商兴起、发展的发源地，千年商都的历史文化造就了粤商独有的商业精神。广州素有“千年商都”之称。广州商都的历史源远流长，基础深厚，经久不衰。广州城市发展的历史，可以说是商贸发展的历史。在2000多年的开放贸易中，“唯我独尊，地位不可替代”，是名副其实的历史商都。今天，广州得改革开放风气之先，商贸再领风骚，广州、广货一度成为时髦的代名词。广州已成为真正的“购物天堂”。目前，这里作为全国唯一的进出口商品交易会所在地和内地第一个进入“发达状态”的城市，具有世界级商业辐射力和超强的消费购买力，历来是海内外商家趋之若鹜争相攻峙的商业重地。

粤商是最早走出国门，对外贸易的先驱。广东是中国重要的对外经济贸易发源地之一。自西汉时广州就已成为南部中国珠玑、犀角、果品、布匹的集散之地，宋时的广州已是“万国衣冠、络绎不绝”的著名对外贸易港了。到清代，这里更是中国唯一的对外通商之地。

因为这样的商业传统习气，广东人自能出海与海外人进行交易之时起，就没有中断过商业活动。从这个角度看，现在的广东人个个都是商人的后代。

秦汉至鸦片战争爆发（约公元前 200—1840 年）是广东对外经济贸易由起始走向昌盛时期。汉代著名的“海上丝绸之路”贯通了东南亚各地及印度洋彼岸。三国以后，广州成为中国对外贸易的中心之一，成为“海上丝绸之路”的起点。经魏晋、唐宋至明清，广东对外经济贸易开始由政府有意识地进行自主管理。外贸管理机构及有关政策法规也逐步走向完备，至鸦片战争爆发前夕，广东外贸已经在国民经济中占有了举足轻重的地位。

汉武帝元鼎六年（公元前 111 年）冬，南粤分为九郡。南粤设郡后，汉武帝派遣直属于宫廷的“驿长”率领应募者，带着大量黄金和丝绸从徐闻、合浦到达印度半岛东海岸的黄支国（今印度），在那里交换“明珠、壁琉璃（宝石）、奇石、异物”等。这是史书记载的较早的一次对外贸易。此后，异域的商船也绕过马六甲海峡载货到广东进行贸易。

166 年，大秦（罗马帝国）王安敦遣使来汉朝，开始了两国的海路交通。中国则通过天竺（今印度）同大秦开展海外贸易。

三国孙吴期间，开辟了自广州启航，经海南岛东面进入西沙群岛海面的新航线，使广东海运航线由沿海岸航行进入跨海航行的阶段，广州随即成为岭南对外贸易的中心。

226 年，罗马商人秦论到达交趾（今越南北部河内附近）以后，到建业拜见孙权，表示要与中国通商的愿望，并介绍了海外情况。同年，孙权派宣化从事朱应、中郎康泰前往林邑国（今越南中部）、扶南国（今柬埔寨）和马来半岛等地访问，加强了中国与东南亚等地的联系。

西晋初年，大秦国来中国朝贡，经过广州，带来了无数的珍奇。

东晋末年，狮子国使臣经 10 年跋涉首航广州向东晋朝廷朝贡。

隋大业三年（607 年），隋炀帝派遣常骏、王群政携带大量丝织品由广州乘船出发，出使赤土国（今马来半岛吉达），受到当地人欢迎。

唐代，广州港已发展到可容大小海船近千艘的港口，官方首设市舶使（中国最早掌管海外贸易的官职）于广州，并开辟了长达 14 000 千米的由广州通向西方的航线，这是当时世界上最长的航线。在今天光塔路一带的“蕃坊”竟居住着 12 万外国商人及其家属，当年的广州形成了一个国际性的珠宝市场。魏晋南北朝时期，是海上丝绸之路的拓展时期。在这一时期，广州已成为计算海程的起点。通过广州来中国经商的国家和地区大为增加，有 15 个之多。广州成为当时商贾及朝廷命官发财致富之地，有“广州刺史但经城门一过，便得三千万钱”一说。

宋元时期，广州“城外蕃汉数万家”“广州富庶天下闻”。广州成为当时闻名全世界的中国对外贸易第一大港，世界东方大港。

明洪武三年（1370年）在广州宋代市舶亭旧址，设置广东市舶司，专通“占城、暹罗、西洋诸国”。洪武七年（1374年）市舶司被废，永乐元年（1403年）重开。

清代，广州设立“十三行”，专门从事对外贸易。1757年（乾隆二十二年），清政府关闭漳州、宁波、云台山三处通商口岸，只留广州一口对外贸易长达83年。广州再次成为全国唯一的对外贸易口岸，直到鸦片战争之时，广州的外贸空前繁荣。有历史学家这样描述当时的广州：广州成为对内对外贸易的极盛之地。中华帝国与西方列国的全部贸易都聚汇于广州。中国各地物产都运来此地，各省的商贾货栈在此经营着赚钱的买卖。清末至民国时期，广州大力引进华侨和外国资本开办商业、洋行和银行，商业和外贸的发展在全国处于领先地位。

粤商崛起于明清时期，并形成中国一大商帮，绝不是偶然的，它与广东的人文地理环境，发达的商品性农业、手工业，人多田少的矛盾，复杂的国际环境以及朝廷的海禁政策有着密切的关系。商人的活跃与否取决于整个社会的商业环境、商品意识、市场背景，也取决于政府的政策、社会生产的状况、当地的自然条件等因素。广东商人在明清时期的崛起亦离不开这些因素的制约。

粤商促进了外向型手工业的兴起和发展，促进了货币经济、城镇经济的发展，促进了中外科学文化的交流，促进了广东社会重商心态的形成。

第四章

鱼汛桨声
疍家情

阔海泛舟满帆风，南疆鱼汛引群鸿。

雷州细妹插珠蚌，阳江艇仔放扳罾，一路放粤声。

——题记

鱼龙腥荤质，篓网渔家物，看似普通，却在长期的历史沉淀中注入了文化含量，见诸于经史子集，登上了大雅之堂。指间笔下、廊下庭前，彰显了广东海洋渔文化的神奇魅力。

广东海洋渔文化是一种以海岸与岛屿为依托，以渔猎为生计的、面向海洋的文化。广东地处南海之滨，海岸线绵长，海洋渔业资源丰厚，依海而生的渔民在长期的休养生息中创造了丰富多彩的渔文化。

阳江扳罾

1. 聚落和居住房屋

广东早期的沿海居民以狩猎和采集为主要经济生活方式，以镖刺、棍打、手捉鱼类和在水边拾取贝类、海草类为主要的渔业方式。粤东地区的南澳岛等地发现的细小石器，多为刮削器类石器，以人字形的凹石器最具特色，石片经过打击后未进一步加工，但破裂面的边缘锋利，可直接用作刀类和刮削器，作为动物的切割去毛工具自不待说，在海边剖鱼、去鳞也可派上用场。新石器时代晚期距今5000年前后，南海海边先民已经掌握了网鱼技术。至4500年前后，大规模的捕鱼业已经形成，经济和社会都得到大的发展。直至整个先秦时期，农业经济在这一区域都未占主要地位，渔猎与采集始终是人们首选的经济生产活动。

贝丘遗址与沙丘遗址是南海北岸先民最具特点的渔文化遗存的两种类型。贝丘遗址目前在广东发现70余处，沙丘遗址目前发现数百处，在环珠江口地区比较集中，特别是珠海、深圳、香港、澳门等地，在广西靠海的沿岸及广东沿海的台山、陆丰和海岛县南澳等地也都有发现，其中珠海发现的沙丘遗址及其文物点达77处。

古椰贝丘遗址位于广东高明市西北角，是目前所知新石器时代晚期珠江三角洲地区保存最好、信息量最丰富、最具代表性的贝丘遗址，填补了珠江三角洲地区新石器时代晚期到早商以前的考古学编年体系的空白。水田区是发掘的重点区，海拔高度低于2.5米，文化堆积分七层，四层以贝壳堆积为主，文化遗物稀少。五层为黑灰色土，含大量贝壳，出土大量果核、木块、竹片、动物碎骨等。六层为黑褐色黏土，含大量腐殖物和小贝壳、小石螺等。贝壳直径1～3厘米。

早期先民以洞穴为居住地，与长江流域和北方地区早期先民差别不明显。新石器时代中期，这里的先民居住在坡地和沙丘上，房屋主要有干栏式与地面建筑两种类型。干栏式建筑中有完全离地架空的和半搭式的两种。地面建筑从墙体看，有石垒墙、加贝壳的土墙、木骨泥墙等几

茂名亚公山遗址清理出的干栏式建筑柱洞，柱洞密集，专家认为是多次更换木桩所至

种；从平面看，有单间、多间；从形状上看有圆形、方形、长方形等多种。

干栏式建筑的两种形式在珠海高栏岛宝镜湾遗址中都有发现。这个遗址在发掘的500余平方米的面积中发现了大量与建房有关的柱洞，几乎每一个发掘探方都有发现。这些柱洞有的是在风化岩上凿洞，凿痕十分清晰，显见先民是下足了功夫；有的直接在生土中挖掘，或穿过文化堆积地层挖掘。柱洞内填土由于夹杂木柱腐烂后的遗留，与周围土色相比显得稍微深一些。部分柱洞填土中还发现加固柱子用的石块和陶片，有的在柱洞底部垫有石块。在一些柱洞的附近，还发现红烧土面，其中一部分可能是烧灶。

深圳市大鹏咸头岭遗址是珠江三角洲地区新石器时代中期沙丘遗址中最重要的一处。咸头岭遗址距今约7000年，遗址中发现有房基，房基表面基本平坦，有的地方微凹，边缘不太规整，用较硬的灰褐色土铺垫而成。内含细砂，最长处7.7米、宽4.8米、厚0.13～0.2米。房基上发现大柱洞1个，直径44厘米，大柱洞附近散布着12个小柱洞，小柱洞口大底小，壁斜直，圈底直径在8～24厘米、深15～40厘米。柱洞内堆积浅灰褐色的沙土。在房基内发现一批石料，其中两块大石条，长60～70厘米、宽10厘米、厚4厘米，还有一些小的石料。

东莞蚝岗遗址位于东莞市南城区，2003年的考古发掘在属于第二期的地层中发现两处房屋遗迹。值得特别提出的是该房屋遗迹的墙基经过开槽后充填贝壳，墙基中填褐红色黏土。墙槽宽 15 ~ 24 厘米、深约 20 厘米。在第三期地层中发现大面积红烧土活动面，残存面积达 50 平方米，厚 20 厘米。发掘者认为，二期年代在距今 5500 ~ 5000 年之间，三期年代在 4500 ~ 4000 年之间。

东莞村头贝丘遗址位于东莞太平东行 9 千米，广深高速公路与 107 国道交汇处，后靠村头，故以此冠名。遗址在山坡，前迎坦田，古为海域，是三四千年前新石器时代古人类聚居之所。

2. 生产工具

岭南地区史前时期的早期以砾石石器为主，其特色是以天然砾石作为原材料，用直接或间接打击法加工而成，未经磨制。它可以和石片石器、细小石器乃至磨制石器和青铜器共存。砾石石器延续使用的时间很长，是这一地区先民的特点。

在新石器时代，南海沿岸先民有专门的石器制作场。广东南海西樵山石器制造场就是一处跨越几千年，规模大而又相对稳定的石器制造场。先秦时期，先民广泛使用凹石器、蚝蛎啄、有段石锛、有肩石斧、网坠、沉石、石锚等渔业特点明显的生产工具。“凹石器”是一种表面有凹窝的石器，主要用于加工硬壳类食物。蚝蛎啄是渔民为开启蚝类水生物而发明的一种石质工具，从外形上看，是打制的尖状石器。蚝蛎等贝类生物附着在礁石上，也可用这种尖状石器将其敲下。蚝蛎啄在广东东莞、深圳、珠海等沿海地区古遗址中很常见，粤东的潮安陈桥村贝丘遗址也以蚝蛎啄和彩陶为其特点。

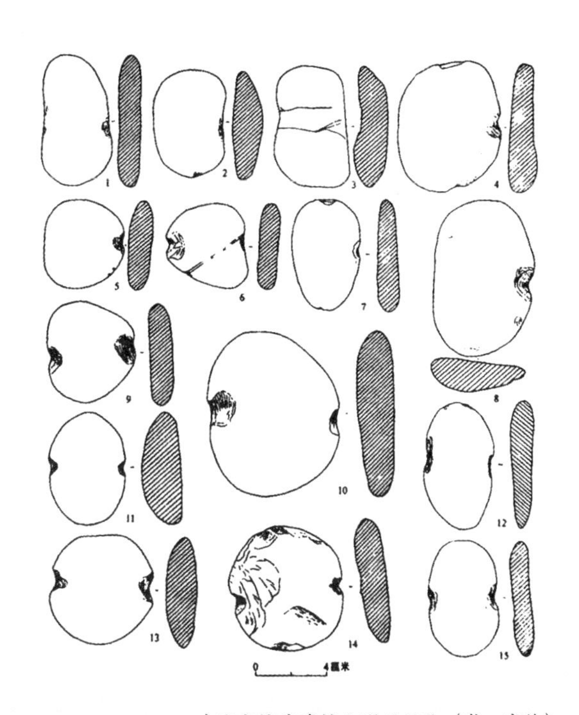
珠海宝镜湾遗址A形石网坠（肖一亭绘）

网坠、沉石、石碇（石锚）等大量的捕鱼工具出土，是南海北岸及近岸岛屿上居民古文化的一个重要特

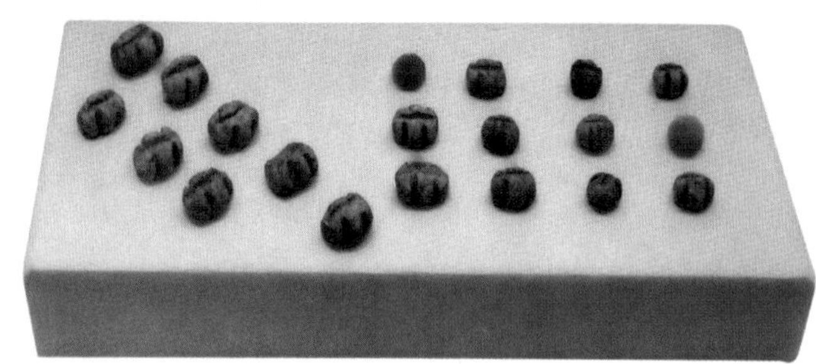

西汉南越王墓出土的鱼钩和陶网坠

点。这里大部分遗址出土的网坠，都是用河卵石经简单加工而成的。亚腰形石网坠是最为常见的形制，利用扁平椭圆河卵石，打出对称的两个缺口，以便于系绳。由于河卵石不完全规整，为了系绳时找到平衡点，先民们还发明了一个缺口、三个缺口、四个缺口、磨一周凹槽等多种类型的网坠。在宝镜湾等一些遗址中，还发现利用石块（不只是河卵石）作整体加工而成的石网坠。网坠作为渔网的部件，它的发现说明当时渔网的存在，这是一种优良的捕鱼手段。虽然新石器时代中期的仰韶文化时期捕鱼网在中原地区就已经较为普遍，但是，南海沿岸渔网有其特点：

一是石网坠相对较大。从珠海宝镜湾遗址出土的石网坠的统计研究中我们知道，在1096件常规网坠中，重量在51～330克之间的中型网坠，数量达1022件，占总数的93%；在中型网坠中，又以重量在70～250克之间的网坠居多，有861件，占中型网坠的84%；重量在25～50克之间的小型网坠有12件，占总数的1.08%；重量在331～500克之间的大型网坠有62件，占总数的5.6%。

二是石网坠数量相对较多。从目前的报道看来，珠海宝镜湾遗址发掘面积为500平方米，在此范围内出土常规网坠1096件，沉石59件，穿孔网坠39件，密度相当大，说明当时的数量相当多，而且还不是孤证。在香港涌浪遗址、珠海平沙棠下环遗址也都发现了800件以上的石网坠。说明当时沿海居民的渔网比较大，网鱼技术比较高，形成了规模化生产。石、陶网坠是先民网具的必备用品，是一个重要的技术发明。

三是蚌壳工具较多使用。蚌壳制作的二角形蚌匕、穿孔蚌刀、蚌鱼钩在贝丘遗址中较为常见，蚌制的网坠也有使用。在南宁豹子头遗址、西津遗址、江西岸等遗址，发现用丽蚌壳做的网坠。利用丽蚌壳一边，敲击出穿孔，成串作网坠。亚菩山遗址、马兰嘴遗址、杯较山遗址三个遗址之中出土19件蚶壳网坠及一定数量的蚌铲、蚌环。广东南澳县东坑仔遗址，也有蚌网坠出土。陶制网坠在先秦时期南海沿岸地区发现不多，只是在少数遗址中发现过。汉代以后陶制网坠开始大量使用。

"南海一号"出水的碇石（长310厘米、宽35厘米、厚15厘米）具有重要文物价值

四是骨、牙、角器较多使用。从佛山河宕遗址可以看出，这类质地的器物主要种类有锛、凿、矛、镞、切割器、针、锥、叉，还有鹿角、象牙器。骨料主要是兽骨，包括象牙骨料，这是河宕贝丘遗址经济生产生活的反映。其中骨镞达25件，形式多样，尤以三棱圆体圆铤最具特色。八件骨针中，有两件较大，形式特殊，磨制精致，一件长13厘米，首端钻两孔，末端尖圆，发掘者推测其可能用于纺织渔网。

从新会县贝丘遗址和潮阳县新石器时代的遗址中发掘出骨针和石网坠，珠海高海岛和香港沙岗贝发掘出用以制造钓钩的陶范和铜鱼钩，证明广东在商代以前已经从"木石击鱼"发展到了织网捕鱼的阶段。

3. 生活用具

先秦时期南海沿岸地区常见的生活用品是陶器。

佛山河宕遗址制陶业较为发达。以陶质来说，种类较为复杂，有夹砂陶、泥质陶，不定期有白陶、黑皮陶、磨光陶和少量彩陶；以呈色来说，有橙黄色、橙色、黑色、灰色、红褐色和白色等；以火候来说，既有软陶，烧成温度约800摄氏度至1000摄氏度，也有基本烧结、吸水率较低、击之发出金属声的硬陶，烧成温度在1100摄氏度。河宕遗址以四个探方的统计为例，第三层的几何印纹陶约占该层陶片总数的68%，第二层的几何印纹陶约占该层陶片总数的78%。已发现的器形有20余种，常见敞口折肩、圈底、圈足和圆凹底陶器，少见平底陶器。其造型规整、匀称，口沿的唇、颈部分和圈足都有轮修时留下的凸棱和平行纹。这里的印纹陶一般较规整、清晰，印纹较深且一般印纹较大，很少有重叠错乱的现象。拍印的纹饰种类除绳纹、条纹、附加堆纹、篦点纹、凸弦纹和镂孔外，还有几何形印纹，如曲折纹、长方格纹、云雷纹、叶脉纹、圈点纹、编织纹、梯子格子纹、凸点纹、鱼鳞纹、凸圆点纹、圆圈纹、S形纹、凹凸三角纹、凹凸菱形纹、锯齿纹、云雷纹以及云雷纹与曲折纹，曲折纹与圆圈纹、曲折纹与S形纹、长方格纹与凸点纹、云雷纹与梯子格纹等各种组合纹饰四五十种。其中曲折纹最多，方格纹、云雷纹次之。

在珠海宝镜湾遗址中也出土了部分印纹陶片。主要有N形纹、曲折纹、叶脉纹、方格交错纹、组合形纹、网格纹、雷纹、长方格纹、绳纹、席纹、条纹、菱形纹、锯齿纹等。

深圳咸头岭遗址夹砂陶的纹饰多为粗绳纹，有的口沿部还见贝划纹、压印纹和戳印纹。夹砂陶釜的口沿为折沿，少见彩陶，除见泥质浅红胎上饰有红彩外，也见夹砂陶上饰有红彩，白陶鲜见。

4. 服饰

南海渔业先民曾以草为衣，史书上称这种衣服为“卉服”。《赤雅·卉服》：“南方草木可衣者曰卉服。织其皮者，有勾芒布、红蕉布。弱锡衣，苎麻所为。”这种衣物一直沿用到近现代，如蓑衣、草帽斗笠等。唐诗就有“孤舟蓑笠翁，独钓寒江雪”句。

汕头樟林古港红头船工用的棕衣

5. 鱼贝类文物

阳江大澳疍家铜鼓帽（斗笠）

西汉南越王墓出土了珍珠枕头。在墓主玉衣头套下的丝囊内装了470颗珍珠，珍珠直径0.1～0.4厘米，是未经加工的天然珍珠，专家们分析是一个丝囊珍珠枕头。有人说珍珠具有镇静、美容和辟邪的作用，像现代人喜欢戴珍珠项链一样，珍珠枕头垫起头来

西汉南越王墓出土的珍珠

也是很惬意和舒服的。用珍珠做成枕头，在考古发掘中尚属首次发现。另外，在主棺室“头箱”中，原盛于一个大漆盒内有重量为4117克的珍珠。出土时漆盒已朽，珍珠散落满地。珍珠直径0.3～1.1厘米。

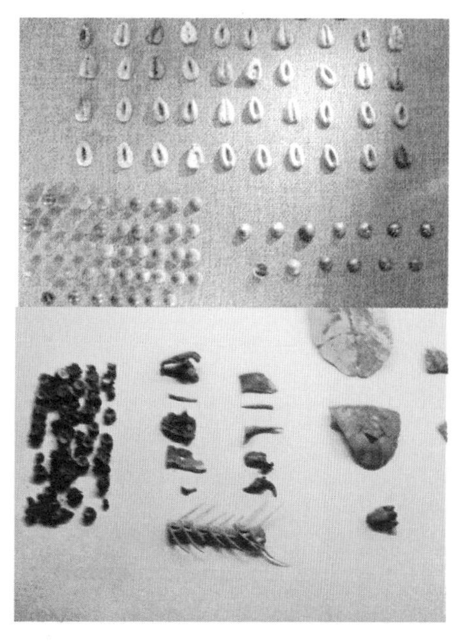

西汉南越王墓出土的海贝壳和水产动物遗骸

南越王墓中出土越式铁鼎高48厘米，腹径47.5厘米，重26.5千克，文物出土时，鼎底部有成堆的鱼骨和贝壳。出土的动物遗骸有哺乳类的黄牛、家猪、山羊；鸟类的家鸡和禾花雀；鱼类的鲤鱼、大黄鱼、广东鲂；爬行类的龟、鳖；海产类的虾、河蚬、青蚶和耳螺等。

渔船、渔具和捕捞技术

广东是海洋渔业大省，海洋捕捞业和海水养殖业是两个重要产业领域。广东渔场经历一个从沿岸、近海走向外海、远洋的发展过程，渔船、渔具和捕捞技术也不断进步。

1. 渔船类型

延续几千年的传统捕鱼技术比较简单，设备投入少，生产效率也相对较低。

常用的船型为手摇桨橹渔船和木帆船，现在多为使用柴油发动机的渔船、渔轮。

手摇桨橹渔船

粤西的“白船仔”（三块板，也称“三板仔”）为典型的手摇桨橹船，香山商业文化博物馆收藏的渔家子母船也是桨橹船。

木帆渔船

20 世纪 50 年代，广东沿海各地建造和使用的渔船以木帆船为主。

“白船仔”（三块板）

大澳渔家民俗馆收藏的木帆渔船和渔网

其中：拖网渔船 35 种，知名的有粤东的包帆、横拖、开尾，粤中的七膀、虾罟，粤西的三角艇、外罗的大拖等；围网渔船 11 种，知名的有湛江、佛山地区的索古；刺网渔船 32 种，如宝安的三黎、江门的罟仔等；钓鱼船 18 种；定置网渔船 18 种。还有其他渔船 14 种。

与手摇桨橹渔船相比，木帆船机动性好，船型也较大。

机帆渔船

20 世纪 50 年代开始，木质机帆渔船在广东各地建造和使用，主要船型有大罟仔型机帆船，属于刺网渔船。江门造，两桅，排水量 44.7 吨，载重 10 ～ 20 吨；鲜拖型机帆船，属于拖网渔船，珠海造，3 桅，排水量 36.3 吨，载重 10 ～ 25 吨；五四式机帆渔船，属于拖网渔船；五八式机帆渔船，属于拖网渔船。

木质渔轮

20 世纪 50 年代有南海水产公司建造的排水量 180 ～ 230 吨，载重 55 ～ 65 吨的木质

渔家桨橹船，子母船

机动渔轮；60 年代有黄埔造船厂建造的 600 马力拖网渔轮；其他还有惠东港口渔轮厂建造的 250 马力木质渔轮、珠海香洲渔船厂建造的 890 马力木质渔轮、汕尾渔船厂建造的 18 ～ 250 马力木质渔轮等。

钢质渔轮

钢质渔轮在 20 世纪五六十年代的广东基本上为国有渔业公司拥有，群众渔业仅有几艘小钢壳渔轮。七八十年代开始钢壳渔轮在群众渔业中推广使用。五六十年代广州造船厂建造 250 马力钢质拖网渔轮 13 艘，300 马力 2 艘，400 马力 6 艘。自 1959 年起，广州渔轮厂设计建造多种型号的钢质渔轮，如 400 马力的 96 型尾拖网渔轮、600 马力的 8003 型和 8004 型拖网渔轮、600 马力的 8152 型尾滑道拖网渔轮、1320 马力的 8152 型尾滑道拖网渔轮、1300 马力的 8166 型双甲板尾滑道拖网冷冻渔轮等。阳江渔轮厂主要产品为 250 ～ 600 马力，排水量 150 ～ 300 吨的渔轮。

钢丝网水泥渔轮

湛江渔船厂生产的 350 马力、载重 80 吨钢丝网水泥渔轮一度在广东湛江和广西很受渔民欢迎。

2. 渔具渔法

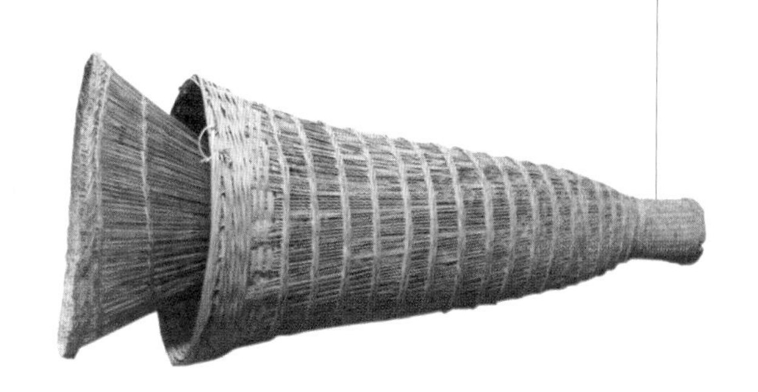

广东省海洋捕捞业既有专门捕捉底层、近底鱼类的底拖网作业、又有捕捉中上层鱼类的围网作业；既有专门刺捕近海浅海较大型经济鱼类的刺网作业，又有专门钓捕体形较大、性情凶猛鱼类的钓鱼作业。此外还有各种耙刺类、笼壶类、陷阱类作业。

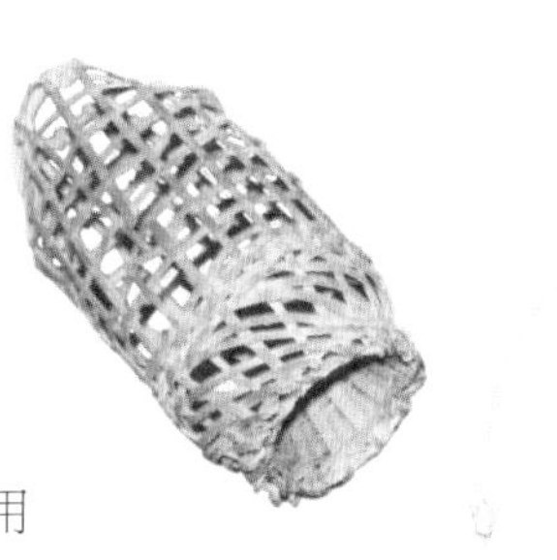

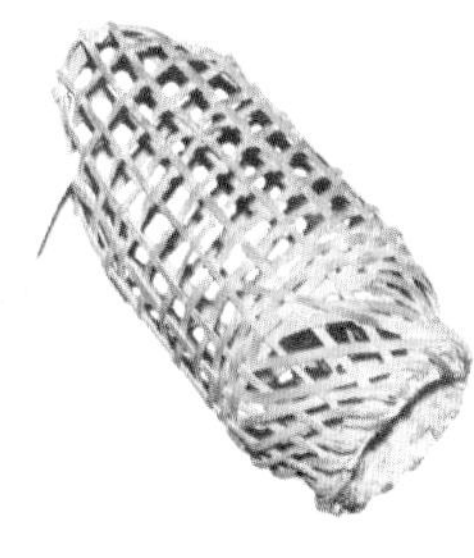

鱼笱和鲦（跳跳鱼）笼

滩涂和近岸渔具渔法

近岸滩涂和浅水区的渔捕作业工具多而杂，尤其是诱捕类工具很多。过去常用竹木笼，现在多用

东莞疍家“装花鱼”简单实用

尼龙制品。竹木笼最为常见，如鱼笱和鲦（跳跳鱼）笼。

用竹篾做成的泥镘笼，将数只笼子放到海中岩石边上，笼里放些臭鱼作饵，引诱鱼出来觅食钻进笼中，笼口有倒钩须，鱼进了笼子就出不来了。

“罾”是一种架在岸边捕鱼的方形大网。用罾捕鱼称之为“扳罾”，是用四根长竹竿的一头扎在一起，另一头按十字形分别撑开系住渔网的四角，再用另一根长十米左右的竹竿或者竹竿框架做罾杆。罾杆的一头固定在岸上向上斜伸出去，一根长绳子通过罾杆系在四根竹竿的交叉部位。捕鱼的时候，人站在岸上利用杠杆原理拉住长绳，将网平放入水中。过段时间拉动长绳，吊起方网，鱼就全落到网的中央。再用捞网伸到渔网中间，将鱼舀起来。然后再拉住长绳，重新将网放入水中。这种网面积大的有几十平方米，有时可以捕到很大的鱼。在印度等南亚地区，这种扳罾一直被叫作“中国网”，据说是郑和下西洋的时候带过去的，一直流传使用至今。

尼龙制品鱼虾笼坚固耐用，价格也不高，在当今渔业广泛应用。

渔民既捕鱼虾，也捉蟹、采蚝、掏蚬。蚬有白黄黑三种色。海蚬生长于沿海滩涂，潮涨潮退之间，渔人乐采之。清阮元编《广东通志》卷三百三十引《咸宾录》谓疍人“有三种，入海取鱼者名鱼疍，取蚝者名蚝疍，取材者名木疍，各相统率，鱼疍、蚝疍入水二三日，亦谓之龙户”。

渔民取蚝传统上使用一种木制滑板，在滩涂上行走如飞。

拖网

拖网捕鱼方式在海洋渔业中占有很大比重，其渔获量约占世界海洋总渔获量的40%。作业范围以大陆架水域为主，世界各大洋均有分布。捕捞对象主要是底层鱼、虾类，也有专捕中上层鱼类的中层拖网渔业。

早在10—14世纪欧洲就有一定规模的拖网作业，1376年英国国会议事录中载有拖网

使用滑板取蚝

滥捕鱼类的记录。17 世纪 80 年代开创了桁拖网作业，19 世纪 60 年代中期出现了蒸汽机渔船进行桁拖网作业，到 19 世纪 90 年代创造了直结式网板拖网，自 20 世纪 20 年代发现了 V.D. 式网板拖网以后，单船底层拖网作业得到进一步发展。据中国广东省陆丰县志记载，18 世纪 20 年代末广东已出现拖网渔船，至迟在 19 世纪 70 年代中期，汕尾沿海已开始桁拖网作业，进而发展成网板拖网作业。中国在 20 世纪初引进蒸汽机渔船舷拖网作业，到 20 年代初引进内燃机渔船双船拖网作业；第二次世界大战以后，又引进机动渔船尾拖网作业；60 年代起发展机帆渔船拖网作业；70 年代末，开始建造尾滑道渔船拖网作业；80 年代中期，先后到西部非洲沿海和北太平洋水域进行拖网作业。

拖网是一种过滤性渔具，其作业方式是利用渔船前进时的拖拽移动，使鱼类进入网内，达到捕捞目的。广东省拖网渔具可分为单船底层有翼单囊拖网、单船底层有翼桁杆拖网、单船底层无翼单囊桁杆拖网、单船表层无翼单囊拖网、单船底层有翼单囊拖网、双船底层有翼单囊拖网、单船表层桁架拖网等四型三式 38 种。

单船作业又有桁拖网、舷拖网、尾拖网和双支架拖网四种作业方式。桁拖网作业又称横桁拖网作业，由一艘渔船拖曳一顶或数顶网口具有桁杆或桁架装置的网具。桁杆底拖网又称扒拉网、扒网，属单船式桁杆单囊型拖网类渔具。网形原始时呈圆兜状，网口上缘具有倒帘网，在专捕虾类时仍有使用。现网形多呈圆锥状，网口上缘无倒帘网。网口上缘固结在一定长度的桁杆上，使网口水平张开，利用网口下缘沉子纲上装配的沉子重力和拖速及调整曳纲长度使网口垂直张开；舷拖网作业时，放网具均在船舷一侧进行；尾拖网作业时，放网具在船尾进行，是现代单船拖网作业的主要方式。尾拖网不受潮流的限制。双支架拖网作业又称双撑杆拖网作业，是在一艘渔船两侧伸出可以转动的撑杆顶端系挂网板拖网作业，是世界虾拖网作业的主要方式。拖网时船速约为四节，最大速度可达六节，适用于在远洋深水 100 米以上的区域进行捕捞作业。

双船拖网作业又称对拖网作业，是两艘渔船拖曳一顶网具作业，依靠两船间距保证网口水平扩张。这种捕捞方式，主要是捕捞水中底层和中层的鱼群，作业水深在 100 米之内，拖网时的船速为三节左右。天气较好、风力在 3 ～ 5 级时，渔船多顺流拖网；风浪较大时，则采取顺风拖网的方法。在对拖的两艘渔船中，一艘为主船或称为头船；另一艘为副船，也称二船。主船上的船长负责这两船的指挥、联络等工作。

围网

围网捕鱼是利用巨大的长带形网具围捕水中中上层鱼群的捕鱼方式，通常用灯光诱集鱼群后进行围网捕鱼作业。白天视线良好时，可在水面看到其网具的浮子。围网捕鱼方式通常有大型围网、风网和围缯网等捕鱼方式。

广东沿海围网分为单船光诱围网、单船围网、单船光诱有囊围网、单船有囊围网、双船围网、多船围网等两型三式 26 种。

大型围网由 2 ～ 3 艘机动船一起进行作业。开始时，三船成三角形分布，灯光船把水上、水下灯光全部打开诱鱼，当鱼群被诱集后，由围网船放网把鱼群全部围起来。然后，灯光船将灯熄灭，驶到围网外，最后开始收网。围网船放、收网时，渔船及舢板分别在围网的附近，围网长 800 ～ 1000 米，有的长达 1200 米。这种捕鱼方式适用于 60 ～ 80 米水深的渔场。

刺网

在海洋渔业中。刺网是将长带形的网列敷设于海洋水域中，使鱼刺入网目或被网衣缠络后加以捕捞的作业方式。

刺网是广东沿海的传统渔业作业方式，种类繁多，有浮刺、底刺、流刺、定刺四大类，根据渔具分类原则，上述四大类刺网又可细分为漂流单片刺网、漂流单片无下纲刺网、漂流三重刺网、漂流多重刺网、定置单重刺网、定置单片无下纲刺网、定置三重刺网、漂流三重刺网、漂流多层刺网、定置单重刺网、定置单片无下纲刺网、定置三重刺网、包围单片刺网、拖曳单片刺网等三型四式 85 种。

钓具

钓鱼是利用钓绳、钓钩及饵料等，引诱捕捞对象吞食上钩，达到捕捞渔获目的的作业。广东的钓鱼具可分为拖曳单钩绳钓、定置单钩延绳钓、手持单钩曳绳钓、手持多钩曳绳钓、手持竿钓等三型四式 35 种。

延绳钓是从船上放出一根长长的干线于海中，用干线和支线连接钓钩、卡或钓饵进行作业的钓具。延绳钓渔具由干线、支线和钩组成，每一干线上结附一定数量等距离的支线，每一支线末端系有带饵的钓钩，利用浮沉子装置将其敷设于一定水层，诱引鱼上钩，从而达到捕捞的目的。干线可长达 100 千米。延绳钓渔具由渔船船尾放出并用锚或沉石加以固定。

"以海为田"其内涵从广义上说不限于海洋渔业，"这里的田之所指，也不是农业，而是海洋交通、海洋捕捞和海洋贸易，……也就是滨海人民的生计在于海，如同农民的生计在于田地一样"。

明崇祯十三年(1640年)任广东新安知县的周希曜云："新安一面负山，三面通海，民间以海为田，以鱼为活。"[1] 清顺治十三年（1656年）任广东电白县令的相斗南在《观海文》中云："见渔箔横列，以海为田，滨海之人，渔佃为生，不耕而食，大约类此。"[2] 清雍正二年（1724年）二月二十五日《广东总督杨琳奏陈整饬粤省渔船管见折》云："广东沿海数百万生灵多以捕鱼为业，海即其田也，船即其耕耨之具也。"

1. 海水养殖业的历史发展

海水养殖业是滨海居民"以海为田"的典型表现。广东海水养殖业有悠久的历史，比如人工养蚝已有千年以上的历史。北宋元丰年间(1078—1085年)，广东已有人工养殖珍珠的记载。元代，蚝田已成为封建统治集团税源之一。《元一统志》载："东莞八都靖康所产，其处有蚝田，生咸水中，民户岁纳税粮，采取货卖。"明万历九年（1581年），珠江三角洲各县共有纳税鱼塘面积达16万亩。明末清初，在九江、沙头、龙山、龙江和坡山等地大规模的"挖田筑塘"活动中，改造低洼地，增加鱼塘面积，以"鱼桑为业"。

民国时期，广东海水养殖业曾一度有所发展，民国十八年(1929年)，广东设立水产试验场，隶属省建设厅管辖，下设渔捞、养殖、制造、调查、化学五个部。从此，广东养殖业有了专门管理机构和科学研究场所。民国25年（1936年），广东省政府三年实政计划中包括发展渔业生产，在二期三年施政计划中，有改进水产事业计划。其内容中含发展咸水养殖，将沿海天然良好养殖场地开辟施用，设立水产业管理机构等。到民

1 嘉庆《新安县志》卷二十二，《艺文志》。

2 道光《电白县志》卷十四，《艺文》。

国三十八年(1949年)，汕头地区(含海丰、陆丰)海水养殖面积有11.95万亩，其中蚝5.36万亩。鱼类养殖面积6.49万亩，产量7000吨。

20世纪50年代初期，广东省和各地有关部门为发展海水养殖业做了很大努力，取得了一定成绩。1950年潮汕地区成立潮汕水产贝类公司，接管经营汕头港和龟头海大片浅海滩涂，进行养殖生产。1952年，广东组织海水养殖资源调查，为更好地利用这些资源，1954年成立了广东省水产养殖公司。从20世纪50年代后期开始，广东省大办公社养殖场和大队专业队。全省共办公社养殖场27个，大队专业队44个。20世纪60年代的海水养殖受到国内政治形势和运动的影响，但也有一定的发展。60年代中期，广东水产养殖生产机械化程度不断加强，机动船只和动力都明显增加。20世纪70年代由于围海造田、投入资金少、生产物资缺乏等原因，海水养殖生产逐年下降。改革开放后实行联产承包责任制，1980年广东省做出“关于大力发展水产养殖业的决定”。1979年国家水产总局决定在广东深圳、湛江、海丰建立三个养虾基地，当年投资350万元。1980年5月成立中国水产养殖公司广东省公司。80年代海水养殖产量逐年增加，1985年产量超历史最高水平，1986年又翻了一番多，1987年突破10万担。

2. 海水养殖特色

广东海水养殖包括鱼塭养殖、池塘养殖和网箱养殖。按照养殖种类包括：①鱼类养殖；②甲壳类养殖，如对虾、蟹类养殖；③贝类养殖，如养蚝、珍珠、蚶类、贻贝、鲍鱼、扇贝等；④藻类养殖。

网箱养鱼

网箱养鱼是以框架支撑网片成一定形状和规格的箱体，设置在适宜养鱼的江河湖海等水体里用来养鱼的方式。框架常见的有木质和金属质，用浮桶托起。网片通常为合成纤维。

网箱养鱼是广东省20世纪80年代海水养殖的新兴产业。70年代末毗邻港澳的惠阳县、珠海市开展网箱养鱼试验，他们用网片制成一定规格的网箱，再用框架、浮子、锚、缆把网箱固定在已选好的海区进行养鱼，放养了石斑鱼、鲷科鱼类、鲈鱼等10多个种类，并获得成功。1981年以后转入生产性养殖，商品鱼主要销往港澳地区，取得了显著的经济效益。随后，在广东省其他地区以及福建、浙江等地沿海迅速发展，并逐渐向北方沿海推移。

南澳县网箱养鱼（1997年）

近年来，海水网箱向深水网箱发展。2000年，广东省率先在全国开展深水抗风浪网箱的研制。2002年5月，拥有自主知识产权的中国首组升降式深水抗风浪网箱研制成功并投入生产。广东省自主设计研发的高密度聚乙烯圆形双浮管升降式、高密度聚乙烯圆形双浮管浮式、钢质碟型、大型浮绳式4种适合我国国情的深水抗风浪网箱，产品达到国外同类产品的先进水平。产品造价为进口同类产品的1/3，获得4项国家专利。

2010年6月23日，广东省深水网箱产业园建设项目在广东湛江特呈岛正式启动。深水网箱与传统网箱相比，具有抗灾能力强、养殖效果优、经济效益显著等特点。一组深水网箱平均养殖产量约40吨，相当于75只传统网箱产量的总和，平均产值180万元，相当于160只传统网箱产值。

对虾养殖

20世纪80年代，广东海水养殖品种中的对虾养殖异军突起，发展迅速。广东对虾养殖的品种主要有墨吉对虾、长毛对虾、中国对虾、沙虾（刀额新对虾）和斑节对虾。最初，南海水产研究所科技人员在海丰、文昌、湛江、宝安等地进行小面积试养。财政部拨款50万元帮助宝安县发展鱼虾生产。1979年，国家水产总局决定在广东深圳、湛江、海丰建设三个养虾基地，1980 年成立中国水产养殖公司广东分公司对基地进行管辖。目前，湛江对虾养殖已经规模化，成为广东乃至中国对虾养殖重地。2010 年 12 月，中国水产流通与加工协会根据“中国特色水产品之乡”的评审条件和要求，授予湛江市“中国对虾之都”的称号。

湛江市地处亚热带地区，三面临海，海岸线长达 1566 千米，浅海滩涂 733.5 万亩，对虾养殖环境优越，湛江发展对虾产业具有得天独厚的优势。经过改革开放以来的发展，湛江已经形成全国最完整的对虾产业链。2010 年，全市对虾养殖面积 44.8 万亩，年产量 14.7 万吨，对虾育苗场 400 多家，对虾养殖场 15 700 多户，饲料生产企业 28 家，拥有对虾加工企业253家，其中出口企业33家，年产值超亿元企业15家，国家农业龙头企业2家、省农业龙头企业 6 家，年产值近 200 亿元。有全国最大的对虾养殖、种苗繁育生产、加工出口、交易和集散、饲料生产基地。如今，湛江对虾远销美国、日本、澳大利亚、墨西哥、加拿大、韩国、马来西亚及中国台湾等国家和地区。

湛江在对虾方面拥有七个全国第一：养殖面积、种苗产量、对虾产量、虾料产量、加工规模、出口量和全国最大的对虾专业交易市场。湛江一年对虾出口可创汇 5 亿多美元，对虾产业帮助 40 万湛江人就业。全球每七条虾就有一条来自湛江。

专家认为，湛江建立了完整的对虾产业链，技术支撑体系完整，保障了产业可持续健康发展。广东海洋大学、中山大学、中科院南海水产研究所、中科院南海海洋所等高校及科研院所在种苗培育、健康养殖、饲料研发、加工技术、质量控制、人才培养等方面提供了强有力的支撑。同时，对虾产业已成为湛江最具特色的支柱产业，是农民增收、农产品出口的优势产业，解决了转产转业渔民的生活出路，在湛江经济社会发展中发挥了重要作用。

珍珠养殖

中国是世界上最早采捕和利用珍珠的国家之一。在古代，珍珠象征着纯真、完美、尊贵和权威，被视为奇珍之宝，在珠宝王国中被誉为“皇后”。它姿色过人，以前大多闪烁在帝王的皇冠、贵妇的装饰中。《墨子》曰：“和氏之璧，夜光之珠，此诸侯之良宝也。”《尔雅》将珠玉二者称为“西方之美者”，历代君王也将之列为“器饰宝藏”之首。珍珠从秦代开始就成为朝廷贡品，具有特殊的社会地位和价值——“富者以多珠为荣，贫者以无珠为耻”。

《汉书 · 地理志》谓粤地：“处近海，多犀、象、毒瑁、珠玑、银、铜、果、布之凑，中

湛江深水网箱养殖区

国往商贾者多取富焉。”1983 年 10 月，在广州发掘了南越王墓，墓中除了出土有大批青铜器、玉器、陶器等外，还出土了不少珍珠。

据《广东省志·水产志》中记载：历史上广东省出产的珍珠属南珠，在世界上素享盛名。从宋代开始，肇庆“端砚”、三雷“珍珠”及台山“玉石”就是专门定期上贡朝廷的广东本地三大名产。

三雷是雷州府的古称，特指雷州府三县中的北雷遂溪、中雷海康和南雷徐闻，均在湛江界内。英国著名科学史家李约瑟在《中国科学与文明》中亦云：“中国珠必产雷廉二地。”即北部湾雷州半岛一带。《旧唐书 · 地理志》云：“廉州合浦有珠母海，郡人采珠之所。”西汉置合浦郡时，郡治在徐闻县，东汉时移治合浦县。清屈大均《广东新语》载：“合浦珠名曰南珠。”“出西洋者曰西珠，出东洋者曰东珠。东珠者青色，其光润不如西珠，西珠又不如南珠。”南珠自古以其浑圆、凝重、莹润、皎洁，玲珑雅致、色泽鲜艳、光彩夺目而驰名于世，是珍珠中的上品。

据《淮南子》和《雷州府志》记载：秦汉以来，历代封建帝王都把雷州视为珍珠的主要产地，下诏采珠。湛江珍珠是朝廷指定的贡品。为防止盗劫，明洪武二十七年(1394 年)，明太祖朱元璋命安陆侯吴杰在今广东湛江遂溪县遂城镇西南 58 千米处监建珍珠城池。该城

三面临海，一面连陆地。城外开凿两条护城河，每条宽 12 米，深 5 米。城墙周长 1000 米、高 6 米、厚 4 米。砖木结构，四方各设一门。昔日镇守官衙遗址尚依稀可见。1972 年堵海取石，大部分城墙已毁，仅存西门。明永乐十四年（1416 年），明成祖朱棣在雷州府设立机构，“诏令雷州采贡珍珠，并命内使镇守对乐珠池”。其时，朝廷在雷州府置场司，开辟“对乐珠场”（今遂溪县遂城镇西南 58 千米处的乐民所城，又名珍珠城），专为宋代皇室采集珍珠。

除采集天然珠外，中国人早就知道人工培育珍珠。1167 年出版的宋代庞元英所著的《文昌杂录》中记载了我国最早的养珠法：“有一养珠法，以今所作假珠，择光莹圆润者，取稍大蚌蛤，以清水浸之，伺其开口，急以珠投之。频换清水，夜置月中，蚌蛤来玩月

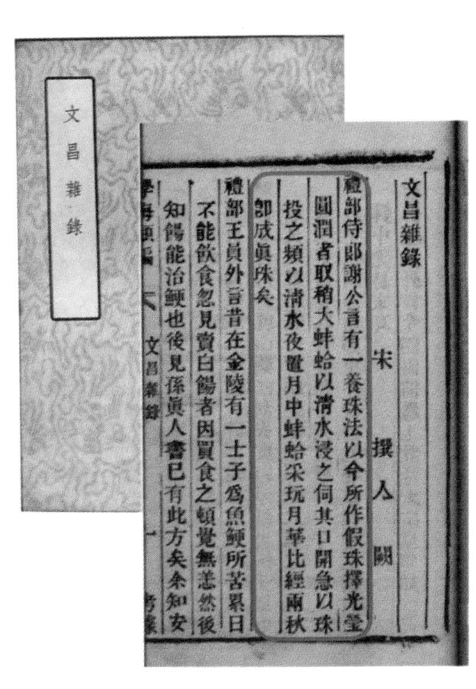

文昌雜錄

文昌雜錄

宋 撰人闕

禮部侍郎謝公言有一養珠法以今所作假珠擇光瑩圓潤者取稍大蚌蛤以清水浸之伺其口開急以珠投之頻以清水夜置月中蚌蛤采玩月華比經兩秋即成眞珠矣

禮部王員外言昔在金陵有一士子爲魚鯁所苦累日不能飲食忽見賣白餳者因買食之頓覺無恙然後知餳能治鯁也後見孫眞人書已有此方矣余知安

學海類編 文昌雜錄 一

《文昌杂录》书影

华，此经两秋即成珠矣。”这种养殖法与现代的育珠技术是非常相似的。我国古代人工养殖珍珠的技术，是在 18 世纪和 19 世纪才陆续传入欧洲的。

新中国成立后，南珠业得到国家领导人的高度重视。1958 年，毛泽东视察广东水产馆时说：“旧社会劳动人民辛辛苦苦采珠进贡皇帝，现在我们植珠为了社会主义服务，为人民服务。”周恩来等国家领导人也发出指示：“要把南珠搞上去，要把千百年自然捕珠改为人工养殖。”是年，遂溪县江洪港办起三间群众珍珠养殖场，湛江市珍珠养殖业由此发端。

从 20 世纪 50 年代开始，在湛江的海康徐闻、遂溪等地发展人工养殖珍珠。1964 年珍珠养殖从小规模的试验生产进入成批生产阶段，全省先后建立有东山、澳头、惠东、徐闻、遂溪、陵水、北海、防城、东水九个国营珍珠场。珍珠主产区为海康（雷州）和徐闻，但基本都集中在流沙港内。雷州流沙镇和徐闻县大井村分别被称为“中国南珠第一镇”和“中国南珠第一村”。

在雷州流沙，珍珠被揭开了高贵的面纱，南珠按流水线般的工序被培育加工出售，这里每年加工的马氏珠母贝珍珠占全国九成，出口至全球 50 多个国家和地区。这里更是世界珍珠市场的晴雨表。从这里，珍珠走出了帝王和贵妇的圈子，飞入寻常百姓家。

1981 年广东成功培育出中国第一颗直径 19 毫米 ×15.5 毫米，重达 6 克的大型珍珠。1982 年又培育出直径 19 毫米 ×16 毫米，重 6.85 克的第二颗大型珍珠。至 1987 年共产大型珍珠 3000 颗，其中最大一颗直径 25 毫米 ×30 毫米，重 15 克，价值 8700 美元。白蝶贝人工培育珍珠技术的成功，荣获 1987 年国家科技进步一等奖。

1991 年广东全省产珠 6170 千克，其中海康县（雷州）和徐闻县共产珠 4477 千克，占全省产珠总量 72.56%。当年有大小珍珠养殖场 572 个，养珠户 1292 户，养殖珍珠贝 2.8 亿个，还有孵化育苗场 23 个，养殖的珍珠贝主要是马氏珍珠贝和白碟贝（育大型珍珠）。

荣辉珍珠养殖有限公司于 1993 年 6 月在国家地理标志保护产品——“流沙南珠”——所在地流沙港成立，是我国最大的海水珍珠育苗、养殖、加工、销售及珍珠附产品开发企业，产品大量出口美国、欧盟、日本、韩国、中国香港等 40 多个国家及地区，遍布国内 60 多个大中型城市。荣辉珍珠是中国海水珍珠业的代表，最具实力和活力，产品不论是产量、质量、经济收益、出口创汇，10 多年来都稳居行业之首。位于徐闻县大井村的广东岸华集团珍珠养殖示范基地规模大、技术含量高。

1990 年，雷州全市珍珠场(组)发展到 989 间，有 2000 多户、5000 多个劳动力从事养珠。雷州市珍珠场拥有大小贝 4.5 亿多只，珍珠产量 2916 千克，占全国海产珍珠的 3/4。

自 20 世纪 90 年代以来，湛江市海水珍珠贝苗年产量占全国的 90% 以上，海水珍珠产量占全国产量的 70%，海水珍珠加工量占全国 90%，湛江已发展成为中国南珠生产、加工、销售的中心。

广东湛江著名的珍珠品牌“龙之珍珠”，是徐闻的“珍珠兄弟”蔡文江和蔡武志经过 12 年的不懈努力精心打造出来的。地处雷州半岛的徐闻县西连镇一带的北部湾海域是湛江珍珠的主要产地。1996 年蔡文江、蔡武志经常在这一带收购珠农生产的珍珠。他们在收购珠农珍珠时发现，由于珠农养殖技术参差不齐，养出来的珍珠质量也不一样，缺乏统一的技术标准。2006 年，国营徐闻珍珠场对外拍卖，蔡文江、蔡武志买下了这个有土地 60 多亩，养殖海面 1000 多亩的珍珠场。为了规范和完善珍珠的生产体系，蔡文江请他大学时的一位老师，花了半年时间，编制了一个 3 万字的生产流程，并与广东海洋大学合作，承担实施国家珍珠养殖和加工的技术项目，走出一条“公司—珠农—科研—基地”的珍珠生产道路。龙之珍珠源源不断地打入国际市场，并且受到了外国客商的一致好评。公司规模也在发展中不断壮大。

广东海洋大学珍珠有限公司是在湛江水产学院珍珠研究室的基础上建立和发展起来的高校科技型企业。公司设有珍珠养殖基地、珍珠加工厂、珍珠研究开发中心和珍珠文化与展览中心，拥有国内一流的珍珠养殖和珍珠加工专家。公司依靠科技进步、科技开发，不断推出名、特、优产品。开发的珍珠产品企鹅贝附壳珍珠，具有颗粒大、上层快、光泽好、

海水珍珠养殖插核现场（邓陈茂摄）

价值高等特点，被湛江市政府列为“988”科技兴湛首批启动项目。利用新工艺开发的超威细海水珍珠层粉具有天然、方便、显效的特点，荣获 1998 年度广东省优秀新产品二等奖和广东省科技进步三等奖、广东省轻纺厅科技进步二等奖等。在湛江生产养殖的南珠中以湛江海洋大学珍珠有限公司出品的海大海水珍珠最为出名，被国家领导人宋平同志题字“南珠之冠”。

广东绍河珍珠有限公司是一家集珍珠研究、养殖、加工、观光与购物于一体的广东省高新技术企业。公司下设珍珠研究室、珍珠加工厂、珍珠化妆品厂。在广东省汕头、潮州、番禺和江西省新余市等地建立多处淡水珍珠养殖场。在广东南澳县、徐闻县建立海水珍珠养殖场，养殖面积超万亩。公司技术创新能力强盛，知识产权居行业优势地位，技术力量雄厚。

中国党和国家领导人胡锦涛、乔石、宋平、宋健、李克强、阿沛·阿旺晋美等同志先后视察公司养殖基地。2000 年绍河珍珠有限公司被广东省科技厅授予“高新技术企业”“民营科技企业”称号;2001 年被广东省海洋与渔业局授予“渔业产业化龙头企业”;“绍河珍珠”商标被评为“广东省著名商标”；2004 年“绍河珍珠”被评为“广东省名牌产品”。

说到珍珠养殖，不能不提到大名鼎鼎的珍珠养殖专家熊大仁。在广东海洋大学校园里，有一尊雕像引人注目，他就是中国珍珠养殖专家熊大仁。熊大仁是江西南昌人。1931 年考入上海复旦大学理学院生物系。1935 年赴日本留学，1938 年 7 月，日本侵华战争全面爆发，熊大仁毅然终止学习回国，受聘任教上海复旦大学生物系，1941 年受聘任广东省立文理学院生物系教授。1953 年后，历任中山医学院生物教研室主任，暨南大学水产系主任，广东省水产专科教学教授、副校长，湛江水产学院教授、院长，中国水产学会第二届副理事长，中国海洋湖沼学会广东分会副理事长，中国民主同盟盟员。熊大仁毕生从事水产教学与研究，1958 年育成海水珍珠和淡水有核珍珠，1962 年育成无核珍珠，是中国人工养殖珍珠的创始人之一。

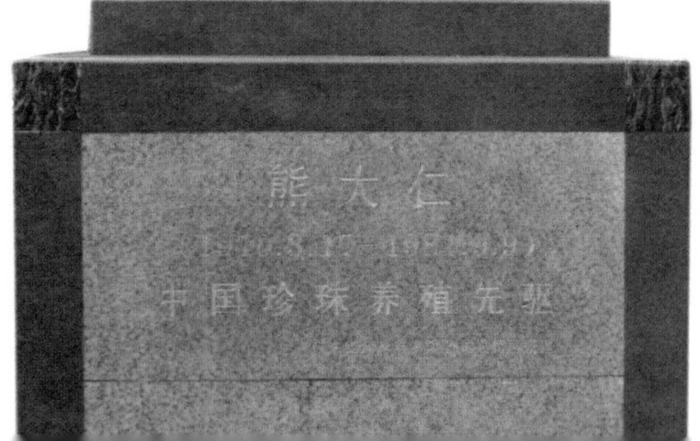

广东海洋大学校园中的中国珍珠养殖先驱熊大仁雕像

疍家人，疍民，又称水上居民，他们以水为伴，以舟为家，以渔为业，长年与风浪搏斗。疍民因其生存环境而被分为河疍和海疍，因其营生而分为蚝疍、珠疍和渔疍。

旧时的疍民习俗丰富多彩，并且因时代和地域不同而呈现出不少差别，但有若干共性的东西构成这一特殊群体的基本特征。一是以舟为室。居住在海口江河上，逐潮迁徙，随处栖泊。二是以渔为业。以捕鱼、采珠、摆渡、游艇等职业为生。三是对唱民歌。喜唱疍家"咸水歌"，具有发达的口唱歌谣文学，内容丰富，音调优美。沿海疍民是一个特殊的海洋渔民聚落，以其独特的风俗习尚引人注目，堪称海洋民俗的活化石。

疍民不属于一个独立民族，而是我国沿海地区水上居民的一个统称。他们没有相对独立的统一语言，有部分疍民仍保留原祖籍的语言，多与当地居民同化。

疍民作为一个较为特殊的群体，有着一些异于陆上人的习俗，涉及家居、服饰、节庆、婚俗、渔歌、信仰等。

1. 疍家生产习俗和禁忌

疍民随水漂泊，以船为家，以打鱼采珠为生，过着"烟水苍茫西复东"的生活，被称作"水上吉普赛人"。由于长期在水上漂泊，鲜与岸上居民交往，疍家人形成了自己以船为核心的独具特色的风尚习俗。宋代

东莞沙田水文化陈列馆疍家船

汕尾渔家民俗风情陈列馆疍家船

周去非在《岭外代答》中记载：疍民“以舟为室，视水如陆，浮生江海者，蜑也。”清代屈大均在《广东新语》谓“诸疍人以艇为家，是曰疍家，其女大者曰姊，小者曰蜆妹”。

渔船是海上居民最主要的交通工具和生产工具，也是家之所在。所以渔民对造船很有讲究，在湛江徐闻，船的主人叫“舵公”，造船俗称钉船。造船之先，用船主人的生辰八字请“先生”选开工吉日，在造船的过程中，要安龙骨，是为了辟邪求平安，保丰收。在接近竣工的时候要安龙目，就是在船头装一对船眼睛。即使在陆上安家，过春节的时候在陆上家里所有贴对联、放鞭炮等节事活动，在船上要重新做一次，显示出对船只的依赖心理。新船下水时，要揭去之前盖在船上的红布，称为“启眼”，挑选父母双全的青年在敲锣打鼓、鞭炮齐鸣中推船下水，以示吉利。

疍家在岸边搭建的简易茅屋多以竹木为桩，房舍高出地面水面，称为干栏式建筑。可防水防潮防蛇虫，各种生产工具就挂在这种被称为“茅寮”的房内外。

渔民对鱼的信仰是与生俱来的。鱼是渔民养家糊口的主要物质基础，无论是开洋还是谢洋时祭拜海神，鱼总是必不可少的祭品，下网捕上来的第一条鱼，必须先供船神。烹饪熟了的鱼都是全鱼，这也反映了渔民将鱼视为船，渴望渔船完整平安的意思。在吃鱼的过程中不能翻鱼身，因为翻身意味着翻船。在船上忌拍手，因为拍手意味着两手空空，没有鱼了。疍家的筷子不能搁在碗上，碗碟等食具不得覆置，讲话最忌翻、沉、慢、逆等语。他们认为，这些都会导致不吉利，如翻船等，所以改说“翻”为“顺”。

疍家人坐船时忌背靠神位，陆上人下船须脱鞋，意即避免踏翻其船艇，船过险要处时，要烧香烛、纸、元宝等。河上行船，两船相遇，以礼相让：大船让小船，顺风船让逆风船，空船让货船，航行船让下网船，后下网的船让先下网的船，停泊的船让捕捞船。

在阳江，渔民出海前忌洗头，尤其忌看见妇女洗头，据说这象征“身流水湿”，即沉船的先兆。渔民晒网或补网时，忌生人尤其是妇女从网上跨过，若有人跨网时，渔民就会大喝一声“来！”意思是把人当作鱼，取有大鱼入网之意，被喝一声的人会倒运，但他们也有法破解。

疍民搭船时忌坐在船边、将脚悬空吊在船沿，因为疍家话中，“空”与“凶”同音，这被认为是船会驶上沙滩或搁浅的不祥之兆。如一艘空船，只能说一艘“吉船”。

传统上疍民不愿上岸居住。一怕得罪祖公，二怕行船不顺。有点儿钱的在海边搭建大竹棚居住，俗称“疍家棚”。

东莞沙田水文化陈列馆疍家寮屋陈设

疍家人性情豪放、热诚浪漫，捕鱼回来后，一定要大食大饮，少积蓄，有句俗语：“家有富无贵，鱼死睡不闭。”

疍家人盛行小家庭制。每艘船一个小家庭，儿子长大结婚后另置新船为居所，组成新的小家庭。上陆后，一些老人受传统观念影响，仍不愿和儿子媳妇住在一起。晚辈只好搭一座水棚给父母居住。这样，儿子、媳妇、孙子住小洋房，老父母则留在简陋的水棚中过着自烹自煮的清淡日子。

虽然按习俗妇女不许跨过船头，但水上居民多喜欢生千金，没有女儿的家庭也多出钱购买养女。女性不仅可以帮手打鱼，还操持家务。

疍家人常将婴儿系于船头沐浴，谓如此长成则不畏风浪，习惯水上生活。喜接养他人儿女，待如己出，并允许其亲生父母探望，或接回家小住，往来如亲戚。

2. 疍家服饰

广东渔民的服饰有生活服饰、劳动服饰和婚嫁服饰与童饰。但是最基本最有特色的就是劳动服饰，这种服饰与特定的海洋性环境相适应，同海上劳作方式相关联。

原生态的疍家服饰以蓝色为基调，不爱穿鞋。男女都穿着短、宽、窄袖的上衫，宽短的裤子。传统疍家衣裳与旧时唐装相似，为阔大袖口、宽短裤脚的黑布斜襟样式。蓝黑色衣裳，宽大的“大襟衫”、在衣襟袖口嵌以红绿花边点缀、精致的绣花“包头”，是疍家妇女的典型形象。为方便海上捕捞，男人总爱穿宽大的衣裤，裤子很短，仅过膝盖。

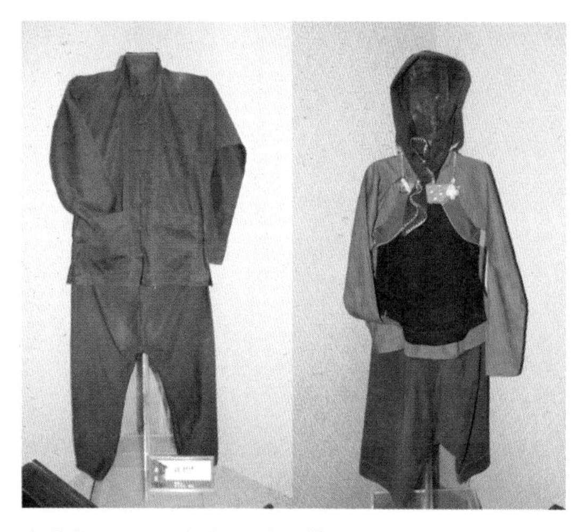

东莞沙田水文化陈列馆疍家服饰

东莞沙田水文化陈列馆——疍家妹

豪华一点的疍家妇女服饰多配以银饰。女性腰间系一条“疍家裙”，其形似肚兜，多为黑色，绣以金边。每裙各有两条饰链，一为颈大链，系于颈上，一为腰链，系于腰间。颈链腰链均为纯银制造，链上串着一个个旧式的“贰毫银子”，甚为好看。不论男女，都戴一色竹制的“疍家帽”。这种“疍家帽”，外形为圆形，顶部突起，形似铜锣，故人称“铜锣帽”。其下系的带子为珠带，由一些极小的珠子串成。因帽檐宽大，故易于散热，又便于防晒防浪。制作时漆桐油多遍，所以非常坚硬，可防风浪碰撞，故今渔民出海仍喜欢戴这种“疍家帽”。上面提到的“佩金戴银”现象，除裙、帽外，女人普遍佩戴金戒子及银制的耳环、项链、手镯。男人的裤带也为银制品，他们佩金戴银的用意，并不仅仅是为了装饰，更不是为了显示生活的富裕，而是为了防备一旦沉船遇难时，好让发现其尸体的人，从其身上获取收尸埋葬的费用，而不至于葬身鱼腹或暴尸海滩。

引人注目的是包在妇女头上的狗牙毡布。所谓狗牙毡布是一块2.5尺[1]×2.5尺的黑色方布，四边是用红蓝绿等各种颜色丝线绣成的小斜三角，形似狗牙状，手工精细，颜色错落有致。披戴毡布是有讲究的，要先对角折成三角形，仔细地在头上围成拱形，边角往里掖，既防风防寒，又透出一种神秘美，颇有沙田水乡妇女特色。

疍家妇女喜爱留长发，姑娘们把头发结成不容易散开的五绞辫，发梢上缀红绒，休闲时就让长辫摇晃垂及腰际。结了婚的妇女把长辫在头顶上盘成髻。作业时，习惯在头上包一块方格花纹的夹层方布，一角突出前额，一角垂于脑后，疍家俗称猪嘴，方巾的左右两角交结于下颏。

疍家人结婚的时候，亲朋以制作疍家衣的布匹为贺礼来赠与新婚人。通常是按制作单件的疍家衣来决定送赠的长短，一般是以五尺布制一件上衣。新娘子也会特地选用红色的棉布制作疍家衣来充当新婚礼服。按照以前当地的风俗，每个疍家出嫁女，家人都会送六尺衫布作为嫁妆。结婚前，女的就将这些嫁妆制造成红色的婚衫和有花边的裙子。而男的则是高领空纽扣的上衣，黑色长裤子。在封建社会，连衣服也是保守的，男的高领胸口组扣，女的圆领贴颈，预防走光。衣的底边宽阔透风，方便下田落水务农，其侧边纽扣，封闭中带有传统的味道。

疍家服饰的“大襟衫”与他们的生活环境有关。据介绍，疍民常年生活在船上，其体形和常年在陆地上劳作的人有些差异。渔船船舱狭小，不可能摆放得下什么家具，也没有

1　尺为旧制长度单位。1米=3尺。

汕尾渔家民俗风情陈列馆——渔家妇女

架床、桌椅等陆地家居常见之物。他们在船上睡觉也是睡在舱板之上，坐也是盘腿坐在舱板之上。由于常年在船舱，他们的臀部比一般人大，加上常年盘腿而坐，他们的腿变成了罗腿，而摇橹、撑船和拉纤使身体前倾，所以他们胸部的肌肉特别发达。“大襟衫”适应其体型特征。

为了保证子女的安全，以前的疍家人都会给自己的小孩做一个葫芦形状的浮木让孩子背上，木葫芦下面还挂有一个铃铛，或者直接给孩子挂一个葫芦，当小孩溺水时可起救生圈的作用，还可起到浮标的作用，在海上，大人可根据浮标找到落水的小孩。

3. 疍家婚俗

疍家人以船为家，以渔为生，衣食住行都与船、水有关，婚庆亦然。迎娶、婚宴都在船上进行。出嫁前要哭嫁，由姐妹陪同，唱“叹命歌”，出口成章，文词生动。饮宴时把十几只小艇连成一体搭起凉棚。经济条件好的请楼船、紫洞艇，张灯结彩，非常热闹。传统的疍家联姻和婚礼主要有“媒聘”“花艇迎亲”“哭嫁”“对歌”等。

疍家男女以歌谈情、以花盆示意。清代诗人陈昙《疍家墩》诗咏道：“龙户卢余是种人，水云深处且藏身。盆花盆草风流甚，竞唱渔歌好缔亲。”更大胆的表白方式是对歌，俗称“咸水歌”。水上人婚娶相当富有诗意，男女恋爱自由，以歌为媒，年轻男女触景生情，随编随唱。情歌总是甜美而有情致的，衬词多为“兄哥”“姑妹”。年轻男女通过歌声传达情意是男：一江春水向东流，有朵水仙顺水流。
阿哥有心捞花起，又怕阿妹不愿留。
女：一江春水通天外，妹是水仙千里来。
阿哥见花不想走，花见阿哥朵朵开。

在广东东莞，男方通过歌声向女方示爱。如女方有意，第二天早上便在自己船尾摆上一盆花。另说有女待字闺中，家长可于艇尾置一盆花，男方看中后，遣媒说合。

东莞疍家婚礼，男方在婚前两天就开始摆酒席，在自己家茅寮里摆酒。每村都有人专门帮结婚的家庭煮菜。没有台凳，就用簸箕装好菜，放在地上，人们围着，坐在茅草上面享用。有钱的在船上结婚（紫洞），船上面的空间很大，专门租给别人用，有要摆酒的，就撑船到那家门口，上面有台凳、碗碟，样样俱全，但是要有钱才能租得起。女方在结婚前一天晚上摆酒。

出嫁要唱“叹家姐”。“叹家姐”是疍家婚礼习俗之一。女青年出嫁前，要在自家堂屋

汕尾渔家民俗风情陈列馆——疍家婚俗

东莞水文化陈列馆——疍家婚礼

里供奉祖先，然后在伴娘的陪伴下按照顺序边哭边唱，唱的内容是赞叹长辈的道德情义。从先逝的祖先一直“叹”到在世的父母、兄弟，被“叹”的活人都要“回叹”，就是对歌。在这种仪式上，经常可以看到即将出嫁的姐姐用歌声来安慰和鼓励弟弟，而弟弟也用歌声来表达对姐姐的留恋。与我们熟悉的男女青年情歌对唱不一样，这样的场面非常感人。“叹家姐”的旋律低沉悲切，催人泪下，离别情融于歌声中，令闻者动容。

娶亲时，迎娶要唱“高棠歌”。高棠歌是疍家人婚嫁仪式——“坐高堂”时演唱的疍家歌。结婚时男方一般要准备三天的活动。第一天亲朋好友都来帮忙搭棚，在屋子的正厅搭起一个台子，铺上草席，架好供桌，供奉祖先。两侧各点一支大红蜡烛，新郎端坐堂中，前来参加婚宴的亲朋好友，都要以唱歌的方式来祝贺新郎，蜡烛不灭，歌声就不断。这种歌唱起来音域宽广，铿锵洪亮，后来经常把它运用到生活中。

东莞疍家婚礼过午时开始迎亲。男方身穿黑色唐装，头戴毡帽，帽上插两朵金花，挂一条红布。男的坐艇过去，艇一定要有篷，可以划桨，可以摇橹，男方人数要单数，一般为 5 个、7 个、9 个、11 个。女方人数要双数。男方人数加上新娘可以双数回来。

上船放嫁妆：以布为主，藤箱装 20 ~ 30 件布匹。出发时放进娶亲船上。迎亲时，女方送新娘到埠头，船只开到女方埠头后，新郎用红绳把新娘拉上船，女方姐妹不跟上船，只留新娘和介绍人上船。女方下船，必须痛哭流涕，表示思念父母和亲人，表示不是很情愿出嫁。返夫家路程中，新郎新娘都需在篷中，寓意以后的生活美满团圆，不离不弃。由于新郎新娘不能下船走出遮篷，迎亲团的伴郎们将船从闸口旁边用泥做的滑道上推过时，借力摇晃戏弄新人。同样按照启程路过水闸桥梁的规矩放鞭炮、元宝。

东莞疍家婚礼在船上拜堂时，神牌在船舱中，夫妻双方并排跪拜，三叩头后拜堂完成。定居岸上者，到男方家的埠头要拜神，拜埠头旁边的土地，烧元宝、蜡烛、香，然后合手鞠躬拜。

4. 岭南节庆和信仰民俗

岭南地缘上远离中原，有其特殊的地域文化积淀。其濒临海洋，经济文化交流频繁。历史上几次大的北民南下，带来中原的文化风俗。依海而生、浮海泛舟等特殊的生存方式，形成以疍家为代表的别具特色的岭南民俗文化。

农历春节是传统大节，除继迎神祭祖、贴春联、放鞭炮、守岁、吃团圆饭、舞龙舞狮、唱大戏等中原传统民俗外，还有岭南特色年俗。如：岁暮迎春花市，大年夜儿童“卖懒”，舞狮“采青”；初二“吃无情鸡”；客家初三“送穷鬼”；初七吃“七宝羹”“游花地”，选“人日皇后”；元宵观花灯、逛花桥，观“出色、飘色”“生菜会”等；农历二月十三南海神诞（俗称波罗诞）是岭南特有的民俗文化盛会，体现了海洋文化特征；三月三北帝诞，上巳节；紧跟着是清明节，均为中原传统节诞；三月十五为玄坛诞；三月二十三天后诞，则是水上居民的大节日；四月初八浴佛节，也称万佛诞，农村把四月初八定为牛诞（俗称牛生日）；四月十七金花诞也是特色节日；五月初五端午节，扒龙船、赛龙舟，期间的应节食品粽子尽显“食在广州”的特色；五月十三关帝诞；六月初六天贶节（也称天赐）；六月十九观音诞；六月二十四鲁班先师诞；七月初七乞巧节，也称七夕、七姐诞；七月十四盂兰节（俗称鬼节），与中原七月十五相差一天，因传说宋末一次鬼节前夕传来元军入侵的消息，以此纪念祖先；七月二十水陆烧幽以超度溺水亡魂及祈求水陆平安；七月二十四郑仙诞（也称白云诞），纪念为民采药的神医郑安期；八月十五中秋节，岭南俗称“月光诞”，突出的是广式月饼驰名中外；八月二十五日娘诞缘于顺德，为纪念古代刺绣的艺人日娘；九月九重阳；十月“祝社”；十一月“冬至”；十二月“谢灶”等均沿袭中原传统节庆特征。

岭南民间信仰的神祇数目众多，除中原传入的神灵仙佛外，还有本地传说的地方神仙以及外来神灵。除关帝、观音、金花夫人、天后、郑仙、土地神外，还有孔圣、地藏、财神、城隍、龙母等中原神以及康公主帅、大圣爷、何仙姑等岭南特有的神灵。广东水神特别多，“大概因为‘广为水国’（屈大均语），水域广阔的缘故”。火神祝融、北帝、马援、林默、龙母、龙王、水仙等皆被尊为水神。

番禺水色

番禺人逐水而居，珠江水孕育了番禺2000多年文化。清《粤中见闻》(卷廿十·人部八)：“秦时屠睢将五军临粤，肆行残暴。粤人不服，多逃入丛土与鱼鳖同处。蛋，即从薄中之逸民也。世世以舟为居，无薄著，不事耕织，惟捕鱼及装载为业，齐民目为蛋家。”番禺水色在产生之初是作为市桥地区祭祀天后活动的辅助性表演，为水上居民的节庆活动。最早记载番禺水色是一种以木筏为载体、以戏剧或民间传说故事为主要内容的水上表演活动，主要流传于番禺区市桥镇、沙湾镇等地。番禺是岭南地区首屈一指的古县，建县距今2200多年，是岭南文化的发源地之一。屈大均《广东新语》里有大洲龙舟水上扮演故事的记载。清人檀萃所著《楚庭稗珠录》里比较详细地记载了有关市桥凤船表演的情况。清同治版《番禺县志》中叙述有关凤船情况时写道：“船后则彩艇络绎，缀引水色，皆用娈童扮演故事。”这是目前明确有“水色”二字记载的最早文献。

市桥地区的水色在番禺水色中具有代表性，过去曾与沙湾飘色同享盛誉。据《番禺县志》记载，水色相隔十几年出一次，十分隆重，省外显贵富绅也请专船到市桥观看。后来由于活动面广、耗资大，或因时年不好，歉收失收，集资和组织筹办都不容易，曾经一度湮没。

水色巡游的序列是：前导为一艘盖有棚顶的戏船，接着是一艘五彩缤纷、长约30米、宽约10米的巨型凤船。这凤船是市桥水色活动中天后的坐驾，其首尾高翘，装饰成彩凤模样，两侧船舷安上能张能合的凤翅，伸展开来，活像彩凤低翔江面。天后安坐于船上，两个宫嫔分别服侍左右，两面船旁复有数十小童，朱衣彩带，杂陈百戏。凤船前后均有两木船系缆牵引，前行时由前船牵动，若遇顺水船行太快，则由后船牵动倒拖减速。尾随凤船或穿插其左右者，皆为仿造制成的能浮动水面的水鸟、龟鳖鱼鳌、蚌蟹虾螺或水禽鸭鹅等物。这些仿生制品尾随于凤船之后，穿插于各水色表演船队和红荷白莲之间，主要是为了增加表演的生动性，其制作工艺也十分精巧。

番禺水色是最能体现岭南水乡水上风情的一种表演艺术。水色和飘色一样，每板色就是一个民间传说或戏曲故事，由儿童扮演角色，但内容多离不开与“水”有关的故事。例如哪吒闹海、水漫金山、鲤鱼会慈航、八仙过海、鱼跃龙门、渭水钓鱼等。这样赋予每板色的艺术构思，更富有水色的韵味。以《渭水钓鱼》这板色为例，制作者用磁铁作吊钩，散于水面的小木鱼嘴中都钉了铁钉，这样，姜太公的直吊钩就能通过磁铁作用，把鱼儿从水中吊起，使观者大为惊叹。

水色表演的参与者主要为番禺乡民。乡民以一坊或一姓的居民为单位，各自集资进行筹备，每坊出色一两板或三四板不等。制色时，各坊保密精心制作，务求争妍斗艳、别出心裁、以巧取胜。

烧幽

水上居民长年分散漂泊在江海上，一条小艇，既是个流动的家，又是所依赖的主要生产工具，风浪一来，水上居民毫无抵御的能力，只有祈祷神明的保佑，为此，迷信思想十分深厚。过去凡遇有人溺水，便袖手旁观，不肯搭救，唯恐触怒鬼神，自己成了替死鬼。即使要下水救人，也要先将一个烧饭的炉子抛下水去作为替身，然后下去救人。每年七月初十，他们要举行一次水陆烧幽活动，以超度在水中溺死的亡灵，祈求神明保佑他们。烧幽时，有专人主持其事，于事前就向疍民们捐款，买办祭品，到了黄昏，便开始在河面上烧冥纸，名为烧衣。烧幽的船队有三艘船：第一艘船专施烧放迷信物品；第二艘船则敲锣打鼓，吹号角；最后一艘船是巫师做法事，用以驱邪。仪式在疍民聚居的河面上往复进行，天亮方送神归天。做过法事后，疍民便相信，河道里再不会有鬼魂，他们在水上也就不会出事了。

沙亭龙船尴崇拜习俗

番禺地处水网之区，船曾是人们生活中必不可少的交通工具。番禺地名来由的其中一说，也与船有关。据《山海经》第十八的《海内经》云："帝俊（舜）生下禺号，禺号的后代为淫梁，淫梁生下了番禺。番禺是制作船的祖师。"由此可见，番禺与舟的关系密切。屈大均在《广东新语·舟语》一书中记载："此船青面独角，无须，快捷异常，因无须而被称为龙船尴。"又云："吾沙亭乡当海岸有地曰石头，一巨石作鲤鱼形名曰鲤鱼石，吾宗人岁于此装造龙船，与诸村竞渡未尝不得胜夺标，有风雨龙船益疾他村圩，有此地以造者，有请其神侯王像至彼船亦得胜，沙亭龙船比他所得长大，斗罢汗血满船沾衣，尽赤可诧也。"屈大均记述沙亭龙船是比其他龙船长大、快疾，不少村乡慕名到沙亭"鲤鱼石"旁制造龙船。

沙亭龙船尴崇拜习俗起源于北宋，是沙亭开村先祖从湖北秭归屈原故乡带到番禺。又因其龙船头独角无须（胡子）而被称为“龙船㜷”（㜷即雌性，对应有胡子的是雄性）。番禺有句歇后语：“沙亭龙船㜷——好扒唔好打”，意为沙亭龙船虽然扒得快，但亲善，不会打架（以前很多时候在龙舟竞渡期间，不同龙船之间会因小摩擦或争标而发生宗族间的械斗，以致宗族间成世仇）。沙亭龙船㜷崇拜活动包括七个阶段：起龙、请龙船头、采青、探亲、拜祖、竞渡、埋龙。

金花诞

农历四月十七是广州金花诞。金花夫人少为女巫，不嫁，善能调媚鬼神，其后溺死水中，数日不坏，有异香，即有一黄沉香女像，容貌绝类夫人者浮出，人以为水仙，便将之捞起，并建祠奉祀。广州人称其为“送子娘娘”，以其能佑人生子，不当在处女之列，所以称为夫人。

据庙碑载，此神生于明洪武七年（1374年）四月十七日子时，粤人于是以四月十七日为神诞，画舫笙歌，祷赛极盛。诞日，群众在金花庙前开坛打醮，演戏酬神，还有八音歌台、画舫歌船，盛极一时。庙前陈列盆景、书画、古董等，更有来自四面八方的养鸟爱好者带着漂亮的笼子、出色的鸟雀到此斗唱，还衬以灯饰，叫“唱灯花”。妇女组织“金花会”，集资庆祝，到期备办祭品，请戏班，唱八音，非常热闹。

广州有金花古庙，位于黄埔区长洲镇白鹤岗下，是广州目前发现的最完整的一座金花庙。金花庙建于明代洪武年间，距今已有600年的历史，清同治年间进行过重修。现金花街的碑廊尚保存有一块长2米、宽1.2米的《重修金花古庙碑记》石碑。

水上居民的“鱼花诞”

“鱼花诞”是富有水乡特色的一种民俗活动。鱼花诞来源于放养鱼花的风俗。鱼花，就是鱼苗、鱼秧。岭南人称之为“鱼花”，一是因为鱼苗种类繁多，花多眼乱；二是放养鱼花要下很大功夫，犹如女人绣花一样精细，所以称鱼苗为鱼花。屈大均在《广东新语》中说：“池塘之水养鱼花者十之七，养大鱼者十之三。”因为“粤之鱼花易长也”。由于鱼花的捞取、养殖十分不容易，人们祈求鱼花平安的愿望就显得尤其强烈。这就有了“鱼花诞”节日的产生。每年的农历四月初八，就是“鱼花诞”的日子。这天，人们要向天妃焚香礼拜，以求得上仙的佑护。即使养殖技术已相对发达的今天，“鱼花诞”仍然是经营鱼花生意的人们所看重的节日。祈求平安的心愿，总是世代相传的。

买力日

三月初一为疍民的“买力日”（即买别人的力量来补充自己）。是日，妇女们向陆上行人反复呼喊：“一二帮快，帮快，姑娘婆嫂的力都来晒！”相传这样就可将行人之力借过来以助舟楫之劳。

新年疍民“讨斋”

旧时，疍民有“讨斋”的习俗。“讨斋”多在正月初二、初三两天，他们三五成群结伴上岸，挨家挨户地唱诗讨斋。正月初一晚上，岸上家家户户都准备了斋，等待第二天送给前来唱诗讨斋的疍民。讨斋的疍民男女，穿着新衣，头戴红花，手挎竹篮。他们举止礼貌，歌喉婉转，操词吉利。送者也热情赠与，十分友好。随着时代变迁，“讨斋”习俗也渐渐远去。

玄坛诞

每年农历三月十五是玄坛诞，是男子们最高兴的日子，他们要备买三牲祭品拜神。晚上，登岸祀神，玄坛庙前人山人海，男人们三五一群，成帮结伙，抬上花炮，到庙前轮流燃放，烧完了花炮便将花炮内的禾草燃烧起来，在熊熊火光中，男子们各显身手，活蹦乱跳，举行跳火堆的仪式。狂欢之后，将三牲抬回艇中，大嚼痛饮，嬉闹通宵。

乞巧

如果说玄坛诞是男人们狂欢的节日，那么农历七月初七的乞巧节就是妇女们最为欢乐的日子了。七夕之日，妇女们停止做活，将住艇布置一新，在艇头供上香案，摆上水果和乞巧的东西，精心制作，别出新意，争奇斗巧。少女们则盛妆艳扮，欢度节日。晚上，各艇欢笑畅谈，待至三更，便烧元宝祭神，众姐妹依长幼之序到艇头向天叩拜。拜毕，始开夜宴，举杯畅饮，欢娱彻夜。

疍民笃信鬼神，一方面是由于越人本尚鬼，作为古越人后裔的疍民也继承了这一传统；另一方面，疍民生活在风雨无常、变幻莫测的江河大海，各种自然灾害经常侵袭，流行病也使他们生活在惊恐之中，于是寻求神灵庇护；三是疍民文化程度低，科学知识极缺，对一些自然和社会现象不能有科学的认识，卫生常识少而多患病，只好乞求神灵保佑。疍民鬼神崇拜一是庙宇神崇拜，二是精灵崇拜，包括水鬼（对溺亡者的恐惧与崇拜）、定风猴（被视为水中类似猕猴一样的怪物）等。

中国海洋文化

第五章

“食在广东”之海鲜美食

食在广东粤菜名闻天下，

鱼煲蟹盘闲看船上人家。

——题记

食在广东，名不虚传。粤菜以其食材之广博讲究、烹饪手法之精致细腻而闻名，更因其地利之便以海味之鲜著称。广东海鲜美食，在潮州菜系、广府菜系中均有表现。

潮州菜焗龙虾

湛江铁板烧蚝

粤菜及其海味

中国有四大菜系和八大菜系之说，四大菜系即川菜、粤菜、苏菜、鲁菜，粤菜也是中国汉族八大菜系之一。

1. 粤菜及其特点

粤菜也称广东菜，是广东地方风味菜。粤菜广义上由广州菜（亦称“广府菜”）、潮州菜（亦称“潮汕菜”）、东江菜（属客家菜）组成，并以广州菜为代表。从更广泛的意义上说，粤菜还包括广西、海南、台湾等地菜。狭义的粤菜是指广州菜。粤菜以特有的菜式和通脱、奇犷、繁芜、清淡的韵味独树一帜，在国内外享有盛誉。

粤菜发源于岭南，源远流长，历史悠久。既有中国饮食文化的共同性，又有其地域特色。

粤菜系的形成和发展与广东自然地理环境、经济条件和风俗习惯密切相关。广东地处亚热带，濒临南海，雨量充沛，四季常青，适合水陆动植物生长，海陆物产富饶。故广东食材丰富，饮食得天独厚。

广东南越先民狩鸟兽于山林，捞鱼虾于江海，过着茹毛饮血而衣皮革树叶的生活，后发展种植和养殖，食物来源更得到保障。烹饪技术也不断提高：一是创造了以稻米等五谷杂粮为主食的食品文化；二是不断创新以猪羊和各种家禽等烹制的红肉类食物；三是创造以鱼等河鲜、海鲜类烹制的白肉类食物，并佐以果蔬。注重和擅长烹制海鲜类食品是广东菜的一个重要特点。广府俗谚云：“宁可三日无肉，不可一餐无鱼。”李调元《粤东笔记》谓：“粤东善为脍，有宴会必以鱼生为敬。”这种吃鱼生的习俗可以追

蒜蓉粉丝蒸带子

溯到原始社会广府先民——南越族人生吃鱼等动物的时代。后来经过传承、发展，至唐代不但吃鱼生，还吃虾生、水母生。明末清初屈大均《广东新语》对如何制作鱼生、选什么鱼作主料最佳，如何食法和选用什么佐料等，记述甚详。粤人在生活实践中积累丰富的海鲜美食经验，如“第一鯰，第二鮀，第三马鲛郎”。

广东菜的第一个特点是用料广博奇异，品类花样繁多。据粗略估计，粤菜的用料达数千种，举凡飞禽走兽、花鸟虫鱼、山珍海味，皆在选用之列，不仅猴蛇虫鳖鳌蟹，甚至猫和老鼠，都被搬上餐桌。尤其山间野味，粤菜视为上肴。有人说：“广州人除了地上四条腿的桌子、水里游的蚂蟥、天上飞的飞机不吃之外，其他什么东西都敢吃。”

广东菜的第二个特点是讲究鲜嫩爽滑、原汁原味。技法上注重清而不淡、鲜而不俗、脆嫩不生、香甜不腻，力求清中求鲜、淡中求美。这一特色，既符合广州的气候特点，又符合现代营养学的要求，是一种比较科学的饮食文化。

广东菜的第三个特点是博采百家之长，融汇南北、贯通中西又自成一家。历代王朝派来治粤和被贬的官吏等带来北方的饮食文化，间或有官厨高手将他们的技艺传给当地的同行，或是在市肆上各自设店营生，将中原等地的饮食文化介绍到粤地。

汉代以后，广州成为中西海路的交通枢纽；唐宋时期大开海运，外商大多聚集在羊城，商船结队而至。当时广州地区的经济发展较快，利于餐饮业发展。南宋以后，粤菜的技艺和特点日趋成熟。明清两代，是粤菜、粤点、粤式饮食真正的成熟和发展时期。明清时广东省海门常开，广东成为当时与海外通商的重要口岸，商贸繁荣，餐饮业也蓬勃发展。华侨和外国人带来一些境外饮食文化元素，中外饮食之法在此地交流。粤菜、粤点和粤式饮食真正成为了体系。闹市通衢遍布茶楼、酒店、餐馆和小食店，各食肆争奇斗艳，食品之丰、款式之多，世人称绝，渐有“食在广州”之说。

2. 粤菜海鲜名品

广东海鲜菜丰富多彩，诸如花蛤蒸肉、豆豉鲮鱼炒油麦菜、蒜苗鱿鱼须、清蒸双鱼、油泡鲜虾仁、酸辣海蜇丝、核桃虾仁、红海参、虾子扒海参、芥末龙虾肉、蟹黄鱼翅、麒麟鲈鱼、瑶柱节瓜煲、炒花甲、西洋菜蜜枣煲生鱼、炸蜘蛛蟹、白汁鲳鱼、木耳海参猪肚汤、虾仁芦笋、白灼响螺片、生菜龙虾、清蒸生蚝、煎封鲳鱼、金钩鲍、香滑鲈鱼球、粤式白灼虾、蒜蓉开边蒸大虾、菊花虾仁、红扒鱼肚、蒜蓉粉丝蒸开边虾、蒜蓉鲜鲍、三丝鱿鱼、上汤浸生蚝、烧墨鱼仔、咖喱炒蟹、虾仁丸子、梅子蒸鱼、罗勒盐水煮文蛤、蒜子瑶柱脯、蒜蓉开边鲈鱼、鱼干琵琶虾、珠海全螺、东江鱼丸、煲仔鱼丸、蚝烙、花蛤酸笋汤、斗门重壳蟹、万山对虾、清蒸鲈鱼、菜丁海蛎煎、发菜鱼丸汤、炝炒钉螺、鸽蛋烩鲜鱿、菌油墨鱼卷、生煎明虾、螃蟹粉丝煲、沙光鱼汤、荠菜炒鱼条、黑豆烧虾仁、串香沙丁鱼、粤式龙井虾仁、炸荷包鲜、乳酪蒸虾仁、北菇虾球粥、椰汁咖喱蟹、鲜汁烧鱿鱼、蒜蓉蒸九节虾、豆腐鱼煲、西汁虾仁、酥脆鱼柳、荠头小鲍鱼、姜丝肉蟹、香辣脆皮北极虾等。

麒麟鲈鱼

麒麟鲈鱼是广东省传统名菜，属于粤菜系。主料为鲈鱼，配料为火腿、冬菇、肥猪肉，笼蒸而成。装盘讲究，几种配料切片拼配，犹如披甲麒麟，故取此名。

蒜蓉为佐料的海鲜菜十分鲜美，因而备受欢迎，如蒜蓉开边蒸大虾、蒜蓉粉丝蒸带子等。

蒜蓉开边蒸大虾

广东人吃海鲜特别强调原汁原味。吃鱼往往是水煮或清蒸，如清蒸石斑鱼。

3. 在粤食粥

广东粥品很有特色，粥米要煮开花，除白粥、地瓜粥外很注意调味，主要有滑鸡粥、鱼生粥、艇仔粥、及第粥和皮蛋瘦肉粥。

东莞艇仔粥

广东水上人家粥品——艇仔粥以鱼片、炸花生等多种配料加在粥中而成。本为自食，后行船沿岸叫卖。艇仔粥集多种原料之长，多而不杂，爽脆软滑，鲜甜香美，适合众人口味。其主要配料为新鲜鱼肉或虾、瘦肉、油条、花

广州岭南印象园艇仔粥

生、葱花、姜等，亦有加入浮皮、海蜇、牛肉、鱿鱼等。吃前当即煮粥滚制，热气腾腾，以粥滑软绵、芳香鲜甜而闻名。无论在街头食肆，或星级酒店，都可品尝到这种地方特有粥品。在广州、香港、澳门以至海外各地的广东粥品店，艇仔粥都是必备的食品。

潮州文化、客家文化、广府文化、雷州文化是广东四大文化，潮州美食是潮州文化的重要内容，潮州美食以潮州菜著称。

1. 潮州菜及其特点

潮州菜简称潮菜，是广东菜三大流派之一。潮菜发源于韩江平原，汇集粤闽两家之长，是一种富有地方风味的菜种，已有数千年的历史。据史料记载，潮菜可追溯到汉代。盛唐之后，受中原烹饪技艺的影响，潮菜发展很快。唐代韩愈来潮时品尝潮菜，赞叹不已："……章举马甲柱，所以怪目呈。其余数十种，莫不可叹。"

潮州菜以烹饪海鲜见长；郁而不腻；荤菜素做；汤菜鲜美；保持原汁原味；刀工精巧；注重造型；口味清纯；讲究食疗、养生；主料突出，辅以各种佐料（酱碟）。主要烹饪方法有焖、炖、煎、炸、蒸、炒、焗、爆、焯、烹、泡、扣、卤、熏、淋、烧等十多种。潮州菜用料广博，具有"三多"的特点：①水产品多，大多取之于海族，鱼、虾、蚌、蛤等一直是潮菜的主要用料，可以烹制成许多名菜美食。如明火烧莩、生炊龙虾、鸳鸯膏蟹、红炖鱼翅等。②素菜式样多且独具特色。③甜菜品种多且用料特殊。

2010 年潮州菜代表粤菜参加上海"世博会"，2012 年潮州菜代表中国菜参加韩国丽水"世博会"。

2. 潮菜海鲜美食

潮汕小吃多，香味可口。潮菜和潮汕小吃的原料很多来自于海洋，其中较有名的海鲜菜有潮阳鲎粿、鸳鸯膏蟹、红炖鱼翅、达濠鱼丸、白灼响螺片、蚝烙、生菜龙虾等。

鸳鸯膏蟹

膏蟹是蟹类中的佼佼者，因其腹部呈赤褐色，故又有人称为赤蟹。

鸳鸯膏蟹

膏蟹以其腹中膏肥厚，味香可口，营养丰富，令人百食不厌而远销国内外。广东潮阳河溪镇有“膏蟹之乡”的美誉。

鸳鸯膏蟹是一道广东潮汕地区的传统名菜，属于粤菜系。主料是膏、肉蟹各1只，调味料有姜、葱、胡椒粉、精盐各少许。此菜味极鲜美，造型美观，一只呈青红色，一只呈精青色，相对成对，故名“鸳鸯膏蟹”，为席上佳肴。

鲎是在海里生活的甲壳类节肢动物，体呈圆形，尾坚硬，形似鞭剑。雌雄连成一体终生相伴，是一种古老的海洋生物，在5亿多年前就已经出现在地球上，曾繁盛一时。现代鲎形态构造与古代一样，进化不大，所以鲎有“活化石”之称，受到保护。现在市场上多为人工养殖的。

鲎粿是富有潮阳乡土味的小食品，鲎粿原来是大米粥浆加入番薯粉和鲎酱制成，色泽上较黑，现在改为用白米粥、生粉以及粟粉制作，柔滑软润，色泽上也好看了。

蚝烙

蚝烙是广东省潮汕特色美食，台湾地区称为蚵仔煎。蚝有助于明目，又滑润可口，蚝烙又能热胃，天凉时人们更喜欢吃。在潮汕城市乡村市集常有售卖这一美食，外地人来潮汕不可不尝。

蚝烙有两种做法：一是农村中比较简易的做法，舀少许地瓜粉水倒入宽口铁锅，再放几粒海蛎，翻一翻取出，乘热撒上一些胡椒粉，蘸鱼露吃；另一种是用较多地瓜粉水倒入锅，加入蛋拌匀，再加上海蛎，下较多猪油，如煎炸一样，使其带脆，在锅里用平铲将它切成几片，再炒上一些海蛎加上。

生菜龙虾

龙虾，体粗壮，重可达数斤[1]，甲坚硬多棘，营养丰富，肉味鲜美，肉质松软，易消化；

1　斤为旧制重量单位，1千克=2斤。

潮州蚝烙

虾中含有丰富的镁，有保护心血管系统的作用；虾肉有益气滋阳开胃等功效。

生菜龙虾是潮州地区传统名菜，以龙虾为制作主料，此品将龙虾烹熟，切片装盘，与生菜拼砌成虾形图案。口味酸甜，口感肉质鲜爽，香滑可口。是中西制法结合的佳肴，冬季最宜。

吃海鲜 到湛江

湛江是广东水产大市，海产品以新鲜、质优、价廉而著称，是人们品尝海鲜、购买海产品的理想之地，有“要吃海鲜到湛江”之说。

湛江海鲜讲究原料的新鲜，注重保持原汁原味，做法相对粗犷简单，有水煮、清蒸、清炖等。如白灼虾就是快火水煮熟捞起后剥壳蘸酱油吃，螃蟹也多是水煮即食力求保持原味。其他如清蒸石斑、煎黄花、酱爆八爪、冬瓜螺汤等都是常见菜式。

有一首湛江海鲜四季民谣，教你如何在正确的时间品尝到最肥美的海鲜——

正月虾姑二月蟹，三月咖蛪无人买。四月海螺五月鱿，六月生蚝瘦过头。七月石斑八月虾，黄油重皮肥到家。九月泥猛与金仓，马鲛马友成条劏。十月黄花和石头，斋鱼黄鱼肥流油。冬月泥丁来过节，沙虫白仓发请帖。腊月骨鳝与章鱼，鱼虾蟹鲎齐拜年。

湛江不仅盛产海产品，而且善于吃海味、品海鲜，号称“中国海鲜美食之都”。

2010 年 5 月 14 日，“中国海鲜美食之都”授牌仪式暨泛北部湾经济区餐饮产业发展论坛在湛江举行。仪式上，时任湛江市市长从中国烹饪协会常务副会长杨柳手中接过“中国海鲜美食之都”的牌匾，这标志着

湛江水产品批发市场上的海鲜

湛江海鲜美食正式挂上了金字招牌，湛江也因此成为全国唯一获此殊荣的城市。

湛江海鲜，人们熟知的有炭烧生蚝、蒜蓉沙虫等。

湛江炭烧生蚝

1. 吃蚝

湛江位于广东西部，濒临南海，海水养殖业发达，养蚝的蚝田在近岸海域中随处可见，养殖出来的生蚝肉质鲜嫩肥美，口感清甜爽滑，可制作多种多样的生蚝食品。

蚝学名牡蛎，在江浙以北至渤海一带的沿海地区一般都称其为牡蛎或海蛎子，在福建沿海及台湾地区的人们称其为蚵仔，而在两广及海南等地人们则称之为蚝。

蚝有“海洋牛奶”之美誉，蚝肉含有优质蛋白、氨基酸、糖原、肌醇、牛磺酸等多种微量元素，具有很高的医疗及食用价值，是传统的滋补药用食品。《本草纲目》谓蚝“治虚损，壮阳，解丹毒，补男女气血，令肌肤细嫩，防衰老”。研究显示，生蚝有助于补充和恢复体力，其独特的糖原和多种氨基酸有增强肌体免疫细胞的功能，增强其杀伤细胞的活力，提高机体免疫功能。

炭烧生蚝的做法简单，但味道十分鲜美。只需将蒜蓉、酱等佐料放入刚刚撬开的生蚝内，再直接放到火上烤熟即可。这样既保证了生蚝的鲜味，蒜蓉又能有效地去除蚝本身的腥味和臊味，实为不可多得的美味。在湛江的餐馆、酒店可吃到铁板烧蚝。

2. 吃沙虫

“沙虫”学名方格星虫，又称为光裸星虫，形状很像蚯蚓，呈长筒形，体长10～20厘米，元白色略青。生长在沿海滩涂带沙泥底质的海域，涨潮时钻出，退潮时潜伏在沙泥洞中，故名沙虫。身体结构简单，洗去肠内沙粒，全条虫都可食用。沙虫对生长环境十分敏感，一旦污染则不能成活，因而有“环境标志生物”之称。

湛江蒜蓉沙虫

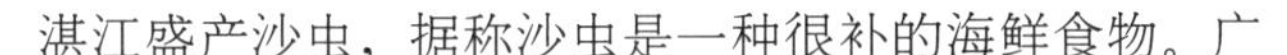

湛江盛产沙虫，据称沙虫是一种很补的海鲜食物。广

东人喜欢用晒干的沙虫煲汤，说滋补功效很好，其汤色乳白如牛奶，味道鲜甜。在湛江有新鲜的沙虫出售，用粉丝清蒸沙虫，是味道鲜美的一道海鲜菜。

3. 吃海虾

湛江号称“虾都”，以盛产海虾闻名于世。

虾在湛江已有久远的历史。出土文物显示7000年前湛江的土著居民已懂得在江河沿海捉鱼摸虾拾贝。今日的湛江是中国最大的虾交易中心，是中国最大的对虾种苗繁育、养殖、饲料生产和加工出口的基地，虾产量占全国产量十分之二，年销售量占全国三分之二，其中大部分出口。谈虾，不能不提虾的贵族——龙虾和虾的贫民——濑尿虾。龙虾体形大而稀少，生活在深海，捕捉困难，被视为虾中“真龙天子”。湛江的龙虾以硇州岛龙虾最有名，过去在香港被列为正宗龙虾。濑尿虾又叫皮皮虾，较多见，曾被用来喂猪养鸭，是“下里巴人”。近年来，人们在烹饪上大做文章，使濑尿虾戴上光环，成为一道水产类美食。

远在温哥华的原广东海洋大学外籍教师芭芭拉[1]深情撰文怀念湛江，她说:“湛江本地文化最有魅力的三个方面是：雷州石狗、雷剧和历史留下的西洋建筑。但，湛江最吸引游客的无疑是它的海鲜。这里三面临海，五岛离岸，有很多渔港，可以买到大量新鲜的海鲜。这些海鲜物美价廉，种类丰富，有各种各样的鱼、虾蟹，还有奇异的海蜇、沙虫、海带、鲍鱼和海参。当地人喜欢用清淡的煮法——白灼，来品尝海鲜的鲜甜。”“我最喜欢的一道海鲜是虾。湛江对虾中外驰名，有人说，在中国每吃三只对虾中就有一只是湛江对虾。与加拿大的煮法不同，湛江虾用干煎的做法，不需加水和任何酱料，只放些大蒜或姜丝，用中火把虾壳煎成亮红色。”

湛江白灼虾

4. 尝海鱼

在湛江品尝海鲜，以品尝海鱼为主。海鱼含有大量

1 芭芭拉，“湛江荣誉市民”，来自加拿大温哥华，1989—2014年在广东海洋大学任外籍教师，讲授英语。

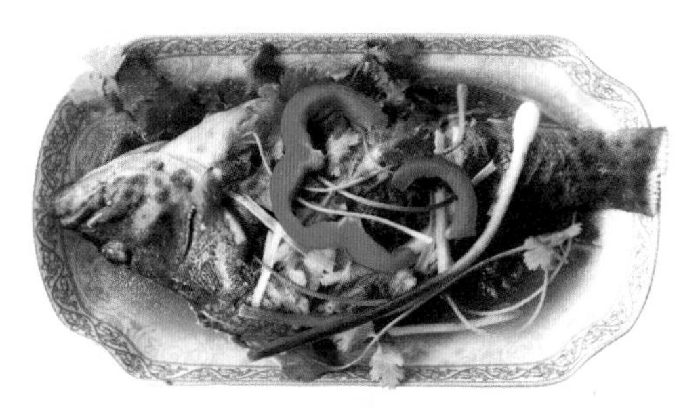

湛江清蒸石斑鱼

豉汁蒸芒鱼

鱼汤——“生死恋”

湛江杂鱼汤

的蛋白质、维生素、微量元素、矿物质等，尤其含有卵磷脂和多种不饱和脂肪酸。

烹制海鱼的方法很多，有水煮、清蒸、红烧、清炖、油炸等。从营养学角度考察，湛江为追求海鲜之鲜讲究原汁原味，而常常采用清蒸和清炖这两种烹饪方法，保证了海鱼中所有的营养不易流失，而且味道鲜美，也容易操作。可以说在湛江吃海鱼既新鲜又健康。

湛江有一道鱼汤名曰“生死恋”，是用新鲜海鱼与鱼干一起煮，新鲜与咸鲜搭配，再加上生蒜，五花肉提鲜，是很有特色的一道海鲜美食。

5. 喝湛江杂鱼汤

杂鱼汤是湛江一道传统名菜，本是平常百姓的家常菜，但味道非常鲜美。做汤的鱼是渔民在浅海区刚捞上来的新鲜小海鱼，收拾干净后放进砂锅煲里煲汤，由于品种很杂，故名“杂鱼汤”。汤水中只放少许的油和适量的盐，保持了鱼的鲜味。无论喝汤还是吃鱼都是一种享受。

中国海洋文化

沿海水师府寨、卫城和炮台
崖门海战
博物馆里的虎门海战故事
三元里抗英显群力
豪气彰显的广州湾抗法斗争

第六章

粤海战事写春秋

城头铁鼓声犹震，将军跃马舞金戈。

边未和，耻未雪，露湿征衣映晓月，正是壮士行色。

——题记

广东濒临南海，资源丰富，又为东来要道，政治上、经济上、军事上的战略地位十分重要，所以近代海疆战事多发于此。广东海洋军事文化丰富，既有军队奉旨靖边驻防、巡海镇盗、抵御外倭，维护主权和国家利益，又有百姓自发的抗击侵略、保家卫国的义举。著名的历史事件有虎门销烟、三元里抗英、广州湾抗法斗争等。

今虎门大桥下的威远炮台

沿海水师府寨、卫城和炮台

在沿海地区和领海内布置防务，以防备和抵抗侵略，制止武装颠覆，保卫国家的主权统一、领土完整和安全所采取的一切军事措施和进行的军事活动，谓之海防。广东地处南海之滨，为中国南方门户，海岸线绵长且岛屿、港湾众多，自古为兵防要域。

唐宋时期，广东是中国最大的对外贸易通商口岸，朝廷设有专门主管海外贸易的机构市舶（使）司。市舶司除征收进出口关税外还负有缉私和船舶管理等方面的职责。唐开元二十四年（736 年），朝廷在广东设屯门镇驻守，五代沿袭。宋时亦有军士驻守。元代仍置屯门寨。从宋朝开始广东水军正式成立，并随即投入缉私、捕（海）盗、巡航等行动之中。宋朝时期，从广东港口出发的中国水军对南海诸岛海域进行了首次巡航。元朝初期，中国军队从福建和广东所属港口启程，对安南、占城和爪哇等东南亚国家进行军事远征。与此同时，元军继续对南海“三沙”地区进行巡航“经络”活动。明清时期建立了较为完整的海防体系。

1. 明代海防体系

进入明朝以后，广东传统的海防体系——卫所制度全面确立。

明代海防大势

明代海防大势有“三路”之说。《筹海图编》谓：“广东列郡者十，分为三路。东路为惠、潮二郡，与福建接壤，漳舶通番之所必经。议者谓潮为岭东之巨镇。柘林、南澳俱系要区。”中路广州，“岭南滨海诸郡，左为惠、潮，右为高、雷、廉，而广州中处，故于此设置省，其责亦重矣”。“西路高、雷、廉……三郡逼近占城、暹罗、满剌诸番，岛屿森列，游心注盼，防守少懈，则变生肘腋，滋蔓难图矣。”

筹海图编——广东沿海总图

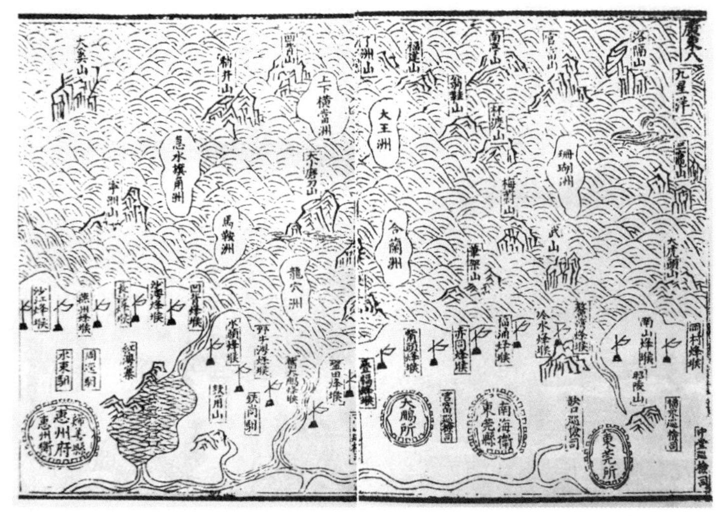

筹海图编——广东海防“中路图”

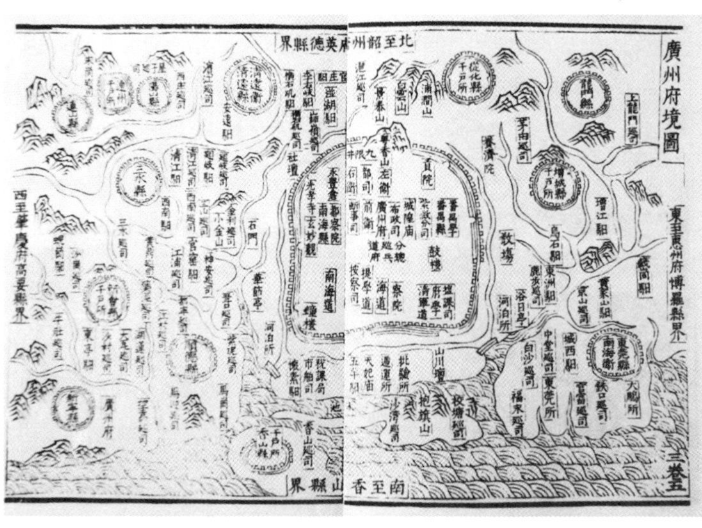

筹海图编——广州府境图

明代兵防官

明代广东置提督两广军务兼巡抚都御史；镇守两广总兵官；巡按广东监察御使；巡视海道副使；整饬琼州、清远兵备二副使；整饬清远、高肇、惠潮、雷廉兵备四佥事；市舶提举司提举；分守琼崖、高肇韶广、惠潮三参将；总督广东备倭，以都指挥体统行事；守备惠潮，以都指挥体统行事。

明代沿海卫所

明代广东沿海设广州卫、雷州卫、神电卫、广海卫、肇庆卫、南海卫、碣石卫、潮州卫、海南卫。

广州卫，旗军952名，辖钦州所、灵山所、永安所；

雷州卫，旗军1380名，辖乐民所、海康所、海安所、锦囊所、石城后所；

神电卫，旗军1518名，辖宁川所、双鱼所、阳春所；

广海卫，旗军1165名，辖海朗所、新会所、香山所；

肇庆卫，旗军1112名，辖阳江所、新宁所；

南海卫，旗军1114名，辖东莞所、大鹏所；

碣石卫，旗军1284名，辖平海所、海丰所、捷胜所、甲子门所；

潮州卫，旗军1328名，辖靖海所、海门所、蓬州所、大城所；

海南卫，旗军1384名，辖清澜所、万州所、南三所。

明代沿海巡检司

明代广东沿海设巡检司八个：廉州、雷州、高州、肇庆、广州、惠州、潮州、琼州。

明朝中后期，广东军民英勇抗击葡萄牙、西班牙、荷兰和英国等西方殖民者对沿海地区的侵扰。

2. 清代海防体系

清朝面临比明朝更为严峻的海疆压力，为了巩固政权，维护大清帝国的长治久安，清初统治者在明代海防基础上，一方面筑界墙、严海禁，一方面加修炮台、组建水师，在中国沿海建立起一条以海岸、海岛为依托、水陆相维的海防线。从顺治到乾隆年间，先后建立了东三省水师、直隶水师、山东水师、江南水师、浙江水师、福建水师和广东水师，负责万里海疆的防务。在各个海防要地，如旅顺口、大沽口、吴淞口、乍浦、厦门、台湾、虎门等地建设和改建了许多海岸炮台。广东八旗兵和绿营兵都设有水师，但主力是绿营（汉师）。绿营水师包括督标水师、抚标水师、提标水师和提督节制的各镇协水师。

清朝前期是中国历史由古代向近代转折的时期，也是广东海防史的重要阶段。清初，实行迁界、禁海等消极海防政策，广州成为全国唯一的法定对外通商口岸，政府在此设立海关和十三行管理与经营海外贸易。在海防体系建设方面，广东水师提督府建立，并初步形成了东、西、中三路并重，以岸防为主、海上巡防为辅的海防体系。清朝时期，广东省军政部门继续对西沙群岛、南沙群岛行使防卫和管辖权。

清代海防大势

广东海防大势，清袭明说谓之三路："三路者，左为惠、潮，右为高、雷、廉，而广州为中。"

东路潮州府、惠州府。

就东路而言，"惠潮二郡皆与福建接壤，而潮尤当其冲，柘林、南澳皆要区也"。"倘柘林、南澳失守，是无潮也；碣石失守，是无惠也。"

南澳为岛，明清时置闽粤南澳总镇府，又称南澳总兵府，位于广东汕头市深澳镇大衙口。最初建于明万历四年（1576 年），是当时的南澳副总兵晏继芳建造的。万历九年（1581 年），副总兵侯继高增建总兵府的后楼，成为一个完整的总兵衙署。以后历经多次修缮。

南澳岛地处东南沿海要冲，介于粤东与闽南之间，是军事要地。于明万历二年（1574 年）诏设闽粤南澳镇，派副总兵一员，受制于两省又制两省之兵。明清两朝，到南澳上任的总兵副总兵共有 157 任 147 人。

总兵府前现遗存有 8000 斤、6000 斤土炮各一尊。据炮上铭文，是清道光二十年（1840 年）铸造，两尊炮原分别架设于深澳草寮尾和深澳东门外，1984 年移放于此。总兵府右侧院墙上镶嵌着 23 块历代南澳保存的古碑，其中一块是中国最早的港务约法，一块税务碑，具有重要的历史文物价值。

中路广州府。

广东省会广州襟江带海，为中路，"中路之备在屯门、鸡棲、佛堂门、冷水角、老万山、虎门等澳，而南头澳在虎门之东，为省会之门户，海寇往往窥伺于此"。广州"西出海则为

闽粤南澳总镇府

崖门，崖门之西则为广海卫，而香山澳在省会西南，夷人住泊于此”。“广郡隶县十有四，而濒海者，南海、番禺、顺德、东莞、新宁、香山、新会、新安也。曰屯门、曰鸡踏、曰鸡啼、曰冷水角、曰老万山、曰东洲、曰南亭、曰广海、曰沙湾、曰黄埔、曰急水、曰松柏，皆广郡冲险。而虎头门、澳门、南头、崖门为要。”[1]

西路：肇庆府、高州府、雷州府、廉州府、琼州府。

广州府志曰：“高、廉、雷、琼为西路，琼固全粤外户，高、雷、廉亦逼近安南、占城、暹罗、满剌诸番，岛屿森列，曰莲头港、曰汾洲山、曰两家滩、曰广州湾、曰遂溪、曰湛川、曰涠洲、曰乐民、曰青婴地、曰平江、曰淡水湾、曰珠场、曰林墟、曰白沙、曰吕湾、曰禾田湾，皆四郡冲险，而白鸽、神电诸隘为要。此防海之西路也。”

清代沿海六寨

南头寨：自大鹏、鹿角洲起，至广海三洲山止；

1 （清）《广东海防汇览》《广州府志》。

北津寨：自三洲山起，至吴川赤水港止；

白鸽寨：自赤水港起，至雷州海安所止；

白沙寨：自海安所起，至钦州龙门港止；

柘林寨：自福建元钟港起，至惠来神泉港止；

碣石寨：自神泉港起，至工寮村海面止。

清代沿海所城

东路所城：黄冈镇城、柘林寨城、大埕所城、南澳城、湖山城、蓬州所城、南洋寨城、鸥汀背城、樟林寨城、海门所城、达濠城、靖海所城、隆江堡城、神泉澳城、碣石卫城、甲子所城、墩下寨城、捷胜所城、平海所城。

中路所城：大鹏守御所城、东涌所城、虎门寨城、前山寨城、黄梁都城、广海寨城、那扶营城。

西路所城：北津城、双鱼所城、太平驿城、莲塘驿城、海康所城、乐民所城、白鸽寨城、海安所城、白龙寨城、永安城、防城、海口城、清澜所城、乐安所新城。

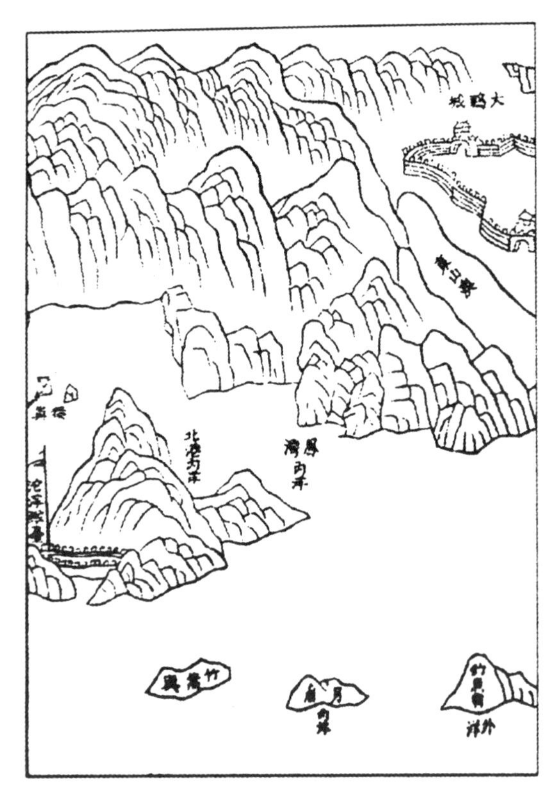

广东海防汇览——三路海图大鹏城

3. 广东沿海古炮台

与几十处关城相比，广东沿海一带炮台之设更众，广泛分布于粤东之潮汕地区；粤中之惠州、珠江口、江门地区；粤西之阳江和雷州半岛地区。

清时东路潮州之炮台有西虎仔屿炮台、鸡母澳炮台、腊屿上下炮台、长山尾炮台、大莱芜炮台、莲澳炮台、放鸡山炮台、广澳炮台、河渡炮台、钱澳炮台、南炮台、石井炮台、北炮台、青屿炮台、靖海港炮台、澳脚炮台、赤澳炮台、神泉港炮台、溪东炮台、西甘澳炮台、苏公炮台、浅澳炮台、东宫炮台、石狮头炮台、白沙湾炮台、长沙炮台、南山炮台、麻疯寮炮台、吉头港炮台、大星山炮台、墩头港炮台等。

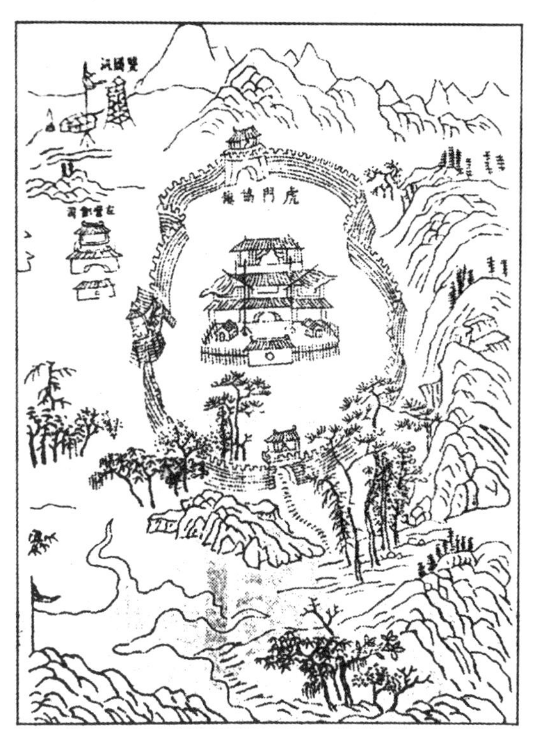

广东海防汇览——虎门协镇图

中路广州府炮台有城南海珠炮台、城东东炮台、城西永清炮台、城西西炮台、城西西宁炮台、猎德炮台、南排涌口东炮台、东炮台、大黄窖龟冈炮台、中流沙炮台、大围涌炮台、大洲炮台、鸡公石炮台、沱宁山炮台、九龙寨炮台、大屿山炮台、赤湾左炮台、赤湾右炮台、新涌口炮台、沙角炮台、威远炮台、镇远炮台、横档炮台、大横档炮台、小横档炮台、大虎山炮台、西永安炮台、巩固炮台、老万山东澳炮台、老万山西澳炮台、蕉门炮台、涌口炮台、磨刀角炮台、虎跳门东炮台、罟草土城炮台、龟冈炮台、乌猪炮台、崖门新东炮台、崖门西炮台、虎跳门西岸炮台、长沙炮台、烽火角炮台、横山炮台、陡门炮台等。

西路肇庆府炮台有石觉炮台、北津炮台、北额月台、北额港月台、北额新炮台、莲头炮台、博贺炮台、兴平山炮台、兴宁炮台、赤水炮台、流水炮台、河口炮台、山后炮台、津前炮台、限门炮台、限门西炮台、麻斜港炮台、淡水炮台、那娘墩台、南港墩台、北港墩台、暗铺炮台、龙头炮台、流沙炮台、双溪炮台、库竹炮台、海头炮台、通明炮台、青桐炮台、博涨炮台、白沙炮台、三墩炮台、大观港东炮台、冠头岭炮台、八字山炮台、乌

大角炮台之镇威台今貌

雷墩炮台、大观港炮台、石龟头炮台、牙山炮台、香炉墩炮台等（海南岛炮台从略）。

今汕头城中有石炮台公园即崎碌炮台遗址，始建于清同治十三年（1874年），光绪五年（1879年）竣工，历时五年，耗资八万银元，至今已有一百多年的历史。为环圆形城堡建筑，与隔岸苏安山上的炮台相呼应，扼住汕头海湾出入口，地理位置十分险要，是清代粤东地区的主要海防建筑。

崎碌炮台构筑奇巧，炮台总面积19 607平方米，其中城堡面积10 568平方米，有一条宽23米、水深3米的护台河环绕炮台一周。炮台内广场直径85米，全台直径116米，外墙高6米，内墙高5.15米。炮台分上下两层，各设18个炮位和若干枪眼，底层的炮巷4.1米，长约300米，深邃迂回。炮台内有一道27级波纹形石阶，设计巧妙实用，便于炮械循级推上台面。台面上有72个通风报花塔，每三个为一组，呈品字形鼎立。它是炮塔上下传达信息及供底层通风采光之用。炮台东北面有一月牙形点将台，用于指挥及观看兵丁操练，在点将台的西北角有一条螺旋石台阶通往炮巷。台阶较隐蔽，便于作战时疏散及向台面运送弹药。

崎碌炮台坚固严密，炮台里的火炮最大的一座为五千斛前膛洋炮，射程可达七八千米。炮台广场东北角有一口淡水井，是当时清兵生活饮用水。虽然水井离海边只有数十米，但水质却很甘甜清纯。

粤中地区之炮台主要有威远炮台、沙角炮台、大角山炮台、上下横岛炮台、官涌炮台、崖门炮台，肇庆郡岗炮台、龟顶山炮台、狮岗炮台、羚山炮台等。威远炮台等组成的虎门炮台群为中国沿海四大名炮台之一。

威远炮台始建于清道光十五年（1835年），是虎门寨主要炮台之一，位于镇威远岛南山前偏西南的海滩处，是当年虎门三道防线之中间一条，也是火力最强的一条防线。

威远炮台原有12个炮位，后又加建14个，许多都是6000斤的重炮，林则徐亲自试炮都能打到对面的山上，他十分满意。在炮台内部设有火药局、炮台巷道等建筑，现仍保存完好。威远炮台与靖远、镇远二炮台成品字形分布。当时靖远炮台规模最大、配炮最多，

古代烽火台

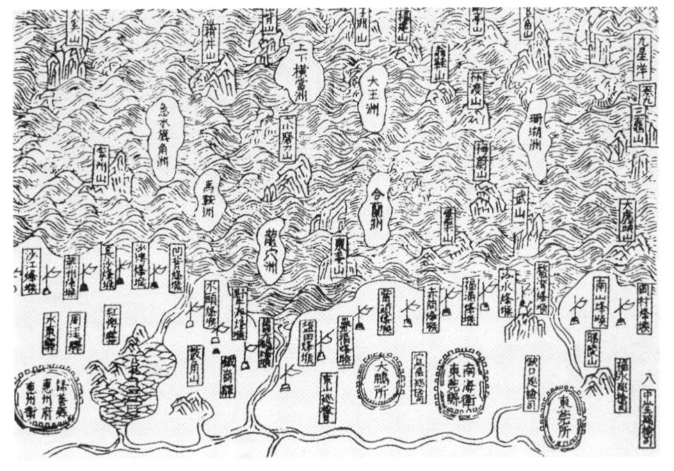

明代广东沿海烽火台（中路）

而且还是指挥台，但因战后英军极力毁坏没有完全保留下来。威远炮台是靖远的前沿，可封锁整个洋面，但位置低，观察不便，靖远高出许多，弥补了这一不足，而且可打前面炮火漏网的船只，前后呼应。

沙角炮台建于清嘉庆五年（1800年），是鸦片战争的古战场，当时的沙角炮台与大角炮台是虎门海口的第一道防线，被誉为粤海第一重门户。当时配有大小炮十三门，现存濒海台和刻有“沙角”字样的石牌坊各一座，大炮三门，还有沙角缴烟码头广场、临高台、节兵义坟、节马与陈联升塑像、捕鱼台、功劳炮、林则徐纪念碑等。

与沙角炮台成呼应之势的大角炮台由位于今广东南海大角山各山头的八个炮台组成。现安胜、安威、流星等炮台仅存地下工事和炮位，镇威台大炮为复制品。

崖门古炮台最早设置于清康熙五十七年（1718年），并形成雏形，后于清嘉庆十四年（1809年）正式设立兴建。

粤西地区之炮台主要有白沙炮台，三墩炮台，吴川东、西炮台，麻斜炮台，龙沙炮台，英罗炮台，安铺炮台等。

除关城和炮台外，广东沿海还有大量的烽火台。烽火台又称墩堠、烽堠，在古代通信技术低下的情况下，备军情应急之用。沿海边军一见烽火狼烟即协同驰援。[1]

---

1 《防守集成》1853年本。

崖门海战、崖山海战，指的是1279年（元至元十六年，南宋祥兴二年）中国宋朝军队与蒙古军队在崖山（今广东新会南崖门镇）进行的大规模海战。又称崖门战役、崖门之役、崖山之战、宋元崖门海战等。崖山位于今广东省江门市新会区南约50千米的崖门镇，银洲湖水的出海口，也是潮汐涨退的出入口。东有崖山，西有汤瓶山，两山之脉向南延伸入海，如门束住水口，就像一半开掩的门，故此地又名崖门。

1267年，发生了历时6年的宋元战争史上最激烈持久的襄樊之战，以南宋襄阳失陷而告结束。元朝军队在襄樊之战大破宋军后直逼南宋首都临安（今浙江杭州），宋德祐二年（1276年）宋朝朝廷向元求和，不成，5岁的小皇帝宋恭帝于是投降。宋度宗的杨淑妃由国舅杨亮节陪同，在朝廷密命摄行军中事的江万载父子所带殿前禁军的护卫下，带着自己的儿子即宋朝二王（益王赵昰、广王赵昺）出逃，在婺州（现浙江金华）与大臣陆秀夫会合，到温州后再与张世杰、陈宜中、文天祥等会合。封赵昰为天下兵马大元帅，赵昺为副元帅。

由于元军统帅伯颜的穷追不舍，二王只好继续南逃，到福州不久，刚满7岁的赵昰登基做皇帝，是为宋端宗，改元“景炎”。尊生母、宋度宗的杨淑妃为杨太后，仍由老臣江万载秘密摄行军中事，统筹全局；公开加封弟弟赵昺为卫王，张世杰为大将，陆秀夫为签书枢密院事，陈宜中为丞相，文天祥为少保、信国公并组织抗元。

赵昰做了皇帝以后，元朝加紧灭宋步伐。宋端宗景炎二年(1277年)，福州沦陷，宋端宗的南宋流亡小朝廷直奔泉州。张世杰要求借船，却遭到泉州市舶司、阿拉伯裔商人蒲寿庚拒绝，早有异心的蒲寿庚随即投降元朝。张世杰抢夺船只出海，南宋流亡朝廷只好西去广东。宋端宗原准备逃到雷州，不料遇到台风，帝舟倾覆，端宗差点溺死，被江万载救回，但宋军民的实际统帅江万载却因此被台风海浪卷走殉国，端宗也因此得惊悸之病，不久死去，由7岁的弟弟卫王赵昺登基，年号祥兴。赵昺登基以后，在左丞相陆秀夫和太傅(太子的老师)张世杰的护卫下逃到崖山，据此抗元。

宋祥兴二年（1279年），元世祖忽必烈派降将张弘范进攻赵昺朝廷。

崖山祠

后不久前攻占广州的西夏后裔李恒也带军加入张弘范军。此时，宋军兵力虽号称20多万，实际半数为文官、宫女、太监等非战斗人员，各类船只2000余艘；元军张弘范和李恒持兵10余万，战船数百艘。时宋军中有认为应先占海湾出口，保护西撤之路。但张世杰为防士兵逃亡，否决此议，并下令尽焚陆上宫殿和据点；并令千多艘宋军船只以“连环船”法用大绳索一字连贯于海湾内，安排赵昺的“龙舟”在军队中间。元军以小船载茅草和膏脂等易燃物品乘风火攻不成，以水师封锁海湾，以陆军断绝宋军汲水及砍柴道路。宋军被困。

宋祥兴二年（1279年）二月七日，张弘范将其军分成四份，宋军的东、南、北三面皆驻一军；弘范自领一军与宋军相去里余，并以奏乐为总攻信号。首先北军乘潮进攻宋军北边失败，李恒等顺潮而退。元军假装奏乐，宋军听后以为元军正在宴会稍有松懈。正午时元水师于正面进攻，伏兵负盾俯伏，在矢雨下驶近宋船，两军交战。一时间连破七艘宋船。宋师大败，元军一路打到宋军中央。这时张世杰早见大势已去，抽调精兵，并已经预先和苏刘义带领余部十余只船舰斩断大索突围而去。赵昺船在军队中间，43岁的丞相陆秀夫见无法突围，便背着8岁的赵昺投海，随行10多万军民亦相继跳海壮烈殉国。

为纪念崖门海战忠烈，明代在崖山建“崖山祠”，崖山祠是大忠祠、义士祠、寝宫、头门、诗碑廊、白鹇亭等祠庙的统称。自明成化十二年(1476年)在广东新会崖山首建“大忠祠”祭祀海战忠烈以来的五百多年中，有多种名称。1995年，中华人民共和国原主席杨尚昆亲笔题写“崖山祠”匾额，自此崖山祠正式定名。

据说小皇帝投海殉国时，传国玉玺也随着落入海中，至今仍深藏海底，佑崖海一带千百年来风调雨顺，物富是庶。民间更流传“崖门祭玺”活动。而今崖门海战文化旅游区设有传国玉玺模型，亦有香火。

据《宋史》记载，战后10余万具尸体浮海。张世杰希望奉杨太后的名义再找宋朝赵氏后人为主，再图后举；但杨太后在获宋帝赵昺死讯后亦赴海自杀，张世杰将其葬在海边。不久张世杰在风雨中不幸溺卒于平章山下（约今广东省阳江海陵岛一带海面）。

奉祀杨太后的“慈元庙”竣工于明弘治七年（1494年），至今已有500多年历史，是由明代大儒陈献章（陈白沙）等倡议并向朝廷奏准，由新会三江乡贤赵思仁出资助建。明弘治十三年（1500年）获孝宗皇帝赐额“全节”，所以又称“全节庙”。

而今，崖山祠一带辟为“宋元崖门海战文化旅游区”。

崖门海战一役是宋元之间的决战。战争的最后结果是元军以多胜少，宋军全军覆灭。赵宋皇朝陨落，南宋残余势力彻底灭亡，中国历史进入游牧民族蒙元的统治时期。

义士祠

中国近代史上一共有两次鸦片战争。第一次鸦片战争时间从 1840 年 6 月至 1842 年 8 月。第二次鸦片战争从 1856 年 10 月至 1860 年 10 月。第一次鸦片战争，是封建的中国变为半殖民地半封建的中国的转折点。第二次鸦片战争迫使清政府先后签订了《天津条约》《北京条约》等不平等条约，列强的侵略更加深入中国边疆和内地。

鸦片战争中帝国主义列强的大炮首先在广东沿海打开了封建帝国闭关自守的大门，中国人民奋勇抗击外来侵略者，虎门之战是其中极惨烈者，许多惊天地泣鬼神的壮烈故事由是而生。走进位于虎门的海战博物馆，人们领略当时海战之激烈，追忆将士浴血之勇猛。

海战博物馆位于广东省东莞市虎门海口东岸的威远炮台旧址附近，是一座专题性与遗址性相结合的博物馆，以鸦片战争古战场——全国重点文物保护单位虎门炮台旧址为依托，利用文物史料，向人们展示了当年中国人民抗击英国侵略的悲壮情景。该馆背山面海，占地面积 20.4 万平方米，建筑面积约 1 万平方米，由陈列大楼、宣誓广场、观海长堤等组成纪念群体。基本陈列有“鸦片战争海战”陈列和《虎门海战》半景画。“鸦片战争海战”陈列形象地表现了鸦片战争时期中英军事力量的对比及中国军队英勇抗击从海上入侵的英国侵略者的史实，热情歌颂了中国军民在反侵略斗争中表现出来的崇高的民族气节和强烈的爱国主义精神。《虎门海战》半景画，以写实的绘画与逼真的地面塑形与现代声、光巧妙结合，生动地再现了 1841 年 2 月 26 日虎门海战的悲壮场面。

1. 节兵义坟

在海战博物馆展厅有一块“节兵义坟”碑。这块碑位于广东省东莞市虎门镇沙角白草山。清道光十二年十二月十五日（1841 年 1 月 7 日），2000 多名英军袭击虎门沙角炮台，守将陈联升率守军 600 余人奋力还击，但由于投降派琦善拒发援兵，守军全部牺牲，大部分尸体被残暴的英军焚毁，其中 75 具四肢不全的遗体被当地群众偷出掩埋于白草山麓。

1958 年，海军某部官兵在修建码头开山挖土时，发现了骸骨和一尊阴刻“道光二十三年六月吉旦，节兵义坟，节兵共七十五位合葬”等字

“节兵义坟”碑

样的墓碑。发人深省的是这尊寥寥数字的碑面上，竟有两个错字，即繁体“节”（節）字的单反耳旁被错刻成双反耳旁，繁体“义”（義）下半部的“我”字少了一点。郭沫若认为，这两个错字并非刻碑人文化浅薄，而是群众为表达对清政府的愤恨故意错刻。“节”双反耳寓意清朝皇帝两只耳朵不听“逆耳忠言”，专信奸臣谗言，出卖国家和民族气节，为“错节”（无节）。“义”字少刻一点，寓意投降派听任英军杀我百姓，夺我国土，贪生怕死，不增援兵，为“错义”（无义）。两个字寓意清政府“无节无义”。“节兵义坟”在 1964 年和 1971 年先后进行维修，并重修碑记。

2.《三将军歌》和《义马行》

在海战博物馆展厅有一诗作《三将军歌》。该诗出自嘉庆道光年间岭南诗人张维屏。张维屏年届 60 时遇帝国主义疯狂入侵，有感于鸦片战争中英勇作战为国捐躯的三位清军将领陈连升、陈化成和葛云飞而作。

原序：三将军者，陈公连升、陈公化成、葛公云飞也。道光庚子、辛丑、壬寅，三公皆以御夷寇、力战殁于阵。余闻人述三公事，作三将军歌。

沙角炮台守将
陈连升雕像

三将军，一姓葛，两姓陈，捐躯报国皆忠臣。
英夷犯粤寇氛恶，将军奉檄守沙角。奋前击贼贼稍却，公奋无如兵力弱。
凶徒蜂拥向公扑，短兵相接乱刀落。乱刀斫公肢体分，公体虽分神则完。
公子救父死阵前，父子两世忠孝全。陈将军，有贤子，葛将军，有贤母。
子随父死不顾身，母闻子死数点首。夷犯定海公守城，手轰巨炮烧夷兵。
夷兵入城公步战，炮洞公胸刀劈面。一目劈去斗犹健，面血淋漓贼惊叹。
夜深雨止残月明，见公一目犹怒瞪，尸如铁立僵不倒，负公尸归有徐保。
陈将军，福建人。自少追随李忠毅，身经百战忘辛勤。
英夷犯上海，公守西炮台。以炮击夷兵，夷兵多伤摧。
公方血战至日旰，东炮台兵忽奔散。公势既孤贼愈悍，公口喷血身殉难。
十日得尸色不变，千秋祀庙吴人建。我闻人言为此诗，言非一人同一辞。
死夷事者不止此，阙所不知诗亦史。承平武备皆具文，勇怯真伪临阵分。
天生忠勇超人群，将才孰谓今无人？呜呼将才孰谓今无人，君不见二陈一葛三将军！

陈连升之战马被称为“节马”。在陈将军殉国后，其马被英军掳至香港，英军饲之不食，近则蹄击，跨则堕摇，以致忍饿骨立，持节绝食，亡于香港。后人立有节马碑，颂其节烈。今沙角炮台上有陈联升和他的节马像。

沙角炮台“节马”雕像

广东三水欧阳双南为赋《义马行》云：

有马有马，公忠马忠。公心唯国，马心唯公。
公歼群丑，马助公斗。群丑伤公，马驮公走。
马悲马悲，公死安归。公死无归，马守公尸。
贼牵马怒，贼饲马吐。贼骑马拒，贼弃马舞。
公死留铓，马死留髁。死所死所，一公一马。

广东中山小榄诗人何时秋亦有《义马行》热情歌颂陈联升父子为国捐躯后其坐骑宁死不屈的事迹。

3. 义勇之冢

海战博物馆内还陈列有“义勇之冢”碑。义勇之冢位于城区牛背脊山，下临林则徐销烟池旧址，是鸦片战争时虎门保卫战中清朝官兵合葬的烈士墓，被评为全国重点文物保护单位。

1841年初，英国侵略者逼迫琦善在和谈条件上签字，继1月7日重兵攻陷沙角炮台后，2月26日再调集10艘战舰、3艘汽船，拥兵2000余人强攻虎门第二重防线，首先占领下横档岛。翌日，以7艘战舰，载炮240门轰击仅距700米远的上横档炮台，当时守将达里保率师英勇抗击，双方激战数小时，英兵1000余人借助强大炮火掩护登陆，虎门水师浴血肉搏，伤亡惨重，上横档岛各炮台相继陷落敌手，守将达里保壮烈牺牲，10多个官兵不甘受辱而集体跳井殉国。战后虎门军民集其尸骸将他们就地安葬。清光绪十一年（1885年），这些烈士的骸骨被迁移至横档岛山边筑坟安葬，立碑“义勇之冢”。新中国成立后，文物工作者发现此墓，于1974年从荒无人烟的横档岛迁至牛背脊山山腰。该墓碑高0.8米，宽1.3

米，墓室宽5.17米，深9.55米，有“英灵钟吉地，佳水绕明堂”的对联颂其英烈。1982年，被国家文物局评定为全国重点文物保护单位。

“义勇之冢”碑

4. 挽联寄深情

海战博物馆陈列的一副对联，是林则徐悼念海战英雄关天培的。

关天培1834年受命任广东水师提督。在任六年，整束军纪，精心设防，将广东海防建设得固若金汤。林则徐到广东禁烟后，关天培积极配合林则徐收缴、销毁英商鸦片。侵华英军挑起穿鼻洋海战时，半月接仗六次，关天培身先士卒，把装备精良的英国侵略者打得落花流水。在以后的接仗中，关天培又在船民渔民的配合下，屡创英军，大长了中国人民的志气，大灭了侵略者的威风。后由于清廷腐败，林则徐受到诬陷，被革职。琦善接替林则徐之职后，卖国求荣，使关天培苦心经营的军队和海防设施遭到破坏。从1841年1月7日敌人开始进攻，到26日，广州一直没有增援，26日敌人猛攻，守兵已死伤过半，关也受伤10处，但仍重创敌舰3艘。敌人正面攻不上来，就利用广州不支援的形势，从后面爬上了炮台，关持大刀手刃敌人无数，最后壮烈牺牲，死后犹拄剑依壁，双眼怒睁，英军上来一看吓得纷纷扑倒在地。关天培时年62岁。林则徐当时正在流放去新疆的路上，闻讯痛不欲生，含泪作了一副挽联，中有一名句：“六载固金汤，问何人忽坏长城，孤注空教躬尽瘁。”

六載固金湯問何人忽坏長城孤注空教躬盡瘁
偉節歸魂相送面如生雙忠同坎壈聞異類亦欽

林则徐悼关天培挽联

三元里抗英显群力

在鸦片战争过程中，东南沿海人民和广东爱国官兵英勇抵抗，涌现出许多动人的事迹，其中以广州城北三元里人民抗英斗争的规模和影响最为著称。

三元里位于广州城北约2.5千米，接近泥城、四方炮台，是一个有着几百户居民的村落。

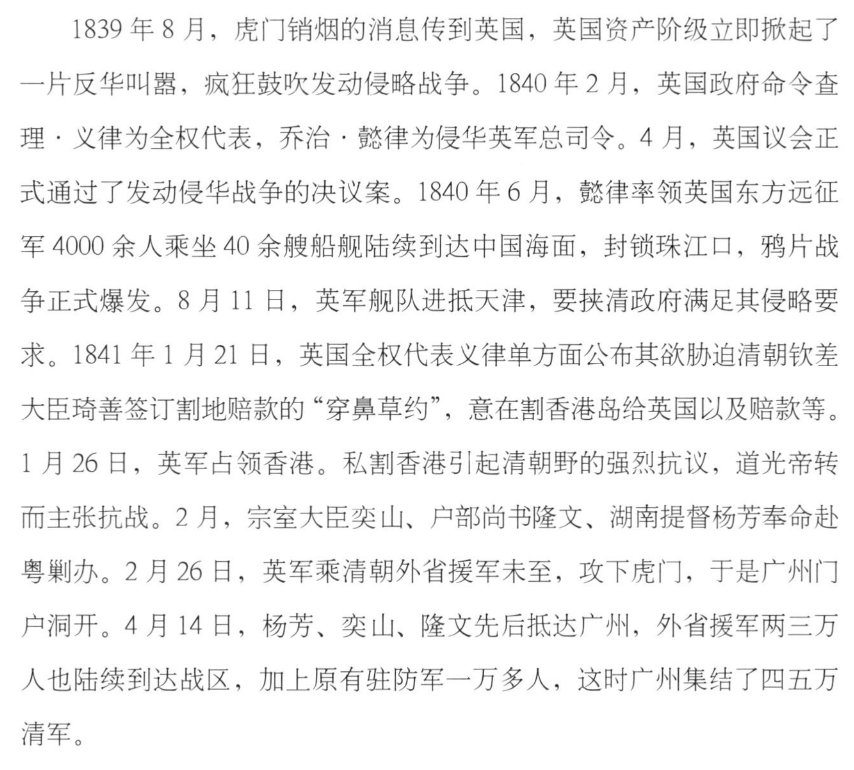

1. 义民群起，挥戈御侮

1839年8月，虎门销烟的消息传到英国，英国资产阶级立即掀起了一片反华叫嚣，疯狂鼓吹发动侵略战争。1840年2月，英国政府命令查理·义律为全权代表，乔治·懿律为侵华英军总司令。4月，英国议会正式通过了发动侵华战争的决议案。1840年6月，懿律率领英国东方远征军4000余人乘坐40余艘船舰陆续到达中国海面，封锁珠江口，鸦片战争正式爆发。8月11日，英军舰队进抵天津，要挟清政府满足其侵略要求。1841年1月21日，英国全权代表义律单方面公布其欲胁迫清朝钦差大臣琦善签订割地赔款的“穿鼻草约”，意在割香港岛给英国以及赔款等。1月26日，英军占领香港。私割香港引起清朝野的强烈抗议，道光帝转而主张抗战。2月，宗室大臣奕山、户部尚书隆文、湖南提督杨芳奉命赴粤剿办。2月26日，英军乘清朝外省援军未至，攻下虎门，于是广州门户洞开。4月14日，杨芳、奕山、隆文先后抵达广州，外省援军两三万人也陆续到达战区，加上原有驻防军一万多人，这时广州集结了四五万清军。

5月18日，英国舰队主力由香港出发，驶进珠江水面。英军兵力包括皇家海军第一营、第二营，皇家海军陆战队，皇家陆军第26步兵团、第49步兵团、爱尔兰联队第18团、马德拉斯步兵第37团、马德拉斯炮兵队、孟加拉志愿军队、工兵地雷队以及战舰10余艘，兵员共2393人。5月21日，英舰开近沙面，准备攻占广州。奕山企图侥幸成功，于5月21—22日，用200多只沙船、快船及火筏袭英舰，但惨遭失败，所备堵江木料和火攻油薪船60余艘尽为英军所焚。5月24日，英舰连续炮轰沿江各炮台及城内外民房，造成多处起火。清兵大部分龟缩城内，省城四门紧闭。5月24日下午，英军选择防备松懈的城西北登陆。5月25日，英军向城北各炮台推进，清军溃逃。英军迅速占领城北各炮台，并将司令部设于地势最高的四方炮台。英军炮火猛烈轰击山下的城墙及清军营地，英舰又炮轰奕山等要员所在的贡院，城内军民一片混乱。5月26日，奕山命广州知府余保纯向义律求和。5月27日，余保纯与义律签订停战协定，停战协定规定：①六天内奕山、隆文、杨芳率外省援军撤离广州60里；②七天内向英军交付战费600万元；③英军驻守原地，待外省援军全部撤出和赔款全部付清后，英军最后撤至虎门以外，并交还沿江炮台，但清军不得重新设防；④赔偿商馆的损失。

从5月28日开始，部分英军下山窜扰西北郊三元里及泥城、西村、萧冈等村庄，侵占民房，抢劫村民的粮食牲口，挖掘奇异的墓葬，搜索华丽的祠堂寺庙，奸淫妇女，无恶不作。英军的侵略暴行，不但使劳动人民蒙受了深重的灾难，也给地主士绅带来损害，因此，广大人民群众和爱国士绅对英国侵略者同仇敌忾。各乡绅民便利用旧有的社学形式自动组织起来，保卫身家田园，开展打击英国侵略军的斗争。1841年5月29日，一股英军又窜到三元里一带抢劫骚扰，对正在祭社神、年轻美貌的韦绍光之妻李喜任意调戏，韦绍光见状，忍无可忍，愤起怒击英军。乡人齐起相助，击毙英军多人，将尸体弃于附近的猪屎坑里，其余的英军狼狈逃回营地。三元里村民估计英军可能会来报复，决定在牛栏冈开会，一起商量对付敌人的方法。5月29日下午，各乡代表和各社学的领导人纷纷来到了牛栏冈，曾和英国侵略军战斗了几日的林福祥、杨汝正也从石井赶来。参加聚会的有农民、水勇、士绅，因此牛栏冈之会是有广泛性的代表大会。会上，三元里农民报告了他们与敌人战斗的情形，林福祥也叙述了他和英国侵略军作战的经过，并对到会的人"激以忠义，怵以利害"，说得大家"怦怦欲战"。会议最后议定：各乡自成一单位，各备大旗一面，自举领队一人，指挥作战；各乡准备大锣数面，一有警报，一乡鸣锣，众乡皆出；各乡15岁以上50岁以下男子一律出动；和敌人作战不采取正面进攻的方式，而用诱敌深入聚而歼之的包围战术；以牛栏冈为决战地点。散会以后，各乡代表回到本村，连夜动员，准备来日大战。他们决定采用诱敌深入的战术，利用牛栏冈附近丘陵起伏的有利地形伏击敌人。

1841年5月30日清晨，三元里和附近各乡五六千群众，手持锄头、铁锹、木棍、镰刀、石锤、鸟枪，向英军占据的四方炮台发动佯攻。英军除留少数人驻守炮台外，500余人由司令卧乌古率领向群众进攻，企图一举消灭这支英勇的队伍。村民鸣锣告警，附近乡村闻风而动。三元里人民按原定计划且战且退，诱引英军向前推进。英军进入牛栏冈伏击圈后，忽然螺号、战鼓齐响，埋伏在四周的武装农民突然出现，勇敢地向英军发起冲锋。附近 103 乡的数万群众也从四面八方赶来歼敌，将敌人团团围住。英军司令卧乌古指挥部下从两路突围，武装群众立即从两边包围，并抓住有利时机，冲上去肉搏。霎时间，“刀斧犁锄，在手即成军器。儿童妇女，喊声亦助兵威。斯时也，重重叠叠，遍野漫山，已将夷兵围在核心也”。恰好雷雨大作，敌人的火药淋湿，枪炮无法使用，武装群众个个精神抖擞，越战越勇，英军被打得东奔西窜。英军司令卧乌古和他的参谋长临阵逃脱，英人佯说他与军队失去联络。军需长毕霞被击毙，英人说他中暑身亡。当晚，英军第 37 团第 3 连的 60 名官兵，被数千名农民围困于牛栏冈。执旗官伯克莱中尉被杀，30 名士兵受重伤，连长赫德斐尔德中尉靠印度兵的刺刀方阵护卫才得以苟全性命。前去搜寻救援第 3 连的两支水兵分遣队，虽然携带了不怕雨淋的雷管枪，但也遭到 3000 余名农民的围攻。第 37 团团长达夫头部受重伤，后死于澳门医院，英人却说他在阵地受脑膜炎感染。这些被中国农民武装分割包围的英国军队经农民群众数小时追逐、包围和刺杀后，伤亡过半。一直折腾到晚上 9 时，四方炮台的英军赶来支援，被围的英军才侥幸退回炮台。

三元里平英团用过的武器

5 月 31 日，广州附近的佛山、番禺、增城、花县等县 400 余乡群众赶来支援三元里人民，数万名群众将四方炮台围住，群情激昂，刀矛如林，杀声四起。义律率兵来救也被围困。敌人狗急跳墙，派奸细混出重围，送信至广州知府余保纯，威胁说如果不制止群众的行动，则立刻扯下休战旗帜，恢复敌对行动。余保纯慌忙出城，到英军军营中道歉，宣称群众的反英活动并没有得到官府的支持。同时保证解散包围英军的群众队伍。余保纯对群众进行恫吓、欺骗，才勉强保着英军撤出重围，退回虎门。义律为掩饰其失败的狼狈相，便张贴了一张污蔑广州人民的告示，说：“百姓此次刁抗，蒙大英官宪宽容，后勿再犯。”三元里人民立即张贴《广东义民告英人说帖》《三元里等乡痛詈鬼子词》等告示，揭露英国的侵略，痛驳义律的谬论：“其时我们义民，约齐数百乡村，同时奋勇，灭尽尔等畜类。尔如果有能，就不该转求广府，苦劝我们义民使之罢战。今各乡义民既饶尔等之命，尔又妄自尊大，出此不通告示。……尔妄言宽容，试思谁宽容谁？”并明确表示：“我等义民……不用官兵，不用国帑，自己出力，杀尽尔等猪狗，方消我各乡惨毒之恨也！”

在这次三元里人民抗英战斗中，英军伤亡惨重。根据英国人自己的统计，战后有1100多名官兵被送进澳门医院，不少人不久又被送进坟墓。有的团队只剩下寥寥数人。马德拉斯步兵第37团的560人只剩下60名持枪手。“康威”号战舰已变成一座海上医院，“摩底士”号和“前锋”号战舰只剩下15名水手。许多官兵在澳门医院康复后也被免除兵役，显然是伤残到不堪使用了。

2. 影响与纪念

为纪念三元里人民的英雄事迹，广东省政府建立了三元里人民抗英斗争纪念馆，位于广东省广州市三元里大街145号，原为一座建于清初供奉北帝的道观（俗称“三元古庙”）。

三元里人民的抗英斗争，揭开了近代中国人民反侵略斗争的序幕，成为中国人民反侵略斗争的一面光辉旗帜。它打击了侵略者的嚣张气焰，显示了中国人民不甘屈服，敢于同敌人斗争的民族精神和英雄气概。它使中国人民认识到“官兵不可恃”“鬼子不可怕”，只要人民团结战斗，侵略者完全可以打败。它的胜利大长了中国人民反侵略斗争的志气，极大地鼓舞了中国人民不畏强暴，敢于同西方资本主义强盗拼搏的斗争勇气，激发了中国人民的爱国心。在三元里人民抗英斗争的直接影响下，广州人民烧洋馆、反租地、反入城等一系列斗争延续了10年之久。它向全世界揭示：中国人民是反侵略的主力，中华民族是不可征服的。

三元里人民抗英斗争纪念馆

三元里人民抗英烈士纪念碑

“广州湾”位于广东西部雷州半岛的东北部，即今天的湛江市所在地，是我国古代就已有的地名，并不是近代法国强行“租借”时创立的地名。最早记载广州湾这一地名的书籍是明朝郑若曾的《筹海图编》，当时的广州湾在行政上属今吴川县管辖。明末清初顾炎武的《天下郡国利病书》卷九八载:“吴川县广州湾在南三都地方。”顾祖禹《读史方舆纪要》载:“吴川县南四十里有广州湾，海寇出没处也，向设兵戍守。”此外《广东通志》《高州通志》《吴川县志》《雷州府志》《遂溪县志》均有对广州湾的记述，只是把“州”写成“洲”，因为当地居民总是把海岛称为洲。但法国在19世纪末强占的“广州湾租借地”与以前的广州湾范围是不同的。

19世纪末，帝国主义列强掀起了瓜分中国的狂潮，其中，法国侵略者以雷州半岛的广州湾（今湛江市）作为其侵略的目标，由此引发了广州湾人民激烈的反抗。广州湾人民抗法斗争发生于1898—1899年，是一场以农民为主力、有地方官绅和各界人士投入的反抗法国强租广州湾的大规模武装斗争。它同虎门销烟、三元里人民抗英一起被列为中国近代广东人民三次大规模的爱国反帝斗争而彪炳史册。这场斗争由于当时发生战斗的地方已经属于现湛江市行政区域，所以也称湛江人民抗法斗争。

1. 强划“租借地”

1895年中日甲午战争以后，以俄国、德国、法国三国“干涉还辽”为契机，资本主义列强在中国疯狂地划分势力范围，强占所谓的“租借地”。

广州湾具有重要的军事与经济意义。海南在其西南，香港在其东北，港内水深，湾泊甚便，进口狭窄，而内里海面阔大，遭遇台风时，船舰可安然泊驻湾内。加上广州湾的赤坎城为贸易要区。占据了广州湾，不仅可以建港停泊军舰，驻扎军队，还可以作为通商口岸。

早在1701年7月，法国船“白瓦特”(Bayard，又译白雅特）号，由安非特里德船长带领来到中国海面，遇台风，停泊于广州湾避风，乘机登陆窥探，见地形重要，港湾优良，便探测水道，绘制地图，回国时提交法国政府。法帝国主义早已有东侵的企图，发现了广州湾这个地方之后，向东侵略的野心加速膨胀。

1898年3月11日，法国驻华公使馆代办吕班根据法国外交部长哈诺德的训令，向清总理衙门递交照会，提出四项无理要求，其中一项便是要求“在南省海面设立趸船之所”。4月9日，法国向清政府要求将“广州湾作停船趸煤之所租与法国国家九十九年”。4月10日，清政府与法国互换照会，承认“同意租借广州湾与法国，租期九十九年，租界四至另议”。但法国的真正目的在于建立一个军事港口，没有等到划定租界的具体界线，4月22日便出兵遂溪县境内，在今湛江市霞山区沿海登陆，修筑炮台，以扩大其占领范围。在战争形势的逼迫下，清政府派广西提督苏元春主持划界，于1899年11月16日正式规定了租界的范围。广州湾租界范围在北纬24度45分与21度17分、东经107度55分与108度16分之间，跨遂溪、吴川两县部分陆地及两县之间的海港水域（今湛江港）。法国人把租界范围内的陆地、港湾总称广州湾，总面积达518平方千米，租期为99年。

法国在广州湾设立总公使署进行管理，其最高行政官员是总公使。租界内最初划分为二城三区。二城即东营（今麻斜岛）、西营（今霞山区），三区即赤坎（今赤坎区）、坡头（今坡头区）、淡水（今湛江市硇洲岛）。每区设区长一人，由法国人担任。区下又设乡，各乡设公局，公局长则由华人充任。1911年废区乡制，采用代表制，在赤坎、西营两市区设市长，其余各乡由法人派代表治理。在今湛江市霞山区仍存“广州湾法国公使署”建筑物，为广东省文物保护单位。

1943年3月，日本出兵广州湾，广州湾沦入日本人统治之下。抗日战争胜利后，国民政府外交部次长吴国祯与法国政府驻华大使馆代办戴立堂于1945年8月18日在重庆签署了《中华民国国民政府与法国临时政府交收广州湾租借地专约》，规定中国外交部与法国驻华大使馆各派一名代表组建“中法混合委员会”，协助当地政府处理关于交收之一切紧急问题，并且采取一切必要步骤，将法国之文武人员在良好之状况下遣回本国。国民政府命令第二方面军司令长官张发奎派粤桂南区总指挥邓龙光负责收复广州湾，并宣布把广州湾改为湛江市，属广东省直辖市。1945年10月19日，中法举行了交接广州湾租界典礼，广州湾正式归还中国。至此法租界广州湾总公署大本营画上了句号，结束了它47年的殖民统治历史。1958年6月，湛江市人民政府发出通告，把带有殖民色彩的“东营”改为“麻斜”，“西营”改为“霞山”。从1974年10月起出版的中国地图，也正式把广州湾海域改名为湛江港。

海头港抗法誓师旧址：海头港村天后宫

2. 群起抗法，保家卫乡

再回到 1898 年 4 月，当时中国和法国只是互换了照会，两国政府尚未派员协商和签订广州湾租借条约，也没有派员共同勘查和确定租借地的范围，法国侵略者就迫不及待地派三艘军舰，从安南（今越南）起航驶过北部湾、琼州海峡直航北上，从硇洲岛东面扑来，企图以武力强占广州湾。1898 年 4 月 22 日，法军军舰驶入海头港海面，在法国与清朝未勘界之前强行在海头港炮台登陆，升起法国国旗，接着在海头港村一带毁屋挖墓，强占村民土地建兵营。海头港村民到炮台与法军交涉，法军竟向手无寸铁的村民开炮，打死 43 人，伤 20 余人。之后法军还多次向海头港村开炮轰击，其中一炮击中正在商议抗法对策的吴毓清兄弟七人和霞山村抗法壮士黄那练、黄那炳兄弟二人，酿成一炮炸死九人的惨剧。海头港村村民开始以各种方式袭击法兵。吴玉海首先奋起，以火药枪打死一名法兵。5 月 1 日，海头港村吴、赵、陈三姓村民商议，确定以吴氏“世昌公祠”为抗法议事点，随即在天后宫召开包括霞山村 10 多名抗法壮士在内的共 200 多人参加的海头港村首次抗法誓师大会，推举吴大隆、吴大积为领头人，吴玉海、吴邦生、赵广福等为带队人。

5 月 24 日，海头、南柳等村抗法义勇军近 1000 人兵分三路，向法国军营发起进攻。激战一天，伤毙法军数十名。9 月 7 日，南柳抗法义勇军在坎坡岭与法军激战，伤毙法兵 20 余名。9 月 8 日早晨，七八百名法军疯狂反扑，包围南柳村，放火烧屋，“火光连天，浓烟蔽日，屋宇倒塌之声，震动天地”。虽然抗法义勇军付出了惨重的代价，吴邦泽、吴大隆也不幸在战斗中壮烈捐躯，但海头、南柳等村民众的英勇斗争，揭开了广州湾人民抗法斗争的序幕。

广州湾人民自发组织起来，“欲合众志，以复深仇”，拿起武器，与法国侵略者浴血奋战。1899年年初，遂溪农民趁清政府允许各地举办团练之机，集体捐银4万两，购置枪械，组织起了民众的武装力量团练。遂溪团练共有1500人，分成6团，分驻麻章、黄略、平石、志满等村，以曾隶广西冯子材军麾下，颇有军事经验的麻章绅士冯绍琼为团练总负责人（称“团总”），团练成员称“团丁”“练勇”。团练规定：“仗急时男丁十七岁上，五十岁下，齐心出战，不得躲匿。”“杀得法人首级一只，赏给花红钱十千文。割得法兵对耳，给花红钱五千文。”可见，遂溪团练的宗旨在于抗击法国侵略者，捍卫国家的主权。

法帝国主义为进一步扩大侵略，于1899年5月27日，提出一份所谓“广州湾公约草案”，送交清总理衙门。6月，法国外交部命令法国远东舰队分队对广州湾实行武装占领。于是法兵进驻赤坎、门头、新圩、黄坡等地。法军声言租界已划至万年桥（现在遂溪县的青年运河渡槽附近），准备在赤坎、沙湾等地建造兵营。法军还查收遂溪、吴川粮册，到处张贴告示，催收赋税，入村焚掠，修筑军事道路，作久占之计。在法国侵略者气焰甚嚣尘上，频频出兵四处占领土地，骚扰民众，而清政府又畏敌如虎，一再妥协退让的情况下，1899年8月，广州湾各村抗法勇士和新建成的遂溪团练义勇、团丁在黄略村东南的赤泥岭上举行誓师大会。各村群众参加者逾万人，遂溪县知县李钟钰亦来参加，检阅队伍，勉励练勇保卫乡土。与会军民饮酒立誓，决心御敌守土。会后列队到赤坎游行，高呼“保卫家乡就要打法国鬼”“富人出钱，穷人出命”等口号。1899年9月，遂溪团练义勇1500人和群众数千人武装游行示威，抗法守土气氛空前高涨，并在新埠、麻章、黄略和平石等地给来犯的法国侵略军以沉重的打击。

法军意识到遂溪团练的存在对他们的侵略扩张是一大障碍，急欲将遂溪团练一举消灭。黄略村大人众，是团练总部所在地，所以法军决定先对黄略村开刀。1899年9月4日，法军用声东击西之计，故意放出风声，称明日将攻打麻章。9月5日一早，黄略练勇紧急赶赴麻章，准备配合麻章练勇抗敌。但事实上，法军只以少量兵员做出进攻麻章的姿态，其主力却悄悄地由赤坎埠外渡河，绕路直趋黄略村背。但是黄略练勇发现了法军，旋即回村应战。战斗打响后，黄略村民齐出助战，毗邻的华丰、平石、麻章各村练勇也闻讯赶到参战。法军见寡不敌众，只得撤退。王如春是黄略村著名抗法英雄，他1870年出生，4岁时丧父，6岁时母亲改嫁，后跟随祖父以拾猪粪卖钱为活。1882年，12岁的王如春被卖到新加坡当童工，18 岁从新加坡第一次回乡与叶氏完房成亲。之后，一直来往于中国与新加坡、印度尼西亚、缅甸、越南等国做生意。1898 年法国入侵广州湾后，王如春毅然回国参加抗法斗争，他不仅出钱购买土枪土炮，还亲自组织和带领黄略村义勇，深夜潜入法国侵占的赤坎抓汉奸。1899 年 9 月 29 日深夜，王如春率领义勇 20 多人潜入赤坎潮州会馆，锄斩汉奸陈敬伍，后来又锄掉了 6 名汉奸。王如春是黄略村抗法的组织者，是扛着土炮冲锋在前、抗击法国侵略者的勇士和英雄。

1899 年 10 月 14 日，法军又以 800 余人，分三路进攻黄略村，其来势凶猛，志在必得。黄略练勇英勇抵抗，终因寡不敌众，伤亡严重，退入村中竭力固守。法军用驴马驮开花炮，至高岭轰击该村，使房屋被焚，村民逃散，练勇失去抵抗的根据地。法军占据了该村，当晚，法军四出，将附近 10 余小村尽行放火焚烧，火光冲天。10 月 15 日，遂溪各团练齐集，经过一番奋战，终于将黄略村收复。这一战，抗法民众付出了沉重的代价，黄略练勇死 39 人，伤 34 人；华丰练勇死 21 人，伤 8 人。黄略人民抗法的斗争，谱写了一曲“以一村之民，抗一国之师”，令侵略者闻风丧胆的英雄赞歌。

1899 年 9 月 27 日，为法人效劳的一个姓张的通事（翻译）的胞弟携带家眷由雷州路经麻章铺仔坪，被当地百姓获悉截留，扣为人质，想借此迫使法国侵略者放弃对当地的占有。法人以此为借口，嫁祸于麻章团练。1899 年 10 月 5 日，法国军舰三艘驶入赤坎沙湾，发炮向麻章轰击，然后派兵 400 余人，从洪屋下村和东菊村分两路进攻麻章。麻章练勇在东菊村与法军相遇，他们利用深坎作掩蔽，用抬枪和毛瑟枪向目标暴露的法军密集射击，打得法军狼狈不堪。黄略、文车、志满、平石等地的义勇又赶到助战。此时，义勇、团丁加上武装村民有千余人，人人奋勇向前，激战至下午 6 时，法军大败，狼狈乘军舰逃回海头。东菊之战，击毙法军官兵 8 人，伤 70 余人，我方仅伤 9 人，是抗法斗争中最大的一次胜利。

在广州湾人民抗法斗争不断取得胜利的时候，清政府却向法侵略者节节退让，1899 年 11 月 16 日，清朝钦差广州湾勘界大臣太子少保广西提督苏元春和法国钦差广州湾勘界全权大臣水师提督高礼睿签订了《中法广州湾租界条约》，将遂溪、吴川两县属部分陆地、岛屿以及两县间的麻斜海湾（今湛江港湾）划为法国租借地，统称“广州湾”。广州湾从此成了法国的租借地，期限 99 年。法国慑于民众的威力，大大缩小了广州湾的租借地界址，不得不将租借地西线从万年桥（现遂溪县新桥附近）退至赤坎西面的文章河桥（今赤坎寸金桥），租界范围从纵深 50 余千米缩小至 15 千米。后来，法国政府为了纪念“白瓦特”号军舰的功劳，还把广州湾城称为“白瓦特城”。

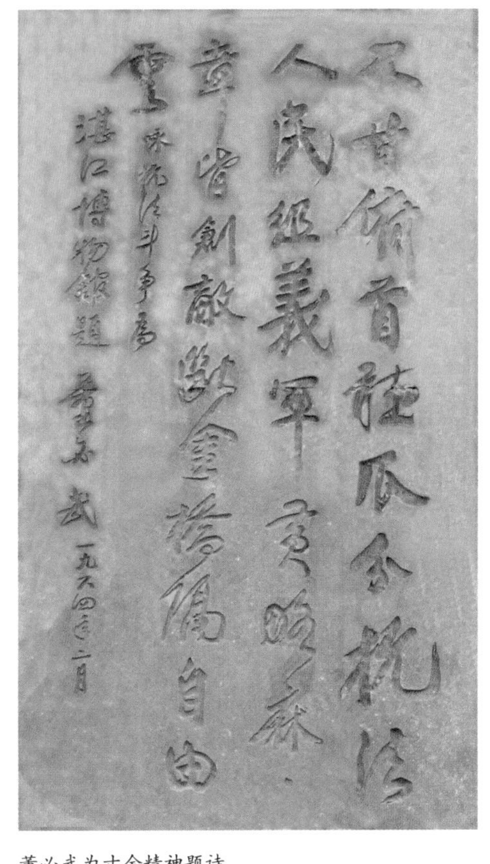

董必武为寸金精神题诗

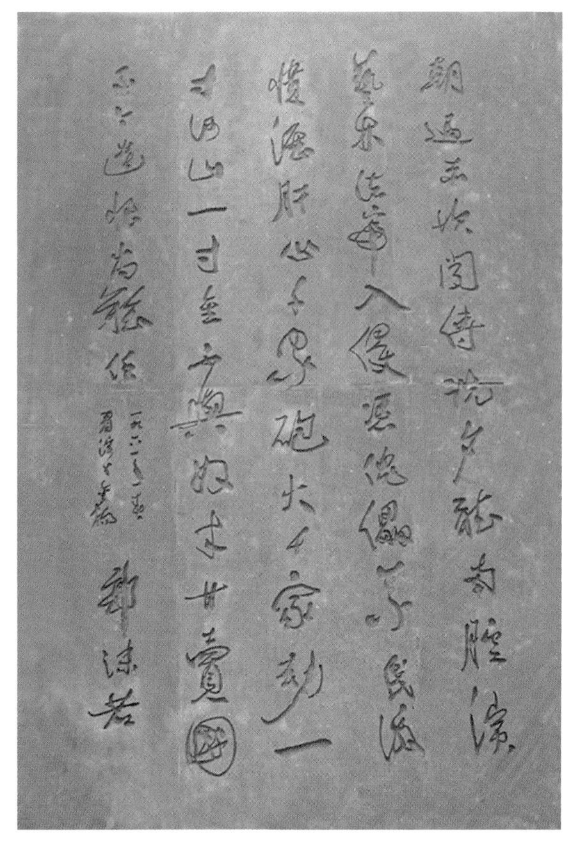
郭沫若为寸金精神题诗

3. 寸土寸金，浩气长存

广州湾人民英勇顽强的抗法斗争持续了一年半之久，给法国侵略者以沉重的打击，表现了中国人民敢于抵抗强敌入侵的不屈不挠的英雄气概，谱写了一首荡气回肠、可歌可泣的爱国主义诗篇，在中国近代史上写下了光辉的一页。“千家炮火千家血，一寸河山一寸金”。郭沫若 1961 年在湛江的题诗，是这一伟大斗争概括而形象的反映。“寸金浩气”成为湛江八景之一。

寸金桥源出西山狗岭矿泉，俗称狗岭河，因流经文章村，故名文章河，又因在赤坎也称赤坎河。寸金桥东西走向，1921 年建木桥，继改砖桥，俗称“文章桥”“湛水桥”，后被水冲塌。1925 年，麻章绅民另建石桥，成水泥铺面单孔石桥，长 19 米、宽 12 米，两侧各立栏柱 18 根。后改名寸金桥，桥名含中华国土寸土寸金不容外敌侵占之意，以纪念 1898 年当地人民的抗法斗争。此桥也是当时该地法租界的边界处。1964 年 2 月国家领导人董必武来湛江，为桥题诗：不甘俯首听瓜分，抗法人民组义军，黄略麻章皆创敌，寸金桥隔自由云。

郭沫若也有“一寸河山一寸金”的诗句。

1986 年 7 月，湛江市人民政府再修寸金桥，桥宽扩至 22 米、伸长 24 米，为水泥钢筋结构。寸金桥今为湛江市文物保护单位。

寸金桥公园位于赤坎区西部，建于 1958 年，原名“西山公园”“人民公园”。1981 年 3 月，因纪念湛江人民抗法斗争的英雄事迹而改名。园内正对大门有一座抗法英雄雕像。雕像高 9 米，用花岗岩雕成，由湛江市雕塑家简向东创作。这幅湛江旅游八景之一的“寸金浩气”告诉我们，这是一座有着不寻常历史的城市。

2003 年，寸金桥公园再添一景——寸金纪念广场。纪念广场的主体则是位于广场中央的一座大型艺术浮雕墙。这座浮雕墙高 3.15 米、宽 11 米、厚 0.5 米，黑色花岗石基座上铭刻了“寸土寸金，浩气长存”和“1898—1899”的字样。浮雕是由红砂岩雕刻而成，共分为“南海烽烟”“红土魂”“浴血抗战”“忠魂颂”“半岛砥柱”五幅。中间还有一座半圆雕——一位参加过抗法斗争的老人正在给孩子们讲述当年的英雄事迹。整座浮雕墙上的人物栩栩如生、浑然大气，令人油然而生敬意和豪情。

绕浮雕墙拾阶而下，是一个临湖的半圆形观景台，可以看到浮雕墙背后的碑文和诗句。碑文中简要记载了 1898 年、1899 年湛江人民抗法斗争的英勇事迹和寸金桥的由来。碑文左侧是董必武为寸金桥的题词，右侧是郭沫若到湛江题的一首诗。

寸金桥公园内豪气彰显的抗法英雄雕像

中国海洋文化

广州任上开眼四洲、鼎力禁烟的林则徐
郑观应及其《盛世危言》
变法图新康有为
学术巨子梁启超
近代中国走向世界第一人
中国留学生之父
孙中山及其海洋观

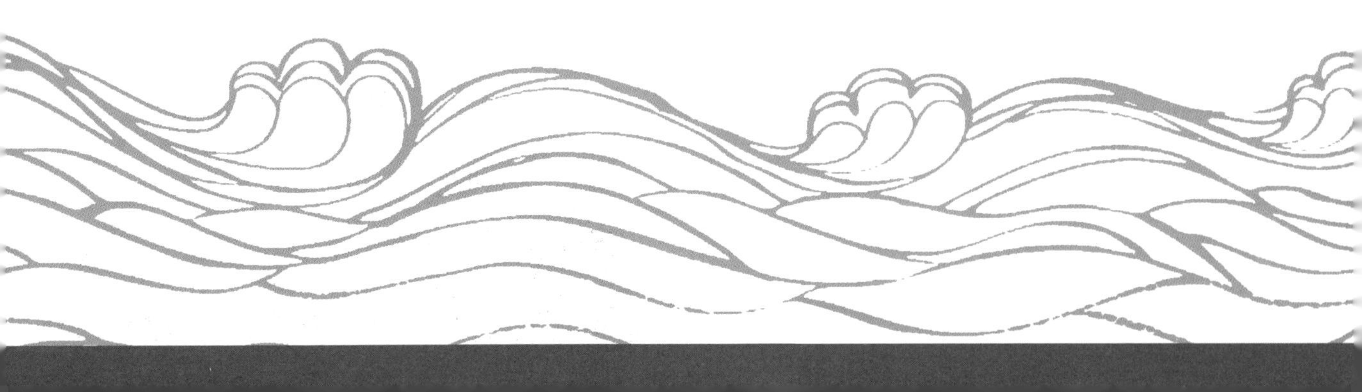

第七章

开近代风气之先的海洋名人

慨当以慷，忧思难忘。

尺牍累累言社稷，赤子期期论兴亡。何须言肝肠。

——题记

南粤濒临南海，位挟三江，自古人物，别韵悠久。在南粤这片文化沃土上，名公巨儒，前后相望。最负盛名者如：“中国历史上第一位巾帼英雄”，南北朝岭南俚人领袖冼夫人；唐代著名诗人刘禹锡；唐开元丞相，被誉为“岭南第一人”的张九龄；著名的思想家、教育家，被称为“广东第一大儒”的陈献章（陈白沙）；明末抗金名将，民族英雄袁崇焕；明末抗清英烈陈子壮；明末清初爱国诗人，“岭南三大家”之一屈大均；广东汉学第一人陈昌其；清朝一代文宗阮元；嘉庆、道光年间以诗著称，与黄培芳、谭敬昭号称“粤东三子”的张维屏；中国近代史上启蒙思想家、维新变法领袖康有为、梁启超；外交家、政治家黄遵宪；太平天国杰出领袖洪秀全；主持虎门销烟的林则徐；留学教育家容闳；资产阶级革命家孙中山；爱国名将邓世昌；人民音乐家、作曲家冼星海等，史不绝书。还有历代被贬岭南之羁人谪宦，后者如南朝之谢灵运；唐朝之韩愈、刘禹锡、宋之问、李邕、牛僧孺；宋朝之苏轼、秦观、崔与之、寇准、余靖、苏辙、李纲、张浚；明朝之汤显祖、高攀龙等。他们将古代中原文化传播到岭南，成就了岭南文化的历史提升，也体现了岭南文化特有的兼容气派。从张九龄到康有为、梁启

林则徐塑像

超，再到陈垣、陈寅恪、陈残云、秦牧等，他们上承前修，下启来学，或文采风流，或哲思邈远，或翰墨传神，或声艺超绝，对于岭南文化的发展有着无可替代的拓荒之功。前贤往矣，声华长存。

尤其需要突出强调的是广东近代海洋名人引领时代风潮、开风气之先，在南粤和中华大地上演出了由“启蒙发聩——改良维新——民主革命”组成的三部曲。梁廷枏、林则徐、郑观应、康有为、梁启超、黄遵宪、容闳、孙中山等一代巨子名垂青史。梁廷枏不仅在《广东海防汇览》编撰中功不可没，而且主撰《粤海关志》《海国四说》。陈冰说，要是为近代“抬眼看世界”的先驱排名，顺序应当是梁廷枏、林则徐、魏源、徐继畲。不过，历史更看重林则徐、魏源开出的“药方”，接着衍生出张之洞的“中学为体，西学为用”以及康有为、梁启超的中国式君主立宪……

林则徐被称为“开眼看世界第一人”，力倡“禁烟”和海防。

郑观应的《盛世危言》是中国思想界中一部较早地认真考虑从传统社会向现代社会转变的著作，是一个全面系统地学习西方社会的纲领，以水师论、炮台论、船政论、海防论谋划中国海洋。

康有为导演变法的精彩，以世界思维描绘诱人的“大同世界”。

梁启超是变法骨干、学术巨子，倡言海洋、励民图强。

黄遵宪为“近代中国走向世界第一人”，开诗界新风，办《时务报》力主维新，以开放思维呼吁效仿“西法”，意在实现中国的近代化。

容闳是“留学之父”，中国留学教育的功臣。

孙中山领导辛亥革命，推翻帝制，以海权论警醒国人。

广州任上开眼四洲、鼎力禁烟的林则徐

林则徐（1785—1850 年），福建侯官县（今福州市）人，历任江南道监察御史，江苏和陕西等省按察使，湖北、湖南、河南等省布政使等职。1832 年，升江苏巡抚。1837 年，升湖广总督。林则徐为官清廉正直，办事干练果断，具有强烈的爱国思想，力主抵制鸦片，鼎力禁烟，林则徐积极主张了解和学习西方，被称为中国近代史上“睁眼看世界的第一人”。因鸦片战争清政府的失败而成为替罪羊被发配伊犁。

1. 生平

林则徐早年家境贫寒，受过良好的教育。1804 年中举人，1811 年中进士，入翰林院为庶吉士，授编修。

清嘉庆十九年（1814 年），林则徐加入宣南诗社，结交龚自珍、魏源等人，林则徐成为他们的领袖。

清道光三年（1823 年），林则徐任江苏按察使，因政绩被江苏人民称颂为“林青天”。他认为江苏之风气败坏，全因鸦片害人，下令江苏禁烟。道光十二年（1832 年），他调任江苏巡抚，在农业、漕务、水利、救灾、吏治各方面都做出过成绩。道光十七年（1837 年）正月，升湖广总督。

1837—1838 年，林则徐在湖广总督任内就以禁绝鸦片为己任，大张旗鼓地开展禁烟运动。1838 年 10 月 15 日，林则徐给道光皇帝上了著名的《宜重禁食烟以杜弊源》密折。林则徐在奏折中痛陈了鸦片的危害，“若犹泄泄视之，是使数十年后，中原几无可以御敌之兵，且无可以充饷之银”。林则徐的奏折打动了道光皇帝，即同意采取林则徐的主张，彻底禁烟。1838 年 10 月，道光帝下令各省认真查禁鸦片，并将弛禁派的许乃济降级。道光帝召林则徐入京，一连八日，天天召见林则徐商谈禁烟事宜。1838 年 12 月 31 日，道光帝任命林则徐为钦差大臣，节制广东水师，前往广东查禁鸦片。

林则徐禁烟抗英有功，却遭投降派诬陷。1840 年 1 月，林则徐接替邓廷桢为两广总督。1840 年 6 月，鸦片战争爆发后，林则徐在广州严密防守，英军侵犯广州未能得逞，于是北进，7 月攻陷定海，8 月直逼天津。在投降派穆彰阿、琦善的诬陷下，1840 年 10 月，道光帝以“办理不善，误国病民”的罪名，将林则徐革职，56 岁的林则徐被贬至伊犁。在赴戍途中，仍忧国忧民。

清道光二十五年（1845 年）开始，朝廷重新起用林则徐，调他任陕甘总督、陕西巡抚、云贵总督。道光二十九年(1849 年)因病辞归。道光三十年(1850 年)清廷为进剿太平军作乱，再任命他为钦差大臣督理广西军务。不幸的是，在赴任途中林则徐于 1850 年 11 月 22 日暴卒于广东潮州普宁县行馆，终年 66 岁。死后清廷晋赠其太子太傅，照总督例赐恤，历任一切处分悉行开复，谥文忠。

2．虎门销烟壮国威

虎门销烟是中国人民反抗帝国主义侵略，维护中华民族生存的伟大爱国斗争的光辉起点，在近代中国人民革命斗争史上意义重大，影响深远。

鸦片的危害及禁烟问题的分歧

18 世纪末至 19 世纪的中叶，中国处于清王朝统治的后期，也处在中国两千多年的封建制度的末期。经济落后、政治腐败、军备废弛、思想文化陈旧、对外闭关自守。

在清王朝走向衰落的时候，英国却在殖民掠夺的血雨腥风中迅速发展起来，成为世界上头号资本主义强国。继英国之后，19 世纪前期法国、德国等也开始了工业革命，资本主义经济迅速发展起来，通商贸易对各资本主义国家显得极其重要。中国地大物博，拥有数量庞大的人口，正是资本主义国家梦寐以求的潜在市场。而中国自给自足的自然经济，清政府坚持奉行的闭关锁国政策却是英国向中国倾销其工业产品的绊脚石。对此英国不会善罢甘休。英国、法国等资本主义列强为了打开中国的大门、拓展商品市场、掠夺中国的资源，不断骚扰、侵犯中国沿海甚至内地，挑起一次又一次冲突和战争，如第一次鸦片战争、第二次鸦片战争、中法战争、中日甲午战争等，对中国进行军事、政治、经济、文化各方面的侵略。

鸦片俗称大烟，由罂粟的汁液提炼制成，含有大量的吗啡和生物碱，有镇痛、镇咳等功能，自古被当作药材使用。但由于它含有大量的麻醉毒素，吸食容易令人上瘾，逐渐使人骨瘦如柴，直到死亡。

从 18 世纪 50 年代开始，英国向中国输出鸦片，每年不过 200 箱，18 世纪 60 年代以后，上升到 1000 箱。1773 年英国东印度公司对鸦片销售实行垄断，输入中国的鸦片快速增长，1790 年突破了 4000 箱。1797 年，东印度公司又把制造鸦片垄断起来，成为鸦片的生产者，而不再直接经营鸦片买卖。它伪善地禁止公司船只夹带鸦片，却把制造的印度鸦片通过自由商人的港脚船运到中国。港脚商人拼命贩运印度鸦片到中国走私以牟取暴利。广州的英国散商也争先恐后地进行鸦片走私活动。美国商人也先后从土耳其、印度贩运鸦片到中国销售。

鸦片走私活动的猖獗，使鸦片在中国的销量直线上升。1800 年，偷运到中国的鸦片为 2000 箱；1820 年为 5147 箱；1821 年为 7000 箱；1824 年为 12 639 箱；1834 年为 21 785 箱；1837 年达 39 000 箱。

鸦片的泛滥，严重危害着清朝的统治，威胁中华民族的生存。鸦片给英国等国带来了血腥暴利，却给中国社会带来了严重的祸患。由鸦片大量输入而引起的白银不断外流，已开始扰乱清王朝的国库和货币的流通，使清朝的经济面临崩溃的边缘。鸦片严重地摧残了中国人的身体，破坏了中国社会的生产力，败坏了人们的道德品格，腐蚀了人们的思想。白银大量外流，银贵钱贱的现象十分严重，劳动人民深受其害。

鸦片的危害素来为清朝所重视，乾隆和嘉庆皇帝多次颁布鸦片禁令。1821 年，道光皇帝重申禁令，不许在澳门、黄埔囤放和售卖鸦片。然而英国鸦片贩子转移到珠江口外的伶仃洋建立走私据点，停泊鸦片趸船。随着烟毒和银漏的日益严重，道光皇帝多次颁布上谕严申鸦片禁令，严谕广东及各省督抚查禁白银出口及鸦片进口，严禁内地种植鸦片，严令闽浙总督等妥善斟酌肃清洋人私贩鸦片之策，等等。道光皇帝严禁鸦片的态度，左右着内外臣僚，一些大臣的严禁主张也坚定了道光皇帝禁烟的信心。

但是，坚持多年的严禁政策收效甚微。鸦片潮水般的涌入，中国的吸食者与日俱增。鸦片走私的猖獗，引起了道光君臣的极大焦虑，在禁烟问题上也产生了分歧。有的大臣指责地方官吏查禁不力，有的则主张弛禁。

虎门销烟，影响深远

1839 年 1 月 8 日，林则徐辞别亲友，出新仪门，离京南下，取道直隶、山东、安徽、江西，水陆兼程，赴广东禁烟。3 月 18 日，林则徐传谕行商，历数他们的罪过，警告他们在不能使外商服从中国法令上会引起的严重后果。并且宣布，如果外商那里存放的鸦片不缴出的话，就要正法一两个行商。同日，林则徐还颁发了一个给外商的谕帖，要求外国商人在三天内呈缴鸦片，并出具甘结，声明“嗣后来船，永不敢夹带鸦片，如有带来，一经查出，货尽没官，人即正法”。林则徐明确表示：“若鸦片一日不绝，本大臣一日不回，誓与此事相始终，断无中止之理。”痛快淋漓地表达了严禁鸦片的决心。3 月 19 日，根据林则徐的部署，粤海关下了告示，内称：“当钦差大臣驻粤期间，在彻查夷商与内地人民的结果尚未确定前，禁止一切夷众前往澳门。”从这时起，所有外商被软禁在商馆范围内，不许离开广州，而且和他们的船只隔绝。悬挂旗帜的小艇只许来广州，不许回黄埔去。

3月21日，外商缴出鸦片1037箱。林则徐认为数量不足，在3月22日下令传讯英国大鸦片商人颠地，但外商担心颠地会被扣押当作人质，建议他不要前往。3月22日，英国驻华商务总监督义律在澳门接到了林则徐于3月18日颁发给外商谕令的抄本，立刻命令所有停泊在广州附近洋面上的英国船只开赴香港，悬挂英国国旗，由英国军舰调度和保护，准备抵抗中国政府的任何攻击。

收缴来的鸦片，全部堆贮在虎门寨下水师提署和附近的民房庙宇。4月下旬，林则徐就上奏道光帝，请将缴获的鸦片解京验明烧毁。道光帝接到林则徐的奏折后，于1839年5月2日下旨允行。但从实际考虑，广州离京师千里迢迢，就当时的运输能力，运输任务是相当艰巨的，且在遥远的运输途中，还容易被居心叵测之流抽换调包或者被抢夺。有鉴于此，1839年5月8日，监察御史邓瀛上奏，建议就地销毁。道光帝遂于1839年5月9日改谕林则徐、邓廷桢将缴获的鸦片就地销毁。林则徐在太平镇的镇口村码头旁边的海滩高地上挖掘两个长宽各十五丈（约45米）余的方形大池，两个大池的池底，均铺上石板，池前设一涵洞以排泄浸化后的鸦片、盐卤、石灰的化合物，后面通一水沟，以便车水入池。池岸四周树以栅栏，还建起数座供官员监视检查时用的棚厂。1839年6月1日，林则徐率百官祭告海神，“以日内消化鸦片，放出大泽，令水族先期暂徙，以避其毒”。1839年6月3日，在隆隆的炮声、锣鼓声和人们的欢呼声中，林则徐宣读道光皇帝就地销毁鸦片的谕旨，开始销烟。一群群精壮的销烟人员袒胸赤脚川流不息地往来于横在销烟池上的数条木板上，撒下盐巴，又把劈箱过秤后的鸦片逐个地弄成碎片抛入池中。经过一段时间的浸化后，又有挑着一担担石灰的队伍出现在数条木板上，把烧透的石灰倒入池中，并用木耙、铁扒反复翻动。顿时，销烟池内滚沸如汤，白色的烟雾漫于虎门海滩。等到海水退潮时，启动涵洞闸门，鸦片渣沫随浪流入大海，再用清水刷洗池底。两个化烟池轮流使用。开始那几天，每天只化三四百箱。经过数日后，手法渐渐熟练，每天可化七八百箱至千箱不等。到6月25日销烟工作才告结束。所收缴的鸦片烟土除留下800箱作样本送北京外，其余全部彻底销毁。林则徐在虎门共销毁鸦片19 176箱又2119袋，实重237万斤。6月25日，林则徐、邓廷桢满怀胜利的喜悦离开虎门，扬帆驶归广州。

为纪念虎门销烟这一历史事件，广东特建立纪念馆——林则徐销烟池旧址，内设鸦片战争博物馆。

鸦片战争博物馆

经过虎门销烟，林则徐被人们尊为民族英雄，其清廉、刚正不阿的品质也为后人所传颂。虎门销烟从一定程度上遏制了鸦片在中国的泛滥，抑制了英国在中国的鸦片交易。虽然林则徐主持禁烟的主观愿望是为清王朝除去大患之源，维护清王朝的统治。但虎门销烟的历史意义远远超出了查禁鸦片本身，它是中国近代史上反对资本主义列强的壮举，维护了中华民族的尊严和利益，向全世界表明了中华民族的道德良心和反对外来侵略的坚强意志，对中国人民抗击外来侵略有着标志性的意义。虎门销烟大大提升了中国广大民众对鸦片危害性的认识，看清了英国向中国贩卖鸦片的本质，也唤醒了当时很多爱国志士，使他们开始反省，不再沉浸在天朝大国的美梦之中。

由于禁烟运动直接损害了英国资产阶级的利益，英国政府很快决定对中国发动蓄谋已久的侵略战争，虎门销烟也成为外国列强发动鸦片战争的导火索。

3. 近代中国开眼看世界第一人

林则徐力倡学习外国先进科学技术的精神，受到人们高度赞扬，被称为“开眼看世界的第一人”。

在广州禁止鸦片的过程中，林则徐为抗击鸦片侵略，战胜敌人，进行了大量的“师敌之长技以制敌”的军事变革实践。他在广东一边禁烟，一边积极备战，修建炮台、拉拦江木排铁链。他专门派人从外国秘购200多门新式大炮配置在海口炮台上。为了改进军事技术，林则徐又搜集了大炮瞄准法、战船图书等资料。林则徐将西方国家的战船制造、火器制造和养兵练兵等作为探求军事变革的重要内容。他组织官兵在东较场（今广东省人民体育场一带）学习演练西洋武器，学习西法练兵，并经常亲自阅操，抓紧训练官兵。他还会同两广总督邓廷桢、广东水师提督关天培、广东巡抚怡良等官员在东较场检阅军队，准备迎击英国侵略军。当时，数百名精选出来的官兵演习了排枪、火炮等技艺，林则徐看后大为赞赏。为激励官兵的爱国心和责任感，林则徐当即挥毫赋写对联一副，悬挂于东较场的演武厅内。虽然林则徐接触西学的直接目的是出于外交、军事的需要，但毕竟开创了中国近代学习和研究西方的风气，对中国近代维新思想起到启蒙作用。在广州任职期间，他相信“民心可用”，招募5000多渔民编成水勇，屡败英军的挑衅。在1839年下半年取得了九龙之役、川鼻官涌之役等反击战的胜利。自1839年3月林则徐到达广州查禁鸦片起到1840年10月清廷革林则徐两广总督职止，林则徐在广州主持禁烟抗英军事斗争共19个月。

在任云贵总督时，林则徐提出整顿云南矿政，鼓励私人开采，提倡商办等主张。这反映出他的思想中包含着萌芽中的资本主义思想。

林则徐以钦差大臣身份在广州查鸦片的同时，积极探求域外大势，派人搜集、翻译外文资料，以备参考。林则徐亲自主持并组织翻译班子，翻译外国书刊。把外国人讲述中国的言论翻译成《华事夷言》，以作为当时中国官吏的“参考消息”。为了解外国的军事、政治、经济情报，林则徐将英商主办的《广州周报》译成《澳门新闻报》。为了解西方的地理、历史、政治，较为系统地介绍世界各国的情况。

林则徐组织幕僚将英国人慕瑞所著、1836年伦敦出版的《世界地理大全》全文译出，改名为《四洲志》。《四洲志》叙述了世界四大洲（亚洲、欧洲、非洲、美洲）30多个国家的地理、历史和政治状况，是近代中国第一部相对完整、比较系统的地界地理志书。翻译此书实为开风气之先的创举，林则徐被后人称为近代中国开眼看世界的第一人。在林则徐的影响下，后来产生出一批研究外国史地的著作。

林则徐还组织翻译瑞士法学家瓦特尔的《国际法》等一系列著作。通过分析外国的政治、法律、军事、经济、文化等方面的情况，林则徐认识到只有向西方国家学习才能抵御外国的侵略。他提出“师夷之长技以制夷”的主张，提出为了改变军事技术的落后状态应该制炮造船的意见。林则徐成为中国近代传播西方文化，促进西学东渐的带头人。

后来，林则徐的好友魏源受林则徐之托，在《四洲志》的基础上，增补了大量资料，编写成《海国图志》，共100卷。该书介绍了几十个国家的历史、地理、政治、经济、军事、文化和科技，认真总结了鸦片战争的经验教训，主张学习西方，制造战舰、火器的先进技术和训练军队的方法，来改造中国军队，抵抗外国侵略，即“师夷长技以制夷”。《海国图志》刊行后，于1851年传到日本，当即引起日本朝野人士的高度重视，纷纷翻译刊印，争相传阅，认为该书对他们了解世界各国情况，学习西方先进科学技术，加强海防建设有很大的启示和帮助，甚至被推崇为“海防宝鉴”“天下武夫必读之书”。

郑观应及其《盛世危言》

郑观应（1842—1921 年）本名官应，字正翔，号陶斋。祖籍广东香山县（今广东省中山市）三乡镇雍陌村。郑观应是中国近代最早具有完整维新思想体系的理论家，是揭开民主与科学序幕的启蒙思想家，同时也是实业家、教育家、文学家、慈善家和热忱的爱国者。

1. 生平和实业经历

清咸丰八年（1858 年），郑观应参加童子试未中，奉父命远游上海弃学从商，在他任上海新德洋行买办的叔父郑廷江那里“供走奔之劳”。次年由亲友介绍进入上海英商宝顺洋行任职。同年冬天被派赴天津考察商务。咸丰十年（1860 年）返回上海后掌管洋行的丝楼并兼管轮船揽载等事项。同时进入英国人傅兰雅所办的英华书馆夜校学习英语，此间对西方政治、经济方面的知识产生了浓厚兴趣。

清同治七年（1868 年），宝顺洋行停业，郑观应转任生祥茶栈通事并出资合伙经营公正轮船公司。于同治十二年（1873 年）参与创办太古轮船公司。次年受聘为该公司总理之职并兼管账房、栈房等事务。此间郑观应着手在长江各主要口岸开设商务机构和金融机构，太古船运生意颇为红火。郑观应还投资于诸多实业，先后参股于轮船招商局、开平矿务局、上海造纸公司、上海机器织布局等企业。此外，郑观应还纳资捐得郎中、道员衔，与李鸿章等洋务派大员也交纳日深。

清光绪六年（1880 年）编定刊行反映郑观应改良主义思想的《易言》一书，书中提出了一系列以富国为中心的内政改革措施；主张向西方学习，组织人员将西方富国强兵的书籍翻译到中国，广泛传播于天下，使人人得而学之；郑观应还主张采用机器生产，加快工商业发展，鼓励商民投资实业，鼓励民办开矿、造船、铁路等。郑观应对华洋商税赋不平等的关税政策表示了强烈的不满，他主张“我国所有者轻税以广去路，我国所无者重税以遏来源”的保护性关税政策。郑观应在《易言》中还大力宣扬了西方议会制度，力主中国应实行政治制度变革，采用君主立宪制。

清光绪四年（1878 年），直隶总督李鸿章札委郑观应筹办

郑观应

香山近代商业巨子五人雕像（图中中间为郑观应，左二为唐廷枢，左一为徐润，右二、右一为马应彪、郭乐）

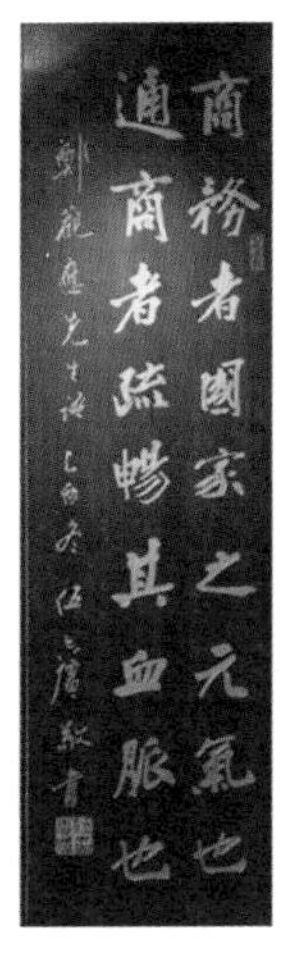

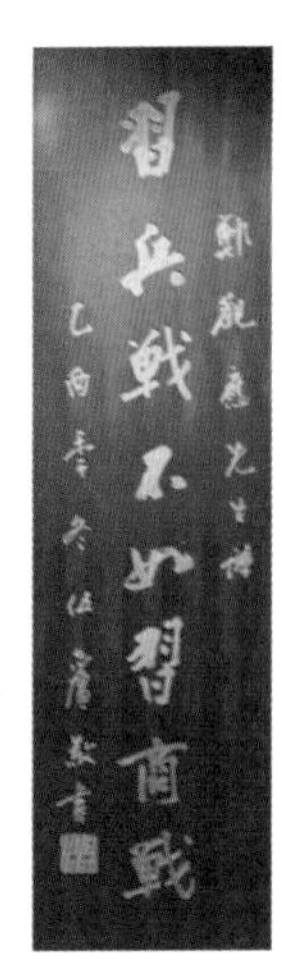

今人书郑观应商业思想

上海机器织布局。光绪六年（1880 年），正式委派郑观应为织布局总办，旋又委郑观应为上海电报局总办。光绪八年（1882 年）郑观应于太古洋行聘期届满以后正式脱离太古，接受李鸿章之聘出任当时几至不能维持的轮船招商局帮办。他上任伊始，即拟“救弊大纲”十六条上呈李鸿章，从得人用人、职责相符、赏罚分明、增加盈利、降低消耗等方面提出了一系列建议并付诸实施。对外为制止太古、怡和洋行的削价竞争，郑观应亲与二洋行交涉签订了齐价合同。由于他的内外治理，轮船招商局的营业额和股票市值大幅提高。光绪九年（1883 年）十月，李鸿章擢升郑观应为轮船招商局总办。

清光绪十年（1884 年）中法战争爆发，郑观应自荐并经王之春推荐，粤东防务大臣彭玉麟调郑观应前往广东总办湘军营务处事宜。彭玉麟与两广总督张之洞筹划袭击法军粮草储存地西贡（今越南胡志明市），为此派郑观应潜往越南西贡、柬埔寨金边等地侦察敌情，并谋联络南洋各地人士袭击法军。郑观应回到广州后不久法国舰队进攻台湾，郑观应建议与法军决战并条陈作战建议七条。旋即被委任办理援台事宜，郑观应随去香港租船向台湾运送军队和粮草弹药。此时，郑观应被织布局案和太古轮船公司追赔案所缠绕。这两件案子使郑观应心力交瘁，以至退隐澳门、寄情山水，将全部精力用于修订重写《易言》，直至光绪二十年（1894 年），体现他成熟而完整维新体系的《盛世危言》终于杀青。

清光绪十七年（1891 年）三月，郑观应蛰久思动，自请盛宣怀举荐，由李鸿章委任他为开平煤矿粤局总办，负责购地建厂，填筑码头。第二年李鸿章再度委任郑观应为招商局帮办，整顿经营不景气的招商局。入局伊始，郑观应即与最大竞争对手太古、怡和洋行再签齐价合同。并拟出《整顿招商局十条》，旋即又作《上北洋大臣李傅相禀陈招商局情形并整顿条陈》十四条，内容涉及开源节流及具体经营方略。清光绪十九年（1893年）郑观应微服察视长江各口，以了解各分局利弊情形，并调查怡和、太古在各地的经营情况。后又巡视汕头、厦门、福州、浙江、天津各分局。中日甲午战争前夕郑观应上书清廷，说日本人将偷袭清军。开战之后又多次上书提请防备日本奸细，采取不准日本人使用电报密码等措施，报告日军运送军械方面的情况，还决定将招商局部分船只拨作军用以运送人员军械。日军攻占东北后郑观应等将招商局的轮船20艘"明卖暗托"于德国、英国等洋行，挂外国旗照常行驶，并上《条陈中日战事》，反对向日本求和。战争结束后郑观应将轮船全部收回，并坚决反对《马关条约》。

清光绪二十二年（1896年）五月，张之洞委任郑观应为汉阳铁厂总办。次年元月他兼任粤汉铁路总董。五月由轮船招商局帮办改会同办理。光绪二十五年（1899年）十月又兼任吉林矿务公司驻沪总董，广招股份。李鸿章死后，继任北洋大臣、直隶总督的袁世凯将轮船招商局和电报局夺为己有。郑观应离开了招商局，应广西巡抚王之春之邀去桂，署理左江道同时兼办粤汉铁路工程局务，并为粤汉铁路购地局总办。不久因王之春被革职而去职赴广东，参与收回粤汉铁路路权的活动。担任广州商务总会协理。光绪三十二年(1906年)三月，郑观应被广东商民推举为广东商办粤汉铁路有限公司总办，主持募股集资工作，旋因"守制"而去职。清宣统元年（1909年），郑观应三入招商局任董事，负责招商局商办去商部注册之事。次年，盛宣怀任命他为会办，全权委托郑观应整顿商办以后的轮船招商局，再度出巡长江各口岸局务。武昌起义爆发后，郑观应自川回沪。

民国以后，郑观应倾力办教育，并兼招商局公学住校董事、主任、上海商务中学名誉董事等职务。1921年春郑观应致书招商局董事会，请求辞职退休，一年后病逝于上海提篮桥招商公学宿舍。

2. 郑观应的《盛世危言》

郑观应的《盛世危言》是中国思想界中一部较早地认真考虑从传统社会向现代社会转变的著作，是一部全面系统地学习西方社会的纲领著作。郑观应在书中不讳言中国在社会生活的许多方面落后于西方，提出了从政治、经济、教育、舆论、司法等诸方面对中国社会进行改造的方案。全书贯穿着"富强救国"的主题，对政治、经济、军事、外交、文化诸方面的改革提出了具有可行性的方案，给当时甲午战败以后沮丧、迷茫的晚清末世开出了一帖良药。

《盛世危言》于清光绪十九年（1893 年）正式出版，其版本达 20 种之多。书中封面题“首为商战鼓与呼”，该书内容包括了建设现代国家和解决当日危难的所有问题，明确提出仿照西方国家法律，设立议院，实行君主立宪，指出国弱民穷根源乃在于专制政治。

现今具权威性和代表性的《盛世危言》文本分别是：清光绪二十年（1894 年）的五卷本、光绪二十一年（1895 年）的 14 卷本《盛世危言增订新编》和光绪二十六年（1900 年）的八卷本《盛世危言增订新编》。近代，研究郑观应的专家夏东元所编的《郑观应集》，当中《盛世危言》文本为上三个权威性版本的综合本，共 115 篇文章。

《盛世危言》问世之时，正值中日甲午战争一触即发之时。国内的民族危机感极重，该书出版后随即轰动社会，迅速传播开来。据说《盛世危言》亦曾呈给光绪帝，光绪帝下旨“饬总署刷印二千部，分送臣工阅看”。该著作被当时人称为“医国之灵枢金匮”，推动洋务运动的张之洞亦评“上而以此辅世，可为良药之方，下而以此储才，可作金针之度”。受郑观应和《盛世危言》影响的著名人士，包括康有为、梁启超、孙中山、毛泽东等。毛泽东说《盛世危言》“引动我继续求学的欲望”。《西行漫记》载毛泽东说：“我读了一本《盛世危言》的书，我当时非常喜欢这本书。”

3. 郑观应的海洋思想

水师论

郑观应说：中国海疆袤延万余里，西方各国兵舶洊驰轮转，络绎往来。无事则探测我险易，有事则窥伺我藩篱，从此海防遂开千古未有之变局。居今日而筹水师，诚急务矣。

水师之备，其中纲领约有五端：曰轮船，曰火器，曰海道，曰水营，曰将才。

郑观应指出，西人“自设轮舟，民船之旧制尽改，其始皆木壳船身。继则木壳护以铁板名曰铁甲船，继而船身全易铁壳，而水线上下所护铁板愈厚，船头另装绝大之钢刃以冲碰敌船，船面或造旋转铁炮台以便四面分击。铁甲厚至十余寸，而海上咸称无敌矣。然船身太重，吃水太深，行驶既难加速，造费尤倍常船，于是蚊子船，快碰船之制复出”。“今中国既有历年造购之兵轮，又有新增之大铁甲、快碰、蚊子等船，并自造鱼雷各艇，似宜酌分巡、守两事，蚊子船专助守炮台，兵轮以防海口，快碰等船及鱼雷各艇专主进攻袭击，敌至或分抄、或合击，得机则进，失机则退。我能涉浅，能埋伏、能更迭出没，而又有铁甲以为坐镇，有炮台以为依附，有海口以握要冲，有蚊船以为救应，敌必不敢冒险而深入矣。”

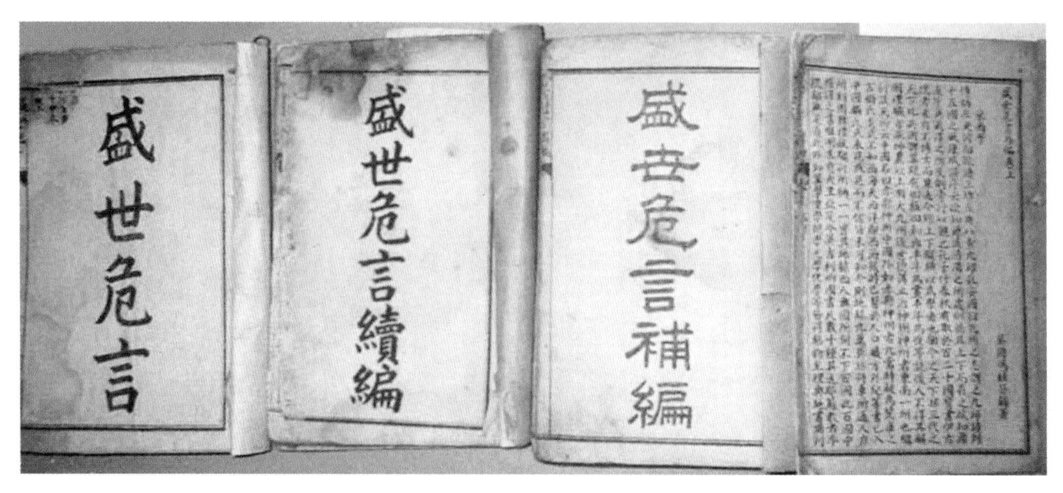

《盛世危言》

郑观应强调军港之建，“轮船之有水营，犹陆路之有城垒，必进可以战，退可以守，乃能动出万全”。而且要重视船员之教习。“至各省所设驾驶学堂，皆延西师分门教习”。海军军制、教育等亦应学习西方，“今中国于军制不能复古，悉效西法”“唯训兵口号宜改华音，非但易习，而又得体耳”。郑观应强调良器与制军都非常重要。“中日战后，德员汉纳根曰：‘中国取败之道有二大端：一曰无统帅，各督抚自保封疆，分而不合；一曰无名将，各提镇未谙韬略，暗而不明，刚愎自用。此二端，必难望戮力同心克操胜算。’”他进一步指出：“按西人关心吾国者，皆著之文笔，谓吾国水师未精，将帅无人，不惜大声疾呼，愿举国猛然警觉矣。今英、俄、德、法、日、意，莫不以水师长驾远驶。我中国海疆辽阔，海口又多，诚如张香涛制军所云‘防不胜防，守不胜守’，无论如何，海军终宜复设也。”“岂可以威海之覆，因噎废食而不讲求哉！”[1]

船政论

郑观应谈及洋务之械造业，“自曾文正、左文襄知船政之急，于是闽、沪设厂仿造轮船，华人渐能通西法造机器、充船主矣。创始之功甚伟，盖费千百万之帑金，积廿余年之功力，仅而有此，而议者犹谓机器可废，工厂可停，谬哉！”“外国轮船近来用铁壳者十居其九，非特木料日少，木价日昂，且铁质坚而施功易也。中国造船，无论木、铁、钢、铜等料，无不购诸外洋，纵使价不居奇，而运载有费、行用有费、奸商之染指有费，其成本已视外国悬殊。况质之良窳难辨，应用何料，购自何厂，皆唯洋匠是听，去取迁就，安能保其无他？或购矣而未尽适用，或用矣而仅图饰观，非独糜费，更恐误事。况出样绘图、督造试

1　郑观应：《盛世危言·水师》。

验，无一不资于洋匠，艺未必皆精、工未必皆勤，而且俸动以数百金计。工料如此，无怪造船之费每昂于购船，而得力反逊于所购之船也。”因此，“及今图之，亟宜筹开铁矿以裕钢铁之源，访雇精于镕、深于化学之洋人，详加指示，而广选聪颖之子弟就而学之也”。“中国煤、铁矿等，廿一行省无处无之，各矿大开，则物料充牣，一切无须仰给于人矣。”

“然既筹备船料，尤须讲求船工也。似宜由造船官厂选择各省子弟心灵体壮、通达中文、稍通洋文、年在二十左右者，取具亲族保结，资以川资旅费，饬赴各国最大船厂分门学习制造轮船一切之工。并遴选老成精练员绅各一人，携带翻译督同前往，以资约束，课其功业，核其勤惰，其有不堪造就者，立遣内渡。或别滋事故，即按例惩治，罚及原保之人。倘学业精进，查考等第，按季酌奖，每月将所办情形驰及官厂总办复核，十年之后，学成回华，分任出样绘图、督造试验等事，届时优给薪水，予以官职，即可不用洋匠，递相传授。中国之大，何患无才，特患在上者无以鼓励之、裁成之耳。”[1]

炮台论

“西人云：炮台之要约有数端：山坳岭曲隐蔽击敌，不宜孤露一台；外须作坦坡，不宜壁立。扼要处须有数台犄角，不宜聚炮于一台一连，台宜多作犬牙形，以便两台炮力相接夹击。台后不宜背山以免敌弹反击；台上不宜多人以免多伤将士；台上炮堂不宜宽以防炸弹坠落；台后宜有回击小炮以防敌袭；台旁登岸处宜作濠，伏连响快枪快堤炮以防敌人舢板登岸；台成后以炮轰试，坏则更造。”“今我国各口炮台屡闻为敌人所占，未闻有一能用此转败为胜之法者。且究其所失，皆因各分畛域，台后台旁皆无炮位，致为所袭耳。”因此“宜详加勘察。旧台不如法者易之，太稀者补之。讲求造炮台之制，遴选守炮台之人，毋徒靡费重饷，以旅顺、威海为前车炯鉴，庶可得炮台之实效而海防巩固矣”。“又闻崔星使云：意大利国家创成一海防妙器，使炮台炮手可免敌船中人，望见放炮，又可极准，盖其器通于电气，附于远镜，又能于海道图中指示敌船方向，另有自行针盘，指明敌船若干远近，故能有此妙用。炮台又暗藏不露，敌船之炮甚难还击，诚则利器也。”[2]

海防论

强边固防为中外古今之通例。郑观应注意到，中国“自古以来，皆有边患。周之狁、

1　郑观应：《盛世危言 · 船政》。

2　郑观应：《盛世危言 · 炮台》。

汉之匈奴无论矣。降至晋、唐，以迄宋、明，其间如氐、羌、羯、鲜卑、突厥、契丹、蒙古，莫不强横桀骜。至本朝而后尽隶叛图，似今日边防易于措置，而不料为边患者仍更有海外诸邦也”。[1]

郑观应一生经历了第二次鸦片战争、庚申之变、中法战争、中日战争、八国联军入侵等一系列重大屈辱事件。这些事件使郑观应深受刺激，他深刻认识到为了维护国家安全，抵抗外来侵略，必须把海防和陆防同等看待。经过两次鸦片战争的打击，清政府国门大开，中国已处于西方国家的直接威胁之下。郑观应分析当时的国防局势，深表忧虑："年来日本讲究水师……其志叵测，恐终为中国边患。俄、英、法三国属地、铁路将筑至中土，托名商务，意在并吞。倘俄法合力侵犯，水陆并进，南北夹攻，恐西人之大欲将不在赔费，而在得地矣！俄、法有事，英、德、美、日必以屯兵保护商人、教士为名，亦分占通商各口，后患之来不堪设想！"甲午战争之后，中国"屏藩尽撤，俄瞰于北，英睒于西，法瞵于南，日眈于东"，时刻面临着被瓜分的危险。为此郑观应提出了富国强兵的治国之策："欲攘外，亟须自强，必先致富；欲致富，必首振工商；欲振工商，必先讲学校，速立宪法，尊重道德，改良政治。"在如何抵御外侮的问题上，郑观应指出："海军为陆军之佐，表里相扶不能偏废，闭关自守患在内忧，海禁宏开患在外侮。内忧之起，陆军足以靖之，外侮之来，非海军不足以御之。"

郑观应设计了分区设防、重点防御的海防战略，将沿海地区划分为北、中、南三洋，分别轻重，实施防御："为今之计，宜先分险易、权轻重，定沿边海势为北、中、南三洋。北洋……就中宜以旅顺、威海为重镇。势如环玦，拱卫京畿，则元首安也。中洋……就中宜以崇明、舟山为重镇，策应吴淞、马江各要口，则腹心固也。南洋……以南澳、台湾、琼州为重镇。而控扼南服，则肢体舒也。"要外洋与海口并重，以战为守。"若不守外洋，则为敌人封口，水路不通。若不守海口，为敌人所据，施放枪炮，四乡遭毁。彼必得步进步，大势危矣。使我方难节节设防"。所以，"前代但言海防，在今日当言海战"。在战术上，以蚊子船配合炮台、兵轮守住海口，快碰船、鱼雷艇则用来巡防外海，三洋海军互为声援，"敌窥一路，则守者拒之于内，巡者击之于外；敌分窥各路，则避实击虚，伺隙雕剿，或三路同出，使敌疲于接应，或彼出此伏，使敌无隙可乘。至各路攻守机宜，必藉内地电线互通消息，乃能联络一气。如此而敌敢者，鲜矣！"[2]

---

1 郑观应：《盛世危言 · 边防》。

2 郑观应：《盛世危言 · 防海》。

康有为（1858—1927年），又名祖诒，字广厦，号长素，又号明夷、更甡、西樵山人、游存叟、天游化人，晚年别署天游化人，广东南海人，人称“康南海”。清光绪年间进士，官授工部主事。近代著名政治家、思想家、社会改革家、书法家和学者，他信奉孔子的儒家学说，并致力于将儒家学说改造为可以适应现代社会的国教，曾担任孔教会会长。主要著作有：《康子篇》《新学伪经考》《春秋董氏学》《孔子改制考》《日本变政考》《大同书》《欧洲十一国游记》《广艺舟双楫》等。

在19世纪的最后几年，他领导了中国知识界的启蒙运动。先是1895年的“公车上书”，其后，他以进书和进谏的方式掀起了一场自上而下的政治体制改革。在康有为之前，从来没有一个思想家敢于像康有为那样把他们改革中国政治体制的建议和设想反复向皇帝提出。在我国历史上，他首次倡导了政治体制上的中西结合，最早在中国提出了立宪政体，并提出了具体的宪政方案：兴民权、设议会、进行选举和地方自治，在坚持儒家传统和帝制的前提下，逐步学习西方的立宪经验。康有为的立宪思想有很多保守的成分，但作为中华民族思想文化成果的组成部分，仍然应当重视。

1. 康有为故居

康有为故居坐落在佛山市南海区丹灶镇银河苏村，由康有为纪念馆、康有为故居“涎香书屋”、康氏宗祠、澹如楼、松轩、康有为中进士时所竖立的旗杆夹石、荷塘等主要建筑和景区组成，占地面积2万多平方米。

广东佛山康有为纪念馆康有为雕像

康有为故居（左图为故居所在小巷）

“涎香书屋”为清代民居建筑，为一厅、二廊、二房布局，硬山顶，故居面积 81 平方米，是一座典型的珠江三角洲清代农村住宅形式——“镬耳屋”。古屋采用青砖墙椽木结构、古色古香。古屋大厅用黑色木板搭建了阁楼，两廊中间留有天井，古屋采光足、通风好，冬暖夏凉，环境非常舒适。

在故居旁建康有为纪念馆，内设康有为生平事迹展览。分为“青少年时期”“探索救国道路”“万木草堂讲学”“公车上书”“组织学会与发行报刊”等部分，客观、全面地介绍了他寻求救国救民道路的一生。

与康有为纪念馆隔水而立的有澹如楼、九曲桥、康氏宗祠、松轩等一批仿古建筑，是康有为堂侄女、香港同胞陈康静瑜女士捐资 450 多万元于 1998 年建成的。

2. 重西学 吁变法 救危国

康有为最早的教师是他的祖父康赞修。他 19 岁时拜南海九江有名的学者朱次琦为师。22 岁到西樵山白云洞读书，读了不少经世致用的书，如顾炎武的《天下郡国利病书》、顾祖禹的《读史方舆纪要》等。同年游历香港，大开眼界，后阅读《海国图志》《瀛环志略》等，是康有为从中学转为西学的重要开端。1882 年，康有为到北京参加会试，回归时经上海，进一步接触到资本主义事物。康有为逐步认识到资本主义制度比中国的封建制度先进。帝国主义的侵略，清朝的腐败，使年轻的康有为胸中燃起救国之火。西方的强盛，使他立志要向西方学习，借以挽救正在危亡中的国家。

康有为在近代史上之所以大名鼎鼎，主要是由于他发起并组织了维新变法——“戊戌变法”。这是 1898 年（农历戊戌年）以康有为为首的改良主义者通过光绪皇帝所进行的资产阶级政治改革，是中国清朝光绪年间的一项政治改革运动，史称“康梁变法”。主要内容是：学习西方，提倡科学文化，改革政治、教育制度，发展农、工、商业等。这次运动遭到以慈禧太后为首的守旧派的强烈反对，这年 9 月慈禧太后等发动政变，光绪被囚，维新派康有为、梁启超一起流亡日本。谭嗣同等六人（戊戌六君子）被杀害，历时仅 103 天的变法归于失败。因此戊戌变法也叫百日维新。

维新变法失败后，康有为去国离乡，流亡 16 年，历经 32 国，环球行程总计约 6 万里。

3. 世界思维　倡言大同

领导震惊中外的戊戌维新运动和撰写《大同书》，是康有为对中国近代历史和中国文化思想宝库最重要的贡献。康有为的理想和政治主张主要在他撰写的《大同书》中得到体现。

1894 年，康有为开始编《人类公理》一书，这本书经多次修补，后来定名为《大同书》发表。《大同书》描绘了人世间的种种苦难，提出大同社会将是无私产、无阶级、人人相亲、人人平等的人间乐园。

康有为为什么要写《大同书》呢？他本人是这样说的：“吾为天游，想象诸极乐之世界，想象诸极苦之世界，乐者吾乐之，苦者吾救亡，吾为诸天之物，吾宁舍世界天界绝类逃伦而独乐哉！”

不同于其他的“乌托邦”思想者的是，康有为的“大同”思想里面有着世界化的理想。康有为不是单单为了中国的未来而做出规划，更是为全人类指出一条道路，并且是在道德上的谋划。

在《大同书》里，康有为认为人类所遭受的苦难都是由不平等的社会制度造成的。他总结了人类苦难的九条根源：“一曰国界，分疆土，部落也；二曰级界，分贵、贱、清、浊也；三曰种界，分黄、白、棕、黑也；四曰形界，分男、女也；五曰家界，私父子、夫妇、兄弟之亲也；六曰业界，私农、工、商之产也；七曰乱界，有不平、不通、不同、不公之法

康有为纪念馆

也；八曰类界，有人与鸟、兽、虫、鱼之别也；九曰苦界，以苦生苦，传种无穷无尽，不可思议。”对于如何去除这九条苦难，康有为也做出了回答：一去国界，消灭国家；二去级界，消灭等级；三去种界，同化人种；四去形界，解放妇女；五去家界，消灭家庭；六去产界，消灭私有制；七去乱界，取消各级行政区划，按经纬度分度自治，全球设大同公政府；八去类界，众生平等；九去苦界，臻于极乐。

康有为还提出了无国界的观点。在他看来，人类将有一个世界国来统一全球，而这个世界国最终也将消失。在康有为所规划的“大同”世界国之中，国家由一个民主政府所领导，政府由世界议会选举出来，所有人都是世界公民。社会没有民族、阶级、亲戚之分，社会生产制度是一个没有任何资本主义弊病的机器化大生产。康有为认为有了国家和国界之分是导致战争的重要原因之一。“及有国，则争地争城而调民为兵也，一战而死者千万。”人类若要享受长久的和平就必须要消亡国家，从而达到世界“大同”。

康有为在《大同书》中还提到了无人种差别的观点。世界大同之后，人人平等，皆为兄弟姐妹，种族偏见将无所遁形。

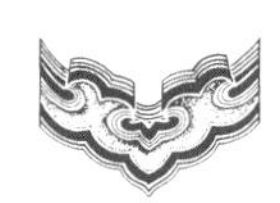

梁启超（1873—1929年），字卓如，号任公，又号饮冰室主人、饮冰子、哀时客、中国之新民、自由斋主人等。广东新会茶坑村人。

中国近代史上著名的政治活动家、启蒙思想家、资产阶级宣传家、教育家、史学家和文学家，有中国近代百科全书式的文化巨匠之称。他的一生，经历了晚清与民国两个时期，他的业绩，包括了政治和学术两个方面。他也是戊戌变法（百日维新）领袖之一，曾倡导文体改良的“诗界革命”和“小说界革命”，其著作合编为《饮冰室合集》。

1. 梁启超故居

梁启超广东新会茶坑村故居坐落在美丽苍郁的凤山下，鱼塘、水网、沃野田畴环绕四周，大榕树、石板巷、青砖房有序分布，往来皆村野乡民，真淳古朴。这里便是梁启超出生和少年时期生活、学习的地方。故居陈列了梁启超居住时使用的家具、生活用品，如民国青天大花瓶、金木雕彩瓷画《八仙图》、蓝釉炉和木磨、椿、蓑衣、葵帽等摆设。

梁启超故居建于清光绪年间（1875—1908年），是一幢古色古香的青砖土瓦平房。由故居、怡堂书室、回廊等建筑组成。建筑面积有400多平方米。故居有一正厅、一便厅、一饭厅、二耳房，两厅前各有一天井。便厅侧有梯级直达其顶部楼亭书房，可远眺崖海风光。怡堂书室是梁启超曾祖父所建，是梁启超少年读书、接受儒家传统思想的地方。清光绪十八年（1892年）夏天，梁启超偕同新婚妻子李蕙仙回乡，就居住在书室的偏房，长女梁思顺也出生于此。

故居现经扩建，增加了梁启超的立像和陈列室，陈列室内存放梁启超部分珍贵的遗物、著作，展出大量梁启超生平照片，播放梁启超生平事迹纪录片。为缅怀梁启超矢志不渝的爱国情怀以及在教育、学术上的卓越贡献，2001年建成梁启

广东新会梁启超故居纪念馆梁启超雕像

超故居纪念馆，建筑面积达1600平方米，建筑形式中西合璧，既有晚清岭南侨乡建筑韵味，又隐现天津饮冰室风格。

离故居不远，还有两处是梁启超少年时代读书的地方。一处是故居前的“怡堂书室”，另一处是村口的“奎楼”，俗称“文昌阁”，后来成为“宏文社学”的所在地。

2. 变法骨干 闻达学人

梁启超幼承庭训，“八岁学为文，九岁能缀千言”，十二岁中秀才，十七岁中举人。1890年赴京会试，未中。回粤路经上海，看到介绍世界地理的《瀛环志略》和上海机器局所译西书，眼界大开。同年结识康有为，投其门下，成为万木草堂学子。后来，与康有为一起领导了著名的“戊戌变法”，此后又领导了北京和上海的强学会。

梁启超是百科全书式的人物，是中国近代史上著名的政治活动家、启蒙思想家、教育家、史学家和文学家，在哲学、文学、史学、经学、法学、伦理学、宗教学等领域均有建树，尤其以史学研究成绩显著。曾与黄遵宪一起办《时务报》，担任过长沙时务学堂的主讲，为变法做宣传。戊戌政变失败后流亡日本，在《饮冰室合集》《夏威夷游记》中继续推广“诗界革命”，提出“以旧风格含新意境”的进步诗歌理论，对中国近代诗歌的发展有重要影响。

梁启超一生勤奋，著述宏富，虽然其政治活动十分频繁，但仍笔耕不辍，平均每年创作达39万字之多，各种著述达1400多万字。如其《饮冰室合集》计148卷，1000余万字。

梁启超曾与孙中山合作过，也对立过。他拥护过袁世凯，也反对过袁世凯。对此，梁启超说：“这绝不是什么意气之争，或争权夺利的问题，而是我的中心思想和一贯主张决定的。我的中心思想是什么呢？就是爱国。我的一贯主张是什么呢？就是救国。”“知我罪我，让天下后世评说。”郭湛波在《近三十年中国思想史》里指出梁启超的“新道德”思想，“实代表西洋资本社会的思想，与数千年宗法封建思想一大的洗刷”。袁世凯称帝，长于雄文的梁启超曾写出一篇《异哉所谓国体问题者》。袁世凯得到消息，派人给梁启超送来一张20万元银票，给梁启超的父亲祝寿，交换条件是这篇文章不得发表。梁启超则毅然将银票退回。在反对张勋复辟中，梁启超与改良派作了彻底决裂。梁启超是康有为的门生、助手，但因康有为站在复辟的一方，他们终于分道扬镳。

3. 倡言海洋 励民图强

梁启超在变法失败后流亡日本，后来因为辛亥革命的胜利而回国。曾应康有为之请，赴美国檀香山。1918年年底，梁启超赴欧，到欧洲各国考察，亲身了解到西方社会的许多问题和弊端。回国之后，即宣扬西方文明已经破产，主张光大传统文化，用东方的“固有文明”来“拯救世界”。以世界眼光看待中国问题，倡言海洋，励民图强。

广东新会梁启超故居

海也者，能发人进取之雄心者也

梁启超著述中的名篇《地理与文明之关系》论述地理环境对社会文明和人的影响。

不可否认，地理环境影响生产和生活方式，进而影响人们的思维方式和行为模式。久而久之形成地域和民族性格上的差异。梁启超《地理与文明之关系》《世界上广东之位置》等文章注意到了这一点。他指出地理区位优势的感化，使广东人形成其“剽悍、活泼、进取、冒险之性质，于中国民俗中稍现一特色焉”。

梁启超论述了地中海特殊的地理环境对人类文明的传播与扩散起了重要的作用。认为位于亚洲、非洲、欧洲三洲之间的地中海，“使三大陆互相接近，互相连属，齐平原民族所孕育之文明，移之于海滨而发挥光大之，凡交通贸易殖民用兵，一切人群竞争之事业，无不集枢于此地中海”。在梁启超看来，地理与历史的关系如同肉体与精神之关系。“有健全之肉体，然后活泼之精神生焉，有适宜之地理，然后文明之历史出焉。”

梁启超把陆居与海居进行了比较。“海也者，能发人进取之雄心者也。陆居者以怀土之故，而种种之系累生焉。试一观海，忽觉超然万累之表，而行为思想，皆得无限自由。彼航海者，其所求固在利也。然求之之始，却不可不先置利害于度外，以性命财产为孤注，冒万险而一掷之。故久于海上者，能使其精神日以勇猛，日以高尚。此古来濒海之民，所以比于陆居者活气较胜，进取较锐。”

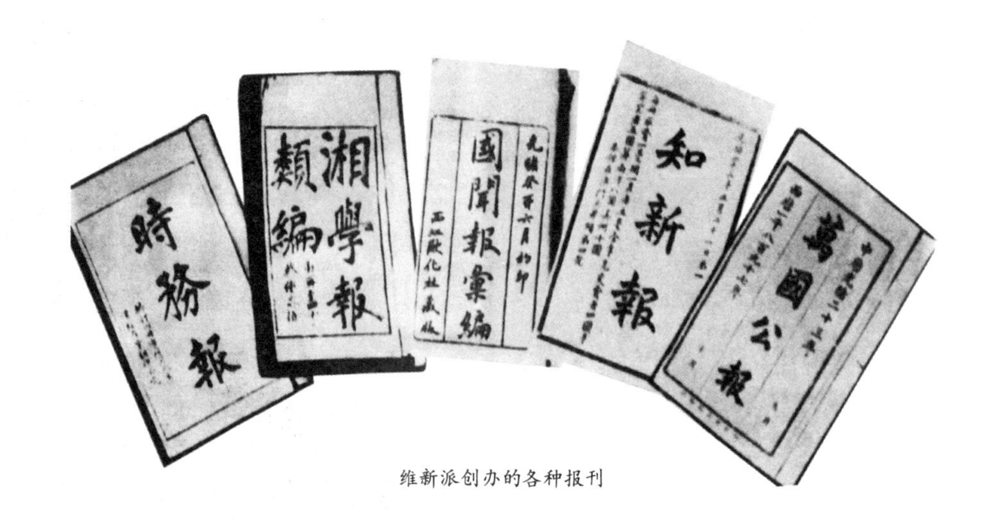

维新派创办的各种报刊

郑和与“有史来，最光焰之时代”

梁启超应时顺世，在《新民丛报》发表的《祖国大航海家郑和传》，表达了强烈的国民意识。

《新民丛报》由梁启超在日本横滨创办，为半月刊。梁启超任主编，韩文举、蒋智由、马君武等撰稿，是梁启超主持的报刊中历时最久、影响最大的刊物。编辑和发行人署名冯紫珊，实由梁启超负责，刊物上的重要文章也大都出于梁启超之手。1907 年 8 月停刊，共出 96 期。有汇编本。

20 世纪初，世界资本主义经济快速增长，尤其是后起的新列强发展速度强劲，导致列强之间在世界范围的竞争加剧，中国成为争夺的重要目标。《辛丑条约》使清政府处于被列强控制和宰割的地位，中国殖民化程度加深，国势日艰，时人纷纷疾呼“瓜分豆剖，渐露机芽”。

是时，中国社会的新兴政治力量掀起了维新国民的思潮，他们运用各种形式和方法进行宣传和鼓噪民主主义思想，塑造新的国民意识，培育变革的力量，试图推动中国社会革新。学者研究认为，1903 年梁启超的思想尤其是政治观发生了重大变化，重要原因是他对“国家主义思想”日益关注。他积极提倡冒险精神、尚武精神和进取竞争的新国民意识。梁启超正是在这种情形下发表了《祖国大航海家郑和传》。梁启超在此传中赞扬郑和下西洋的辉煌业绩，说郑和下西洋是“有史以来，最光焰之时代”，“叹我大国民之气魄，询非他族所能几也”，表现了“国民气象之伟大”。目的是通过宣扬郑和下西洋的伟大壮举，振奋民族精神，唤醒 20 世纪初全体国民的国家意识，号召国民以郑和为榜样，拯救国家，创造奇迹，立足世界。

欲伸国力于世界，必以争海权为第一意

梁启超在《祖国大航海家郑和传》一文中疾呼要振兴国家海权。

《新民丛报》1903年3月26日第26号发表了梁启超的《论太平洋海权及中国前途》。

19世纪末20世纪初，正逢马汉的海权理论风靡世界，诸列强纷纷仿效，大力扩张海权。梁启超在《祖国大航海家郑和传》一文中就强烈地体现了这一时代特征。甲午战争的教训，暴露了中国海上力量的许多问题，随之而来的西方列强瓜分中国的狂潮，八国联军的侵华，《辛丑条约》的签订，中国海权的衰弱和落后使国人刻骨铭心。开始认识到“世界交通日便，海上竞逐日烈，始而地中海，继而大西洋，继而太平洋”。此时，正在世界走红的马汉的《海权论》也吸引了一批中国人的注意，试图从“先进理论”中找到拯救中国的答案，并积极宣传这种理论。

《论太平洋海权及中国前途》尖锐指出：“所谓帝国主义者，语其实则商国主义也。商业势力之消长，实与海上权力之兴败为缘，故欲伸国力于世界，必以争海权为第一义。”疾呼“太平洋海权问题，实为20世纪第一大问题”。

广东因海洋而为天下重

梁启超的《世界上广东之位置》等文章认为应将历史放在地理环境这个空间或时空坐标中观察。他从海上交通史考察广东位置的历史意义，指出今广东在100多年前无足轻重。近世形势大变，广东对中西文化交流作用甚大，“今之广东依然为世界交通第一等孔道”。“就中国史上观察广东，则鸡肋而已。虽然，还观世界史之方面，考各民族竞争交通之大势，则全地球最重要之地点仅十数，而广东与居一焉，斯亦奇也。”“古代东西交通之孔道有二，其一曰北方陆路，由小亚细亚经帕米尔高原下里木河从新疆甘肃诸地入中国者；其二曰南方海路，由波斯湾亚刺伯海经印度洋从广东以入中国者。此两道迭为盛衰，而汉唐还，海道日占优势。”梁启超据高楠顺次郎氏所拟唐代定期航线表认为，六条航线“皆集中于广东，广东之为天下重可想也”。对于20世纪初广东在世界海运的地位，梁启超认为：“今之广东，依然为世界交通第一等孔道。如唐宋时，航路四接，轮樯充阗，欧洲线、澳洲线、南北美洲线皆集中于此；香港船吨入口之盛。虽利物浦、纽约、马赛不能过也。……广东非徒重于世界，抑且重于国中矣。”关于唐代广东海运在世界上的地位，梁启超是这样判断的：“初唐时代，中国海运方盛，一也；大食海运新兴，二也；天竺海运辅行，三也；波斯海运未衰，四也。”这四者的对比突出了广州当时是“全世界之重镇”。

近代中国走向世界第一人

黄遵宪（1848—1905 年），字公度，别号人境庐主人，广东梅州人，晚清诗人、外交家、政治家、教育家。清光绪二年（1876 年）中举，历充师日参赞、旧金山总领事、驻英参赞、新加坡总领事，戊戌变法期间署湖南按察使，助巡抚陈宝箴推行新政。工诗，喜以新事物熔铸入诗，有“诗界革新导师”之称。有《人镜庐诗草》《日本国志》《日本杂事诗》传世，被誉为“近代中国走向世界第一人”。

1. 生平与事迹

黄遵宪年方三岁由其曾祖母口授千家诗，不久就能背诵。四岁从塾师李伯陶，十岁，学作诗，塾师以梅州神童蔡蒙吉“一路春鸠啼落花”句命题，黄遵宪作诗，有“春从何处去，鸠亦尽情啼”之句，师大惊。次日会赋“一览众山小”，黄遵宪破题云：“天下犹为小，何论眼底山？”师见其赋名，讶为不凡。因是，称誉为神童。

清同治六年（1867 年），黄遵宪应院试入州学。次年作杂感诗，有“吾手写吾口，古岂能拘牵”之语，有别创诗界之论。同治十年（1871 年）辛未，在州学生员中得岁试第一名。十二年取拔贡生。清光绪二年（1876 年）中举，次年被任命为驻日公使馆参赞。他注意了解日本当代文学和历史著作情况，悉心研究明治维新的历史，撰写《日本国志》，旨在宣传革新。

清光绪八年（1882 年）黄遵宪调任驻美国旧金山总领事，曾尽力保护华侨和华工的正当权益。光绪十三年（1887 年）《日本国志》成书，共 40 卷。光绪十五年（1889 年），任驻英国公使馆二等参赞。曾为张之洞创办的汉阳铁厂订购机器设备。光绪十七年（1891 年）任新加坡总领事。光绪二十年（1894 年）黄遵宪回国，任江宁洋

广东梅州黄遵宪故居黄遵宪雕像

务局总办。次年《马关条约》签订后，他深忧国家被瓜分的命运，关注反抗日本侵略的台湾同胞，指出台湾自古就是中国的领土，并在上海参加“强学会”。光绪二十二年(1896年)，出资参与创办《时务报》，以救亡图存为己志，主张革故取新，变法图强。为研究俄国的扩张主义，特聘俄文翻译，“专译东西毗邻连界内事及俄国东方政略”。

清光绪二十三年（1897年）黄遵宪出任湖南长宝盐法道，代理湖南按察使，协助湖南巡抚陈宝箴推行新政。仿西方国家巡警制度，设保卫局。又延请梁启超主持时务学堂，积极参加南学会活动。还主讲政治，倡议设学校，筹水利，兴实业，力谋中国之富强。同时，又与谭嗣同主讲万国之势及政学原理，宣传变法救亡主张，探讨湖南新政事宜，对湖南维新运动的发展起了很大作用。光绪二十四年（1898年）四月，太学士徐致靖向光绪帝推荐黄遵宪、梁启超等五位通达时务的人才，特别赞誉黄遵宪于各国政治之本原，无不穷究，器识远大，办事精细，其所言必求可行，其所行必求有效。若能进诸政府，参赞庶务，或畀以疆寄，资其扬历，必能不负主知，有补大局。光绪帝观黄遵宪著作后，倍加赞赏。六月，黄遵宪奉命以三品京堂出使日本大臣，因病未能就道。同年八月，被御史黄均隆奏劾在湘时参与维新变法运动，慈禧太后密电两江总督调查，在上海被扣留于洋务局，后经疏解，清政府允其回乡闲居。

削职还乡时，黄遵宪51岁，表面上在家过着恬静的生活，内心却忧虑国家民族危亡。他试图用教育来振兴民族和国家，潜心教育事业。晚年黄遵宪在墙上悬挂兴中会会员谢缵泰画的《时局全图》和《人境庐诗草》最后一首诗《病中纪梦述寄梁任父》(写于1904年冬，黄逝世前一年)。其中说道：“君头倚我壁，满壁红模胡（糊）。起起拭眼看，噫吁瓜分图。”诗人朦朦胧胧看到了瓜分中国的时局图，何其悲壮也。

2. 人境庐故居

黄遵宪故居位于梅州市梅江区，建于1884年春，距今已有一百多年的历史。人境庐是一座砖木结构、园林式的书斋建筑，占地面积500平方米，主要由会客厅、书房、卧室、藏书室、无壁楼、七字廊、五步楼、无壁墙、十步阁、卧虹榭、息亭、鱼池、假山、花圃等组成。结构精巧，布局得宜，曲径回挡，花木掩映，景致幽雅。庐之名，取东晋诗人陶渊明“结庐在人境，而无车马喧”的诗句。门匾和门楣上的“人境庐”三个字，是由日本友人，著名汉学家和书法家大域成濑温题赠。

黄遵宪故居现建设为“黄遵宪纪念馆”，展示黄遵宪生平事迹。

故居藏书室内有黄遵宪的各种著作和读过的书共八千多册。庐中保留着黄遵宪亲自撰写的对联，如会客厅对联：“万丈函归方丈室；四围环列自家山”，另有一联：“有三分水、四分竹、添七分明月；从五步楼、十步阁、望百步长江”，都十分形象地描绘了故居的环境。

3. 开放鼎新　效仿西法

黄遵宪在短短的58年生涯中，游历日本、英国、法国、意大利、比利时、美国及新加坡等西方国家以及香港等地共13个年头，亲身感受到扑面而来的西方文化浪潮。他站在中华民族自强不息的高度，理性地把握世界的潮流和中国的国情，积极主张维新变法。在维新变法失败后，他却矢志不渝，坚信“滔滔江水日趋东，万法从新要大同”的革新之道。

影响中国近代思想界的达尔文进化论和卢梭民约论，最早是由黄遵宪介绍到中国来的，中国士大夫最早是从黄遵宪撰写的《日本国志》了解到人权、民主、平等的概念。《日本国志》中的维新变法思想，使当时的康有为、梁启超乃至光绪帝都受到很大启发，其“分官权于民”的思想明显地启发了一代伟人孙中山形成民权主义的思想。

黄遵宪告诉人们，当今世界已经日益缩小！“自轮船铁路纵横于世，极五大洲之地，若不过弹丸黑子大，各国恃其船炮，又可以无所不达。”“……日本桥头之水，直与英之伦敦、法之巴里（黎）相接，古所恃以为藩篱者，今则出入若庭径矣！”[1] 黄遵宪企图唤醒人们：万里重洋不能阻隔，地势险要也不足凭借，侵略者随时会再度打上门来，不求自强就要亡国！

欧美各国为什么比中国强盛？黄遵宪的回答是主要靠两条。一是它们建立起民主制度。这是远远胜于专制制度的民主式制度，欧美各国已经实现，日本正在实现，他认为其他国家也应跟上这种世界潮流。二是西方国家通过竞争角逐，大力发展产业、增强国力。他认为产业发展与否决定国力的强弱，从多方面总结西方国家殚精竭虑发展产业的办法。

反对“喜谈空理”，提倡注重“实学”。黄遵宪总结西学的特点是讲求“实学”“崇尚工艺”，即重视自然科学，有益于国计民生。他称赞说：“今欧美各国，崇尚工艺，专门之学，布于寰区。”“举一切光学、气学、化学、力学，咸以资工艺之学，富国也以此，强兵也以

---

1 《日本国志》卷十《地理志一》。

广东梅州黄遵宪故居——人境庐

此。”强调重视“实学”带来了西方的富强。而中国士大夫却“喜谈空理，视一切工艺为卑卑无足道。”[1]这正击中了中国旧学轻视自然科学的要害。他认为，“鄙夷”工艺之学造成了中国的贫弱，因此必须抛弃有害的空谈，大兴有益于国计民生的“实学”。改变“讳言兴利”的陋规，讲求“理财之法”。黄遵宪认为，“财也者，兆民之所同欲，政事之所必需者也”。绝不应该“讳而不言”，而要刻意讲求“理财之道”。他对比了西方与中国两种截然相反的做法：欧美各国，每年公布“预算”“决算”，做到“征敛有制，出纳有程”，“取之于民，布之于民，既公且明，上下孚信”。而中国君臣却“不敢言兴利”，“不愿核出入之数，明取乏、实用之、公布之”。[2]应该彻底抛弃这种害国害民的陋规。

1 黄遵宪:《日本国志》卷四十《工艺志序》。

2 黄遵宪:《日本国志》卷十七《食货志三》。

容闳（1828—1912 年），字达萌，号纯甫，广东香山县南屏村（今珠海市南屏镇）人，中国近代史上首位留学美国的学生，被誉为“中国留学生之父”。中国近代早期改良主义者。容闳是中国第一批洋学堂学生、第一位自主选择留学生、第一位自费留学生、第一位勤工俭学留学生、第一位完成学业留学生、第一位公派留学倡导人。

1. 中国近代史上第一位留学生

1828 年，容闳出生在广东的一个贫困农民家庭。他的父母希望儿子将来能当一名和洋人打交道的翻译，改变贫穷的命运。于是，七岁的容闳被送到澳门一个由西方人创办的马礼逊学校读书。1846 年，校长布朗告诉学生，自己因为健康原因决定回国，同时想带几个中国学生去美国完成学业，容闳第一个站了起来。

1847 年 1 月 4 日，未满 19 岁的容闳在广州黄浦港登上名叫“亨特利思”号（Huntress）专向美国运载茶叶的帆船，远渡重洋赴美求学，成为中国近代史上第一个留学生，于麻省之孟松预备学校（Monson Academy）就读，三年后考入耶鲁大学（Yale University）。1854 年从耶鲁大学毕业。毕业后容闳放弃了留在美国任职的机会，怀揣强国梦，回到祖国。他在《西学东渐记》中表白说：“更念中国国民，身受无限痛苦，无限压制……予无时不耿耿于怀……予意以为，予之一身既受此文明之教育，则当使后予之人，亦享此同等之利益。以西方之学术，灌输于中国，使中国日趋于文明之境。”

正是带着这个梦想，容闳回到了阔别多年的充满战乱、贫穷、愚昧的祖国并为此奋斗了一生。他不但是中国近代史上第一位留学生，而且是中国近代留学事业的真正开创者。

2. 洋务运动之幼童留学

回国后的 1872 年至 1875 年间，容闳曾先后组织四批共 120 名中国少年赴美留学，掀起了当时“中国近代史上规模最大的留学运动”。不仅如此，从率先引进西方制造工业到创办“江南制造局”，容闳把中国学习西方的风潮扩展至政治、经济、文化等各个层面。

中国第一个留美学生容闳

回国的容闳于1855年3月在香港登陆，为往美国派留学生辛苦奔波了一年多，一无所获。于是他来到上海，先在海关做事，转而经商开茶叶公司。经过七八年的闯荡，容闳已经颇有名气，深得洋务官僚的赏识。1863年曾国藩致函容闳，“亟思一见”。于是，容闳被收留在曾国藩的门下帮办洋务。1870年，曾国藩往天津处理“天津教案”，容闳当翻译，有了和曾国藩单独接触的机会，于是大胆向曾国藩提出了他的“留学教育计划”。曾国藩表示赞同，立即与李鸿章联合上奏，得到了清廷的批准。前后经过近20年的努力，容闳的理想总算变成了现实。

曾国藩和李鸿章计划先向美国派120名留学生，主要学习科技、工程等办洋务急需的学科。考虑到语言问题，决定选10岁到16岁的幼童出国。从1872年起每年派30名，至1875年派完。留学年限为15年，费用由清廷支付。但那时绝大多数人把出国留学视为危途，尤其是美国离中国遥远，不少人认为那是个非常野蛮而不开化的地方，甚至会把中国人的皮剥下“安在狗身上”，特别是将十来岁的儿童送出国，一别就是15年，还要签字画押，“生死各安天命”，让一般家长难以接受。所以，容闳使出全身解数，就是招不到这30名幼童。于是他不得不返回老家香山县动员说服乡亲们报名，同时在附近县市活动，结果还是没有招满，最后在香港又招了几名，才凑足30名，于1872年8月11日由上海赴美。以后招收的三批90名学生亦十分艰难。不过，由于容闳的执著，120名幼童如期派到了美国，终于打开了中国官派留学生的大门。这120名幼童多数来自广东等东南沿海地区。

到1880年，多数幼童已经中学毕业，个别的如詹天佑等考入了大学，还有一些进入中专或其他职业学校学习。

清政府派留美幼童的想法是在政治和思想上保持封建文化传统的前提下，把美国的先进技术学到手，但幼童们从小学到中学，用的都是西方的教材，不但学到了许多新的自然科学知识，而且也接触了较多的资产阶级启蒙时期的人文社会科学文化，数年之后，他们渐渐地对“四书”“五经”和孔夫子失去兴趣，对繁琐的封建礼节也不大遵守，反而对个人权利、自由、民主之类的东西乐于接受。在受过美国文化熏陶的容闳眼里，幼童们的这些变化都是很自然的，但是，和他一起负责管理留美幼童的清廷守旧官僚却视幼童的这种新变化为大逆不道，处处给他们出难题。一场围绕留美幼童的中西文化冲突不可避免了。最后不得已，1881 年将幼童凄然撤回而告终。

照容闳的本意，是让留美生一年一年地派下去，至少坚持百年，就能为实现中国的现代化造就一批高级人才。为此，他恳请清政府批准，斥资 43 000 美元，在哈特福特建造了一座三层楼房，作为选派和管理留学生的办公用房。1875 年楼房竣工后，容闳等人就搬入此楼办公，同时还有一些专供住宿的宿舍和学习汉语的教室，幼童们可以定时来这里上中文课。这大大便利了留学生的培养。

到 20 世纪初，这些留学生们都取得了相当可观的成就。据初步统计，这批留美生中从事工矿、铁路、电报者 30 人，其中工矿负责人 9 人，工程师 6 人，铁路局长 3 人；从事教育事业者 5 人，其中清华大学校长 1 人、北洋大学校长 1 人；从事外交行政者 24 人，其中领事、代办以上者 12 人，外交部部长 1 人、副部长 1 人，驻外大使 1 人，国务院总理 1 人；从事商业者 7 人；进入海军者 20 人，其中 14 人为海军将领。总之，除早亡、留美不归和埋没故里者外，大都在不同的岗位上为中国的现代化做出了应有的贡献，为国家做出了极大的贡献。他们的成就见证了容闳的历史眼光，也成了他对祖国母亲最好的报答。

1872 年 8 月中国第一批留美学童出国前合影

孙中山及其海洋观

孙中山（1866—1925年），名文，字载之，号日新，又号逸仙，幼名帝象，化名中山。广东省香山县（今中山市）人，中国近代民主主义革命的先行者，“起共和而终帝制”。中华民国和中国国民党创始人，三民主义的倡导者。他组织革命政党，发动武装起义，领导了震惊中外的辛亥革命，推翻了中国历史上延续几千年的封建王朝专制统治，开创了中国民主革命风起云涌的历史新篇章。孙中山1905年成立中国同盟会；1911年辛亥革命后被推举为中华民国临时大总统，建立共和体制；建立中国国民党；创建黄埔军校和中山大学；领导护国运动和护法运动；提出三民主义和五权分立思想；倡言“天下为公”；创立“中华革命军”。著作有《民权初步》《孙文学说》《三民主义》《实业计划》等。孙中山是一位伟大的革命家和政治家，国民政府尊称其为“中华民国国父”，中国国民党尊其为总理，毛泽东和中国共产党称其为“中国近代民主革命的伟大先行者”。

1. 孙中山故居、纪念馆

孙中山故居、纪念馆位于广东省中山市翠亨村，坐东北向西南，占地面积500平方米，建筑面积340平方米，是以翠亨村孙中山故居为主体的纪念性博物馆，其主体陈列有孙中山故居、孙中山生平事迹展览和翠亨民居展览等。

孙中山就任中华民国临时大总统

孙中山故居是孙中山长兄孙眉于1892年从檀香山汇款回来由孙中山主持建成的。这座融合了中、西建筑特点的两层楼房，首层居中是客厅，后面是孙中山母亲的卧室。两侧分别是孙中山和其大哥孙眉的房间。二楼两侧分别是孙中山的书房和客房。故居的前院北侧是当年孙中山出生的房舍旧址，南侧有孙中山栽种的一棵酸子树。

故居正门南侧有宋庆龄手书的“孙

孙中山故居纪念馆正门——天下为公

中山故居”木刻牌匾。孙中山故居外表仿照西方建筑，楼房内部设计用中国传统的建筑形式。故居正厅摆设是孙中山亲自布置的。1893年冬，孙中山曾在此书房研读古今书籍，探索救国救民真理，并曾在这里草拟《上李鸿章书》，提出“人能尽其才、地能尽其利、物能尽其用、货能畅其流”的主张。

故居庭院前的大榕树，是孙中山童年时代常常听参加过太平军的冯观爽老人讲述太平天国将领反清故事的地方。

孙中山纪念馆展示孙中山生平事迹，资料丰富。

广东是孙中山的诞生地，也是其革命活动的主要基地。中山纪念地在广东其他地区亦有多处，如广州、韶关、惠州、梅州、潮州、河源等地。在广州有中山纪念堂、孙中山大元帅府、国民党“一大”会议旧址、中山大学以及孙中山提出创办的黄埔军校等。

2. 中国民主革命先行者

孙中山“致力于革命四十年”。从一介平民到创立兴中会、同盟会、国民党，领导辛亥革命，推翻封建帝制，推动了中国历史向前发展。他领导的革命活动曾遭受多次失败，但他以果敢的智慧、坚强的毅力和不屈不挠的精神坚持斗争，建立了卓越的功勋。他的主要历史功绩有：一是创立兴中会。1894年11月，孙中山从上海去檀香山，组织兴中会，以“驱除鞑虏，恢复中华，创立合众政府”相号召。二是创建同盟会。1905年8月，孙中山与黄兴等人，以兴中会、华兴会等革命团体为基础，在日本东京创建全国性的资产阶级革命党同盟会，孙中山被推举为总理，他所提出的“驱除鞑虏，恢复中华，创立民国，平均地权”的革命宗旨被采纳为同盟会纲领。在同盟会机关报《民报》发刊词中，孙中山首次提出民族、民权、民生三大主义。同盟会的成立，有力地促进了全国革命运动的发展。1906—1911 年，同盟会在华南各地组织多次武装起义，孙中山为起义制定战略方针，并在海外奔走，为起义筹募经费。特别是 1911 年 4 月 27 日的广州黄花岗之役，在全国引起了巨大震动。三是创建国民党。1912 年 8 月，同盟会与统一共和党、国民共进会、国民公党合并，改组为“国民党”。孙中山在北京举行的国民党成立大会上被选为理事长，并委任宋教仁为代理理事长。1913 年 3 月，宋教仁被暗杀，袁世凯嫌疑为元凶。孙中山力主南方各省起兵反袁，史称“二次革命”。由于实力不足，二次革命旋即失败。孙中山被通缉，不得不再次赴日本寻求援助。1914 年，孙中山在日本建立中华革命党，并两次发表讨袁宣言。1918 年 5 月孙中山因受西南桂系和政学系军阀的挟制，被迫辞去大元帅之职。1919 年 10 月，孙中山将中华革命党改组为中国国民党，并发表所著《孙文学说》《建国方略》。四是领导辛亥革命。1911 年 10 月 10 日，武昌起义爆发，各省纷纷响应。孙中山在美国得知消息后，12 月下旬回国，即被 17 省代表推举为中华民国临时大总统。1912 年 1 月 1 日，在南京宣布就职，组成中华民国临时政府。同年 2 月 12 日，清朝宣统帝（溥仪）被迫宣布退位，结束了长达两千多年的君主专制制度，建立了民国。辛亥革命推翻了腐朽的清王朝，结束了中国的封建君主制度，这是中国近代史上一个划时代的伟大事件。作为一次资产阶级民主革命，辛亥革命虽然有其历史局限性，但它的历史功绩是永存的。五是促成革命统一战线。当中国革命历程进入新民主主义革命时期后，孙中山接受中国共产党和国际无产阶级的帮助，使自己的理论和实践有了深刻的变化，促成了革命统一战线的建立。孙中山采纳了中国共产党倡导的反帝、反封建政纲，确立了“联俄、联共、扶助农工”的三大革命政策。重新阐述三民主义，把旧三民主义发展为新三民主义。六是联俄联共。1923 年 12 月 29 日，孙中山接受列宁和共产国际的协助重建大元帅府。共产国际派出鲍罗廷到广州为孙中山顾问，以苏共为模式重组中国国民党。1924 年 1 月，孙中山在中国国民党第一次全国代表大会上，宣布实行“联俄、联共、扶助农工”三大政策，接受中国共产党和苏俄共产党帮助，改组国民党。

3. 孙中山的海洋思想

孙中山的民主革命思想是在走出国门、探索救国之路、实现三民主义理想、建立近代化国家的历史过程中形成的，它植根于海洋，升华于海洋，正是“沧海之阔”开阔了孙中山的视野，使他把中国的独立、民主、富强与世界紧紧地联系在一起。他的海洋思想也正是来之于“沧海之阔”“穷天地之想”。

国力之盛衰强弱，常在海而不在陆

孙中山认为海洋与国力之间有密切关系：“自世界大势变迁，国力之盛衰强弱，常在海而不在陆，其海上权力优胜者，其国力常占优胜。”针对中国为陆海复合型国家的特点，孙中山强调中国未来的生存与发展应是“海权与陆权并重，不偏于海，亦不偏于陆，而以大陆雄伟之精神，与海国超迈之意识，左右逢源，相得益彰”。

“太平洋问题”，即世界之海权问题

孙中山分析第一次世界大战的原因，认为是英国人和德国人“互争海上的霸权”所致，“因为德国近来强盛，海军逐渐扩张，成世界上第二海权的强国，英国要自己的海军独霸全球，所以要打破第二海权的德国。英德两国都想在海上争霸权，所以便起战争”。第一次世界大战结束后孙中山还预感到：“欧战告终，太平洋及远东为世界视线之焦点”，“何谓太平洋问题？即世界之海权问题也。”孙中山在为姚伯麟先生撰写的《战后太平洋问题》一书所作的序中科学地预见到：第一次世界大战之后“海权之竞争，由地中海而移于大西洋，今后则由大西洋而移于太平洋矣。昔时之地中海问题、大西洋问题，我可付诸不知不问也；唯今后之太平洋问题，则实关乎我中华民族之生存，中华国家之命运者也。盖太平洋之重心，即中国也；争太平洋之海权，即争中国之门户权耳。谁握此门户，则有此堂奥、有此宝藏也”。因此，全体中国人要对这个严峻的现实问题高度注意和警觉：“人方以我为争，我岂能付之不知不问乎？”

制海者，可制世界

孙中山认为：“海军实为富强之基”，中国欲富非强海军不可。世界强国多为海洋强国。以前德国“海军与英国较在一与六之比例，今则骎骎发达，变为一与二之比例矣。英国朝野上下，遑遑焉保其二国标准主义而不怠，其余如美、日、俄诸国海军皆长足进步，争先恐后，观诸国海军表其国力竞争之消息，可以默喻矣”，“美国频年增加海军，其费动数万万元”，结果“十年以来，幡然改变，岁造超无畏舰二艘，海军力逐渐凌驾日本”，日本“海军也是很强的，几乎可以和英美争雄”。英国、德国、美国、日本等国就是凭借强大的

海军向外扩张的。但是中国近代海军却极为落后，“吾国海军诸港如旅顺、威海、胶州湾、广州湾等地，次第借租于外国，其余可为海军根据地者无几，倘再舍此而不顾，恐后患有不可胜言者”。孙中山认为：“今我国海军虽不克与列强争胜，然有海军根据地，置而不顾，甚非国家永久之大计、巩固边防之政策也。”另一方面中国军舰小而数量少，“中国之海军，合全国之大小战舰，不能过百只，设不幸有外侮，则中国危矣！何也？我国之兵船，不如外国之坚利也，枪炮不如外国之精锐也，兵工厂不如外国设备齐完也。故今日中国欲富强，非厉行扩张新军备建设不可”。“海军实为富强之基，彼英美人常谓，制海者，可制世界贸易，制世界贸易者，可制世界富源，制世界富源者，可制世界，即此故也。”“海陆军强盛，则中国在世界上必进于一等国之地位。”必须大力“兴船政以扩海军，使民国海军与列强齐驱并驾，在世界称为一等强国”。

积极发展海洋实业

积极发展海洋实业是孙中山海洋思想的重要内容。首先，孙中山高度重视港口地位及其在经济发展中的作用，明确提出港口“为国际发展实业计划之策源地”“为世界贸易之通路”，是“中国与世界交通运输之关键”。他制定了一套完整的中国港口建设规划，《实业计划》共有六大计划，其中三项是关于港口问题的。孙中山强调要整治中国全部海岸线，建设四类不同等级海港，“以完成中国海港系统之机会矣”。其次，孙中山指出：“水运是世界上运输最便宜的方法。”“商务之能兴，又全恃舟车之利便。”所以要大力发展海运业。再次，孙中山认为中国要想发展海运业，“其急要者，当有一航行海外之商船队，亦要多数沿岸及内地之浅水运船，并须有无数之渔船”，尤其“在海上运输，更是要用大轮船”。与世界各国拥有海船吨数相比，孙中山认为若“使中国在实业上，按其人口比例，有相等之发达，则至少须有航行海外及沿岸商船一千万吨，然后可敷运输之用”。因此“建造此项商船，必须在吾发展实业计划中占一位置”。最后，要注意海洋资源的开发。孙中山认为：“人类食物得自三种来源，即陆地、海水、空气三者。”他在论捕鱼海港之建设及捕鱼船舶之构造时，已涉及海水食物。计划中的北方大港“地居中国最大产盐区域之中央”，“在此地所产之廉价之盐，只以日曝法产出。倘能加以近代制盐新法，且可利用附近廉价之煤，则其产额必将大增，而产费必将大减，如此中华全国所用之盐价可更廉”。而且还要注意沿海滩涂的利用，如“盖以辽东湾头广而浅之沼地，可以转为种稻之田，借之可得甚丰之利润也”。1916 年 9 月孙中山在考察杭州湾时还详细询问了围海造田、潮汐发电等有关海洋开发利用问题。

开放粤人　游走世界

粤籍华侨华人的贡献

粤籍华侨华人与侨乡

第八章

四海为家的广东人

无可奈何离唐山，背个市篮去过番。

海水迢迢无前路，妻儿泪尽父母牵。

——题记

“有海水的地方就有中国人。”中国人向外移居，已有3000多年的历史。殷商末期，贵族萁子率民移居朝鲜，秦始皇时期徐福求长生不老药，带领500童男童女东渡日本。唐宋史籍中也有不少华人侨居海外的记载。“华侨”一词19世纪末开始使用，20世纪初成为对所有海外中国人的通称。如同山东人闯关东、山西人走西口一样，海外移民向以粤闽居多，故侨乡侨眷密集，形成特色鲜明的华侨文化。

开平立园雕楼

广东濒临南海，沿海一线遍布岛屿港湾，以海谋生者众。船行海上，渐次及远，自古以来就是中国与世界交往的重要地区。历史上移居海外谋生的粤人为数众多，形成规模大、影响广的粤籍华侨华人群体。

1. 异国他乡图强变

广东籍人士移居海外，据有关史料记载，大概始于晚唐或宋初。早期的移民，常常是出海经商贸易的商贾，因故而滞留海外，他们主要聚居在交通和贸易比较发达的印支半岛、马来半岛、印度尼西亚各岛、吕宋岛等东南亚沿海地区各个港口，也有部分因避战乱而移居海外的。如唐末黄巢起义军进攻广州，波及新会等地，就有不少粤籍居民避居于今印度尼西亚的苏门答腊等地。还有就是出洋务工的劳工。现当代中国移民多为求学和经商而居留海外。

元明与清初，由于南方沿海经济比较发达，广东对外贸易迅速发展，移民海外的广东人逐渐增加，当时除了经商贸易滞留周边国家外，还有不少广东籍人士移居暹罗（今泰国）和新加坡、马来亚（马来西亚的旧称，后同）地区。另外还有历朝遗民遗臣率众移居东南亚国家，以图积聚力量东山再起。当时出境的广东人，也有不少是冒死出境后无法返乡者，作为清朝弃民、海盗等方式滞留海外的。再有就是被掳走的沿海中国居民，如葡萄牙人曾于 1519 年、1523 年、1556 年 3 次进犯广东新会，抢掠和拐骗当地人士到葡属东印度（今印度尼西亚）从事垦殖开发。1840 年中英鸦片战争前，海外华侨有 100 多万人，其中广东籍人士占 50% ～ 60%，绝大部分在中国周边的东南亚地区。

19 世纪中叶起，广东人开始大规模地移民海外，出现了一波波移民潮。引发广东人大规模移民海外的原因主要有三个：一是海外需要廉价劳动力。15 世纪中叶至 19 世纪末叶，葡萄牙、西班牙、荷兰、英国、法国等西方殖民国家争相霸占了非洲、美洲、亚洲、大洋洲等地许多殖民地，

樟林古港华侨纪念馆藏
“过番三件宝”

急需大量的劳动力开发当地经济。他们先在非洲贩卖成千上万的黑奴以供奴役，随着 19 世纪初非洲奴隶贸易被逐渐禁止后，贫弱的中国便成为它们掠夺廉价劳动力的主要目标地。二是招募劳工合法化。西方列强曾在中国非法掳掠中国劳工，随着殖民势力扩张及其对廉价劳动力的迫切需求，非法募招劳工已经不能满足西方列强的需求。为了合法大量地掠夺中国的廉价劳动力，经过两次鸦片战争，西方列强武力胁迫清廷答应准许华工出口。西方列强在沿海的汕头、广州、厦门、澳门、香港、福州、上海、宁波等地设立招工客栈，广东人称之为“猪馆”“猪仔馆”。三是广东地区天灾人祸频仍，生存艰难。走投无路之际，不少人被迫流徙外洋谋生。“广东沿海各县，因无工可做，‘相率卖身当猪仔，到南洋去当苦工者每年约以千万计’。”其他如因不堪清政府的迫害和屠杀，因地方械斗失败而移民的也不少。

广东出现那么多的华侨和侨乡，除了自然地理因素和上述经济社会因素外，还有一个重要原因是广东的人文特征。广东人富有勇敢开拓精神，顽强不屈、吃苦耐劳。他们不甘困苦贫弱，勇于越洋过海，开拓新天地，谋取新财富，创立新事业。出洋时只有“过番三件宝”[1]的他们经过艰难打拼、悉心经营，20 世纪在海外获取巨大成功的粤籍华人不胜枚举。

1 所谓“过番三件宝”是指当年漂洋过海的人们随身只带着简单的行李——市篮、甜粿和浴布。

2. 粤华侨华人分布

近代广东移民主要移去东南亚地区、北美洲和大洋洲。这几大地区的粤籍华侨，占当时移民海外广东人的70% ~ 80%，其余的则散布世界各国，世界大部分国家都有广东籍移民。

东南亚地区自古以来就是广东人移居海外的主要地区。在19世纪中叶的移民高潮中，东南亚地区依然是广东人的主要移居地，当时称为“下南洋”。他们主要分布于暹罗（今泰国）、马来亚、新加坡、越南、柬埔寨和荷属东印度群岛(印度尼西亚)等地，从事开锡矿、采石油、种橡胶、种甘蔗、修铁路、开发商埠等工作。20世纪初，由于北美洲、大洋洲等地排华，加上国内政局动荡、灾荒频发等原因，广东向东南亚地区迁移流动的人数迅速增加。1929 年爆发第一次世界经济危机后，随着东南亚国家经济衰退以及一些国家限制移民，广东籍移民逐渐减少。第二次世界大战爆发以及1949年新中国成立后，对东南亚的移民基本停止。

泰国是广东籍华侨最多的国家。19世纪前后，泰国为了发展近代工商业，鼓励中国人移入。广东籍人，特别是潮汕人陆续来到泰国，在当地从事农业、贸易、碾米等劳务。据统计，19世纪移居泰国的华侨，年均数千到上万不等，1884年泰国华侨已多达150万人。进入20世纪以后，移居泰国的华侨保持每年万人以上。20世纪50年代初，泰国华侨华人总数约为231.5万，其中祖籍广东的有200.7万，占91%（潮汕地区占56%，客家地区占16%，海南地区占12%，广府地区占7%）。

广东籍华侨移居较多的另一地区是马来半岛，即当今的西马来西亚和新加坡。华侨移入之初，主要是开锡矿、种橡胶，后来逐渐拓展从事商业、制造业等，人数逐年迅速增加。据统计，西马来西亚华侨人数，1842年为1.7万人，1901年增加到42万人，1947年再增加到188万人。祖籍广东的约占60%，其中客家人25.7%，广府人21.1%，潮州人11%。新加坡1947年华侨华人为73万人，其中祖籍广东的40.7万人，占总数的55.75%。

印度尼西亚华侨华人，1930年为119万人，广东籍华侨42.4万，占36%，其中客家人20万，潮州人8.8万，广府人13.6万。越南、柬埔寨和老挝三国华侨华人，20世纪50年代初估计为130.5万人，祖籍广东的估计约占60%，约78万人。沙捞越、沙巴、文莱（旧称英属婆罗洲）等地区华侨华人，1947年为22万人，广东籍华侨占60%，约13万人。缅甸华侨1947年约为30万人，广东籍华侨占总数的33%，约10万人。菲律宾华侨华人，1939年为30万～40万人，广东籍华侨占10%～15%，4万～5万人。

北美洲的美国和加拿大以及大洋洲的澳大利亚和新西兰，也是19世纪中叶广东人移居较多的国家。

中国人大批移民美国始于19世纪早期。1848年加利福尼亚三藩市发现丰富的金矿，大批中国劳工随即被招募赴美开采金矿，一些自由华工也随着淘金热潮进入美国加州。华工还参与修建铁路，1858年修建的从萨克拉门托到马里斯维尔的加利福尼亚中央铁路，1860年修建的圣河墓铁路，都有不少华工参加。

1858年加拿大的不列颠哥伦比亚省（亦译卑诗省）发现金矿，吸引大批华工前去采金。1880年加拿大开始修建太平洋铁路，铁路公司除招募美国华工外，还直接到中国主要是广东先后招募华工1.7万人。铁路刚一完工，加拿大政府便实施排华政策，以阻止中国移民进入加拿大，1885年起征收人头税，1923年禁止中国移民入境。此后中国人包括广东人基本停止移加，加拿大华侨增长主要靠自然繁衍，1941年华侨华人总数仅34 672人，主要来自台山等四邑和番禺、鹤山等县。

1851年，澳大利亚的墨尔本附近也发现了大型的沙金矿床，大量的中国移民随之涌入澳大利亚墨尔本，五年内人口增加了一倍，此时的澳大利亚产金量约占世界的40%，成为

古巴甘蔗园戴镣铐的华工

世界的产金中心，所以华人把美国圣弗朗西斯科（檀香山）改称为“旧金山”，而把墨尔本称为“新金山”[1]。19世纪50年代初新西兰发现金矿的消息，也吸引了大批广东籍移民。到1881年澳大利亚华侨有38 533人，新西兰有5004人。

此外，当时还有数十万广东籍人士移居中南美洲的秘鲁、古巴、西印度群岛、巴拿马、巴西等国，他们在中南美洲挖鸟粪，开矿山，种植甘蔗、棉花、茶和香料，不少人被折磨至死，一些广东人移居非洲、欧洲、亚洲、太平洋群岛等各个国家与地区，人数从数百数千到数万不等。

有关统计显示，20世纪80年代初的广东籍华侨华人为2000万，多于福建、广西和海南另三个主要出国大省的海外华侨华人人数。广东籍华侨华人分布在世界各地，其中亚洲约1580万人（在东南亚1480万人），主要分布在泰国、马来西亚、印度尼西亚、新加坡、柬埔寨、菲律宾、越南等国；欧洲约50万人，主要分布在法国、德国、英国、荷兰等国；北美洲约200万人，主要分布在美国、加拿大；南美洲约50万人，主要分布在巴西、阿根廷以及中美洲各国；大洋洲约30万人，主要分布在澳大利亚、新西兰；非洲约4.5万人，主要分布在南非、马达加斯加、毛里求斯等国。另查，1979—1998年，仅广东五邑地区，便有38万人出境到国外和港澳地区定居，平均每年万人以上。[2]2010年前后，海外华侨华人4500万～5000万，广东籍华裔占50%～60%，遍及世界100多个国家和地区，主要聚居于东南亚、北美和大洋洲等传统移民地区，但在其他各国的人数也不少。

3. 广东移民掌故

契约劳工

早期粤人移民海外主要有契约劳工和自由移民两种形式，以签订工作契约出国的称为契约劳工。他们大多数是被拐骗或绑架到西方列强设在汕头、广州、澳门、香港等地的招工点，这些招工点又称“猪仔馆”，被诓骗来者也称为“猪仔华工”。他们被迫在“卖身契约”按印画押，然后上船被塞进统舱运往各个殖民地。海上航运往往需数十天甚至几个月，途中缺水少吃，因疾病或受虐而死者不计其数。《过番歌》和泰国潮州义山亭对联道出了其中的苦衷：

1 侨情简报编辑组：新金山，http:// lib.jnu.edu.cn/booc/viewarticle.jsp?articleid =730，2005-07-15.

2 吴淡初：五邑华侨历史概况，http://www.jiangmen.gov.cn/hq/wyqs/200510/t20051018_42979.html，2005-10-18.

过番歌

无可奈何蒸甜粿，伴个“角毕”往暹罗。

海水迢迢，父母心枭，

老婆未娶，此恨难消。

红船到，猪母生，乌仔豆靠上棚。

红船沉，猪母眩，乌仔豆生枯蝇。

背个市篮去过番，樟林港咀泪汪汪。

钱银知寄人知返，父母妻儿切莫忘。

泰国潮州义山亭对联

渡过黑水，吃过苦水，满怀心事付流水；

想做座山，无归唐山，终老骨头归义山。

出洋华工到岸后被迫从事超强度的体力劳动，甚至是长达数年在极其恶劣的自然环境中身负脚镣披星戴月地劳动，不少人受到种种虐待，最终被摧残致残致死，那些幸存者多孤独一生，客死他乡，少数送骸骨回乡安葬。契约劳工制度因此又被称为“苦力贸易”，运送契约劳工的船被称为“海上的浮动地狱”。

19 世纪 40—50 年代到 19 世纪末出国的契约劳工多达数百万，其中大部分是广东籍劳工。在国内外各界人士的激烈反对下，强制性的契约劳工制度在 20 世纪初被逐渐废除，自由移民遂成为中国人移民出境的主要方式。

赊单工、青单客、满身纸

与契约劳工相应的早期移民，还有“赊单工”。“赊单工”原指以签订契约形式赊欠迁移沿途旅费，到达移居地有了收入后才清还欠账者，与自己负担迁移沿途旅费的自由移民“现单客工”相对。由于契约劳工以“赊单工”形式出境，“赊单工”后又俗称泛指鸦片战争前后以“契约华工”形式移民出境的老华侨，早期去美国、加拿大以及澳大利亚的广东五邑地区的华工，很多是采取这种形式。青单客，则是早期对从汕头（1861 年汕头被辟为通商口岸）出境的契约劳工的称呼。因为当时的契约劳工，多为被诱骗拐卖者，被称为卖身者，他们与招工者订立契约后，马上可以得到一张绿色船票，该船票又称青单船票，持

清末，乘坐洋轮"过番"的契约华工

19世纪末横渡太平洋轮船上的赊单华工

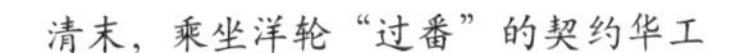

此票成为当时卖身外洋谋生的特征。[1]满身纸又称满工执照，是证明契约华工完成契约规定工期的凭证。当时去古巴的契约华工，按契约规定一般要为雇主劳动八年，到期后解除契约，由雇主签发的证明称为满身纸，证明其已完成契约劳务。早期古巴居民，出入必须携带古巴当局发放的行街纸。华工想领行街纸，则必须向古巴当局呈递由雇主发放的满身纸。碰到无良雇主，往往在华人工满后，拒绝发给满身纸，甚至勒索再立合同。[2]

口供纸、纸面儿

所谓"口供纸"，就是一种专门为出国的移民准备的，应付移入国移民官员（"税员"）询问的培训资料。1882年美国通过"排华律"后，中国移民基本无法进入美国，但1906年的旧金山大地震却使情况出现转机。按照美国的法律，在美国出生的自动成为美国公民，其子女可以移民美国，旧金山地震及火灾烧毁了当地政府存放的档案资料，许多华人随之声称自己是土生华侨，他们回国探亲返回美国后，称生了儿子，并以土生华侨的身份，依据法律申领美国政府颁发的出生证明，申请国内子女到美国。这些土生华侨子女进入美国时，移民局官员会根据新移民在美国的父亲向移民局提供的资料进行盘问，口供不符则拒

1 侨情简报编辑组：青单客，http:// lib.jnu.edu.cn/booc/viewarticle.jsp?articleid =1792，2007-01-15.

2 侨情简报编辑组：满身纸，http:// lib.jnu.edu.cn/booc/viewarticle.jsp?articleid =731，2005-07-15.

绝入境。为了让以出生证明前来的移民顺利入境，在美国的华侨申请人都将提交给移民当局的资料翻译后编制了一种“一问一答式”的移民培训资料寄回国内，让准备出国的人熟记于心，以便到美国候审所接受审查时口供相符，“口供纸”这种独特产物应运而生。当时一些没有孩子出生的华侨也想办法申报出生证明，并将这一“空额”转让给自己的亲戚，有的甚至卖给希望移民美国的乡亲，从中获得利益，通过购买的出生证明或出生纸，移民美国的假儿子（女）被称为“纸面儿子”。

天使岛

天使岛，一个充满梦幻童话般的名称，但在 20 世纪上半叶约 30 年时间里，这里却是很多刚踏上北美大陆的中国人的梦魇。美国政府在实施排华法案之后，分别在纽约的埃利斯岛和旧金山码头设立了移民候审所，对所有入境的新移民都要进行审查。为了仔细甄别包括中国人等亚裔移民，限制华工入境，20 世纪初，美国移民当局在旧金山湾渔人码头外的埃仑岛（即天使岛）建立了新的移民候审所，逐一审核新移民的身份。直到 1940 年该移民站被一场大火烧毁为止。据统计，前后数十年间，在这个岛上被关押过的中国移民总计高达十多万。赴美华侨登岸后都被囚禁在候审所的木屋里，不分男女，一律强令剥去衣服，用硫黄水熏浴，又被驱进池水鼎沸热气腾腾的痘房，泡上几个钟头。在身体检查中，倘若查出患有沙眼或皮肤病，纵使是轻微的，如果不交付足够的黑钱贿通检查人员，就休想通过这道关口。从痘房出来，美国海关便搬出大套“巴太连囚徒量身器”（美国用以防范犯人越狱的囚徒量身器械），再将华人的衣服脱个精光，从天灵盖到脚跟，逐一度量，甚至连耳目口鼻的距离，到指节趾骨的长短，都详细量度登记，最后是等候审问接受身份甄别。候审时间，通常要三四个星期，期间华人被囚禁在木屋里，不准外出，也不许任何人探视。审问时，倘若一时答不出，又没有送去黑钱，买通关节，就会被囚禁在暗无天日的木屋里，有的长达一两年之久。经过这样的百般折磨，直到送上贿款，才得以打发上岸，上岸时还要排成长龙由美国官员逐个验明，用粉笔在身上写上“OK”两个大字才算完结所有手续。由于候审期间过着囚犯般的生活，饱受凌辱，苦不堪言，一些人不堪忍受而自杀，有的割颈，有的上吊，有的蹈海。天使岛候审所（移民站）是美国排华的历史见证，对美国华人具有特殊的意义。在美国华人社会的推动下，1998 年，美国政府正式将天使岛移民站列为“国家级历史古迹”。

走出国门的广东籍华侨华人，关注民族和祖国的命运，并从人力、物力和财力等多方面积极支持祖国的革命运动和爱国运动，其中对辛亥革命和抗日战争的积极支持与直接投入尤为突出。

1. 丁龙——以人格赢得尊重

贺拉斯·沃尔普·卡朋蒂埃说，丁龙(Dean Lung或Dean Ding)是“一个与生俱来的孔子追随者，一个行动上的清教徒，一个信仰上的佛教徒，一个性格上的基督教徒”。

哥伦比亚大学副校长保罗说：“丁龙不是一个学者，不是一个将军，不是一个重要的人物，他仅仅是众多美国第一代华人移民中的一个，他捐出来的是钱，但更重要的是贡献了他的视野和理想。我们这个机构存在的意义就是要在当今这个充满冲突与对抗的世界里，建立一种属于我们自己的理解和对话的方式。所以我们需要重新认识并嘉奖这样一种视野，同时重新认识并嘉奖这样的个人，肯定他的贡献，让世人知道并记住丁龙的名字。”

丁龙，1857年生于中国广东，18岁来到美国当劳工，后来成为大亨卡朋蒂埃的管家。他捐出终生积蓄，倡议创办哥伦比亚大学东亚系。丁龙在美国谋生是与卡朋蒂埃联系在一起的。卡朋蒂埃1824年7月7日生于纽约北部的一个小镇，1850年以优异成绩毕业于哥伦比亚大学法学院，成为一名律师。但是这个皮匠的儿子从来不循规蹈矩。1849年加州发现的金矿引发了淘金热，卡朋蒂埃立刻前往加州，开始了他的冒险生涯——他先是在旧金山开业当律师，后来创办了加州银行并成为总裁。卡朋蒂埃在一片处女地上兴建了一座全新的城市，取名奥克兰，并自任市长。

丁龙

卡朋蒂埃把土地交给中太平洋铁路公

司，他因此拥有了这家公司的大量股票，后来他又兼任加州电报公司和欧弗兰电报公司的总裁，建立起第一条从西海岸通到犹他州的电报线路，连接了美国东西岸。同时他也是数个铁路公司的董事会成员。

1870年左右，卡朋蒂埃的随从中增加了一个来自中国的劳工，他就是丁龙。勤勉的丁龙后来成为卡朋蒂埃的管家。卡朋蒂埃的脾气很坏。有一次，卡朋蒂埃酒疯发作，不仅把所有的仆人都打跑了，还对丁龙大发雷霆，并且当场解雇了他。第二天早上，清醒过来的卡朋蒂埃十分懊丧，他意识到自己在一座空荡荡的房子里，不会有人给他做饭了。但意外的是，卡朋蒂埃看到丁龙不仅没走，还像往常一样端着盘子给他送早餐。卡朋蒂埃向丁龙道歉，并保证要改掉自己的坏脾气。他问丁龙为什么不走？丁龙回答说："虽然你确实脾气很坏，但我认为你毕竟是个好人。另外，根据孔子的教诲，我也不能突然离开你。孔子说一旦跟随某个人就应该对他尽到责任，所以我没有走。"

有一次，卡朋蒂埃问丁龙，对于他这么多年忠心耿耿的服侍，想得到什么回报。丁龙的回答出人意料：希望在美国最好大学之一的哥伦比亚大学建立汉学系，让美国人能够更多了解中国和中国的文明。1901年6月，卡朋蒂埃向哥伦比亚大学校长塞斯·洛（Seth Low）捐了10万美元，并致信："五十多年来，我是从喝威士忌和抽烟草的账单里一点一点省出钱来的。这笔钱随信附上。我以诚悦之心献给您筹建一座中国语言、文学、宗教和法律的系，并愿您以'丁龙汉学讲座教授'为之命名。这个捐赠是无条件的，唯一的条件是不必提及我的名字。但是我要保持今后追加赠款的权利。"

丁龙也捐献了自己的积蓄，并在纸条上写道："先生，我在此寄上12 000美元的支票，作为贵校汉学研究的资助——丁龙，一个中国人。"对于丁龙来说，这即使不是他的全部积蓄，也是他的大部分财产了——按照美国当时的黄金官价，1美元可兑1.37克黄金。

当塞斯·洛校长对于以中国仆佣的名字来命名一个教席而犹豫的时候，卡朋蒂埃的回信直截了当："丁龙的身份没有任何问题。他不是一个神话，而是真人真事。而且我可以这样说，在我有幸遇到的出身寒微但却生性高贵的绅士中，如果真有那种天性善良、从不伤害别人的人，他就是一个。"

在丁龙和卡朋蒂埃的共同努力下，哥伦比亚大学的东亚研究就此开始起步，哥伦比亚大学汉学系也因此成为美国最早、也是最著名的汉学系之一。清政府听到丁龙倡议建立汉学系和捐赠的消息之后，慈禧太后捐赠了包括《钦定古今图书集成》在内的5000余册图书，价值约合7000美元。李鸿章和清朝驻美使臣伍廷芳等人也都有捐助。

2. 粤籍华侨与辛亥革命

海外华侨始终是辛亥革命最有力的拥护和支持者，并因对革命有功而被孙中山誉为“革命之母”。尤其是海外广东籍华侨，他们从人力、财力、物力等各个方面大力支持和积极参与孙中山先生领导的辛亥革命，不少人毁家纾难、抛头洒血，可歌可泣。

粤籍华侨对辛亥革命的支持，首先是支持成立革命组织。辛亥革命前，孙中山为了发动革命，先后组建了“兴中会”“同盟会”和国民党等组织，广东籍华侨踊跃参加。粤籍华侨还为孙中山提供革命活动场所，为宣传革命出资出版各种报刊，成立许多书报社以联络广大华侨，为辛亥革命筹措捐献资金，还有不少人直接参加起义或加入革命政府。为了推翻清朝政权，孙中山组织了 10 次武装起义，所需经费靠华侨支持。据不完全统计，华侨和港澳同胞为 10 次武装起义捐款达 60 万余元港币。新会港商李纪堂、檀香山开平华侨邓荫南为支持孙中山革命，几乎倾家荡产，为了筹备 1911 年广州起义的经费，在开平侨领司徒美堂的提议下，加拿大致公堂将多伦多、温哥华和维多利亚三所党部大楼典押了出去。

直接参加起义的广东籍华侨也不少，不少为之付出了宝贵的生命。如 1911 年 4 月的“三二九”广州起义，800 名先锋中，华侨占 500 名。起义前夕炸死广州将军孚琦的是祖籍广东的华侨青年温生，这次起义共牺牲 88 人，31 人是华侨，其中 29 人是祖籍广东的华侨，包括新加坡华侨工人李文楷、缅甸华侨李雁南、越南华侨罗联等。

辛亥革命推翻清朝、建立民国以后，华侨继续在政治和经济上大力支持孙中山，不仅积极参加讨伐袁世凯和叛贼陈炯明的斗争，还回国参与政权建设，担任要职。新加坡的晚晴园，是早期新加坡粤籍华侨为孙中山革命运动提供的主要活动场所之一。当年孙中山先

1906 年孙中山向华侨募款的百元面值债票

生为推翻满清皇朝的专制腐朽统治，在海外四处宣传革命，筹划起义时，曾 8 次抵达新加坡，其中 3 次就住在晚晴园里。1906 年 4 月 6 日，中国同盟会新加坡分会在晚晴园成立后，晚晴园不仅成了新加坡革命志士聚会的场所，也是整个东南亚华人革命党的总基地。孙中山、胡汉民、汪精卫、黄兴等风云人物，曾在这里商谈国事。此外，在辛亥革命史上，许多著名的战役，如 1907 年的黄岗山和镇南起义，1908 年的河口起义等，事前都是在晚晴园策划的。晚晴园的主人张永福，祖籍广东饶平县，1871 年出生于新加坡。张永福曾捐出新加坡币 35 万元及供其母颐养的“晚晴园”，作同盟会南洋支部办公及会议之用。同盟会新加坡分会成立后，张永福被推举为副会长、会长。后又同陈楚楠出资再创《南洋总汇新报》和《中兴日报》，与保皇派展开论战。

3. 粤籍华侨华人与抗日战争

抗日战争时期，粤籍华侨华人积极行动起来，成立各种抗日救亡组织，展开各种形式的抗日救亡运动，从人力、物力、财力和舆论等各方面大力支持中国抗日战争。

建立抗日救国团体

抗日战争时期，为团结力量支持祖国抗战，各地粤籍华侨纷纷建立抗日救国团体。在北美地区，1931 年在旧金山发起成立“旧金山旅美华侨拒日救国后援总会”，在纽约成立“纽约华侨拒日会”，1934 年成立“芝加哥华侨抗日后援会”，1936 年成立“纽约华侨抗日救国总会”“旧金山华侨抗日救国总会”“纽约全体华侨抗日救国会”。1937 年 7 月 7 日，日本帝国主义发动卢沟桥事变，8 月 21 日旧金山中华会馆召开全侨大会，成立旅美华侨统一义捐救国总会，由台山籍著名侨领邝炳舜等领导，其下属有 47 个分会，遍布全美大、中、小城市。1937 年 10 月 13 日，纽约市华侨抗日救国筹饷总会成立。1943 年 9 月 5 日，全美华侨抗日救国筹饷机关代表大会在纽约华侨公立学校举行，有 36 个救国会参加，统一各埠筹饷会名称，一律改称“旅某埠华侨救国会”。加拿大粤籍华侨也发起成立“温哥华埠抗日救国会”“温哥华埠华侨抗日总会”，墨西哥粤籍华侨成立“抗日后援会”“华侨抗日后援总会”，古巴粤籍华侨参与发起成立“抗日救国会”等。

在东南亚地区，1937 年 8 月 15 日，新加坡成立马来亚新加坡华侨筹赈祖国伤兵难民大会委员会（简称新加坡筹赈会），福建华侨领袖人物陈嘉庚当选为主席，在 32 名委员中，粤籍委员有 18 名。1938 年 10 月，陈嘉庚在新加坡组织南洋华侨筹赈祖国难民总会（简称“南侨总会”），马来亚、缅甸、北婆罗洲、荷属爪哇、苏门答腊、西婆罗洲、西里伯、美属菲律宾、法属安南及暹罗等地 80 多个筹赈会加入南侨总会。在总会和分会的委员中，粤籍委员占 1/3 多。这个总会是代表当时全南洋 800 万华侨抗日救国的统一组织，名义上称为“筹赈祖国难民”，实则以财力、物力、人力支援祖国抗战。

踊跃捐输

通过各地华侨华人成立的救国会、赈灾会组织，海外粤籍华侨积极开展各种形式的捐献活动，有物出物，有钱出钱，从物力、财力上给予中国抗战以极大支持。华侨华人的募捐活动形式各样，包括认捐、义卖（卖花或演剧等）、还债、救济和献金等。不仅巨商大贾、小民百姓，连稚儿幼童、孤寡伤残都踊跃捐输。美国致公堂领袖、台山人阮本万本人捐了 30.5 万美元，募捐 3500 万美元，侨领、台山人邝炳舜本人捐款 10 万美元，募捐 500 万美元。北婆罗洲新会华侨郑潮炯，1937—1942 年，一边义卖瓜子，一边发动华侨捐款，共得 18 万元，全部交给“南侨救总”。1940 年，他与夫人钟彩合商量，将刚出世的男婴卖给别人，得款悉数捐给祖国抗战。

1937—1945 年八年中，美洲 23.5 万多华侨华人共向祖国捐献 6915.6 万余美元，人均捐款近 300 美元。南侨总会成立前，东南亚各国华侨已踊跃捐输，如 1936 年开展的献金购

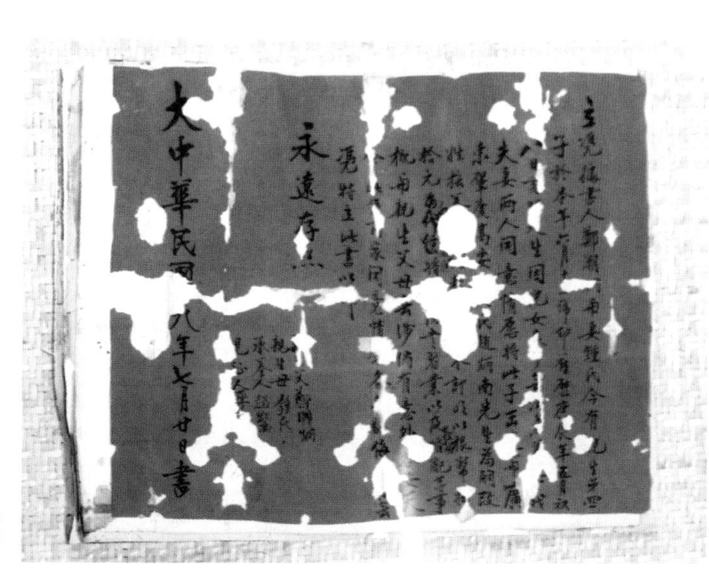
永遠存照
大中華民國　八年七月廿日書

江门五邑华侨华人博物馆藏
郑潮炯卖子救国的卖子契约

机活动，新马华侨捐款达130万元，超过原计划十多倍。从1938年10月南侨总会成立到1940年10月，东南亚各国(除泰国)捐款数约为14 445万国币。其他粤籍华侨众多的国家，如新西兰华侨抗日捐款达320万镑，澳大利亚仅1941年1—9月，寄回的捐款达191万元。除了直接捐款外，广大粤籍华侨还踊跃购买国债。当时国民政府共发行6期救国公债，总额达30亿元，海外华侨认购了11.1亿元。此外，广大华侨还直接捐物，包括飞机、汽车、药品、医疗器械、衣服、粮食等。在印度尼西亚，司徒赞同著名侨领柯全寿、洪渊源等人组织了一个特别委员会，负责购买急救药品、救护车。从1937年7月至1942年12月，该委员会共募捐到5000万港元，连同各类物资，先后寄（运）至贵阳红十字会收转救护伤病员及灾民。种种捐献对处于水深火热之中艰难抗战的祖国人民无疑是巨大的支持。

直接回国参战

广大粤籍华侨还奔赴祖国抗日第一线，直接参加保卫祖国抗击日寇的神圣战争。1931年“九一八”事件后，海外华侨掀起回国参军的热潮。据称在淞沪保卫战中19路军著名的61师中有一支200多人组成的华侨抗日救国义勇军，其中不少是海外粤籍华侨子弟。回国加入中国武装部队直接参战的华侨估计有数千人，不少人为了祖国抗战贡献出了宝贵的生命，留下了许多可歌可泣的动人事迹。除了参军之外，还有不少粤籍华侨回国提供后勤军输服务。

“航空救国”和“飞行救国”

第一位华人飞机设计家、制造家、飞行家冯如（1884—1912年）是广东恩平人，1895年赴美国旧金山谋生，后对机器制造工艺产生兴趣，1909年制成华人的第一架飞机并试飞成功，轰动欧美。1911年2月，他抱着“航空救国”的理想回到中国。1912年在广东燕塘飞行表演中不幸失事殉职。第二次世界大战期间成立的“飞虎队”创始人是美国飞行教官克莱尔·李·陈纳德。陈纳德将军率领的2000多名“飞虎队”队员中，有九成左右为广东华侨华人，其中绝大多数来自台山、开平、恩平等县，其“飞行救国”的事迹为人称颂。

4.“不求做官，只图中华振兴”的司徒美堂

司徒美堂（1868—1955年）又名羡意，字基赞，是著名的美国爱国侨领，1868年生于

广东省开平市赤坎镇一个穷苦的农民家庭。

1882年，14岁的司徒美堂为生活所迫随乡人远渡重洋到美国谋生，在唐人街一家餐馆做杂工。司徒美堂从小学过武术，有一身好武艺，手持一刀一棍，十数人不能近其身。20岁那年，一个白人流氓到司徒美堂打工的餐馆吃“霸王餐”，司徒美堂气愤不过，三拳两拳把那个流氓打死，被判了死刑。华侨及洪门人士立即凑钱营救，最后改判了10个月。此事使司徒美堂在华人社会成了知名人物。1894年，司徒美堂在波士顿成立安良堂，主张“锄强扶弱，除暴安良”。安良堂很快就成为洪门致公堂旗下的强势团体，最后发展到全美31个城市都有安良堂，成员达2万多人。1905年，司徒美堂在纽约成立“安良总堂”，被举为总理达44年之久。他热心华侨公益事业，办学、办报，常为侨胞排难解困，深受拥戴。该堂当时的法律顾问中，竟然有两位是后来的美国总统——富兰克林和罗斯福，特别是罗斯福，未担任总统之前，在安良堂服务长达10多年，与司徒美堂建立了很深的交情。

1904年，孙中山赴美进行革命活动，司徒美堂被孙中山的革命理想所打动，全力支持其革命活动。1911年4月广州起义失败后，司徒美堂获悉国内同盟会人急需15万美元革命经费，将多伦多、温哥华和维多利亚三地的4所大楼典押出去，筹足了所需款项。辛亥革命成功后，孙中山请司徒美堂回国当官。但司徒美堂却回复“吾乃不求做官，只图革命成功，建立民国，中华振兴”。抗战爆发后，司徒美堂与旅美进步人士共同发动华侨支援祖国抗战。当时美国唐人街有很多下层华工社团，被称为“堂口”，有各自的地盘。在美国东部，安良堂和协胜堂是两个比较大的堂口，相互之间曾长期堂斗。“九一八”事变爆发后，司徒美堂认为，华侨应该团结一致，共同抗敌。他主动向协胜堂检讨，并召开了两堂的“和平大会”。从此，两个堂口团结一致，共同发动华侨募捐支持抗日。1937年10月13日，纽约市华侨抗日救国筹饷总会成立，司徒美堂被选为筹饷总会常委，为抗日募捐付出了艰辛劳动。他曾说，“因有‘筹饷局’之设，我辞去其他职务，专职纽约筹饷局工作5年之久。每天早上10时上班，至深夜12时才了事”。纽约筹饷总会存在的八年半里共筹捐了295 047美元，仅次于旧金山华侨统一义捐救国总会的捐款，在美国居第二位。此外，司徒美堂还筹集了大量衣物、医药及汽车，通过宋庆龄在香港的“保卫中国大同盟”，运往各个抗日战场，支援祖国抗战。

1941年冬，司徒美堂被遴选为国民参政员，从美国返华出席国民参政会。途经香港时曾遭日军威迫出任维持会长，但被他断然拒绝。回国后他目睹了国民党腐败和大后方民众的困苦，对国民党极为失望，拒绝加入国民党和出任官职。1945年3月，美洲洪门致公堂

司徒美唐

改组成为海外华侨政党“中国洪门致公党”，司徒美堂被选为全美总部的主席。他在会上联合美洲各华侨报界发出著名的《十报宣言》，提出结束“国民党的一党专政，还政于民，召开国民代表会议，成立民主政府”的政治主张。抗战胜利后，司徒美堂参政热情日增，先后拜会蒋介石和中共代表周恩来，逐渐疏离国民党而接近共产党。1948 年，他公开声明拥护中国共产党及召开政治协商会议、组建人民民主政府的主张。翌年 1 月 20 日，毛泽东发函，邀请司徒美堂回国参加会议。回到祖国的司徒美堂，受到了毛泽东、周恩来的热情欢迎。他作为美洲华侨代表，参加了第一届中国人民政治协商会议，当选为全国政协委员、中央人民政府委员兼中央华侨事务委员会委员，并参加了开国大典。开国大典结束后，司徒美堂本来又要功成身退，但经毛泽东、周恩来的挽留，司徒美堂终于留了下来。1955 年 5 月 8 日，司徒美堂因脑出血在北京与世长辞，享年 89 岁。至今，广东省开平市的城市南广场上，还有司徒美堂先生的纪念雕像。

广东侨乡主要集中在珠江三角洲和潮汕平原，如珠江三角洲的江门五邑，即新会、台山、开平、恩平、鹤山以及南海、番禺、顺德、花县、中山、东莞、宝安、增城、博罗、阳江、阳春、高要、高明、清远、三水、四会等，潮汕平原的潮州、汕头、潮阳、揭阳、澄海等，都是著名的侨乡。其他还有如梅州市的梅县、茂名市的信宜县等。

海外华侨克勤克俭，略有节余便托人捎带钱物回家，从各个方面赡养家人，支持家乡经济和公益事业。中国改革开放后，海外粤籍华人与家乡来往更加频繁，对侨乡的社会经济与公益事业的发展，做出了重要的贡献。

1. 侨汇侨批一片情

20 世纪上半叶，广东侨乡流行这样的歌谣："一溪目汁一船人，一条浴巾去过番。钱银知寄人知返，勿忘父母共妻房。"这里的"寄钱银"，也就是侨汇。由于家庭的主要劳动力移民海外，侨汇成为广东侨乡侨眷的主要生活来源，侨汇是早期海外粤籍华侨与家乡亲人经济的主要联系之一。

广东华侨人数众多，侨汇数目可观，占全国侨汇的 80% 以上。例如：1931—1940 年的侨汇统计，广东侨汇占全国侨汇的比重，从 1931 年的 82.2%，提升到 1940 年的 85%。1931 年全国侨汇总额为 4.22 亿元，广东侨汇为 3.452 亿元，1940 年全国侨汇总额提升到 12 亿元，广东侨汇总额也提升到 10.2 亿元。

当时广东侨汇主要来自广东籍华侨居住最多的美洲与南洋地区。1930—1936 年的数据显示，美洲侨汇在全国侨汇的比重，最高如 1932 年高达 63%，即使最低的 1935 年也占 31.3%，平均约占一半。由于当时旅美华侨主要为广东籍，美洲侨汇主要汇往广东，扣除其他省籍的美洲侨汇，广东美洲侨汇在广东侨汇总额中占的比重，一般可达 60% ~ 70%。广东侨汇的另一个主要来源地，是南洋地区，即当今的东南亚地区，饶宗颐在《潮州志》指出，"潮州每年由南洋华侨汇入批款数字，国人前未

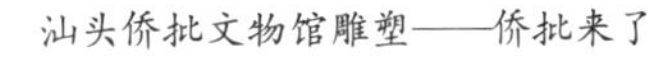
汕头侨批文物馆雕塑——侨批来了

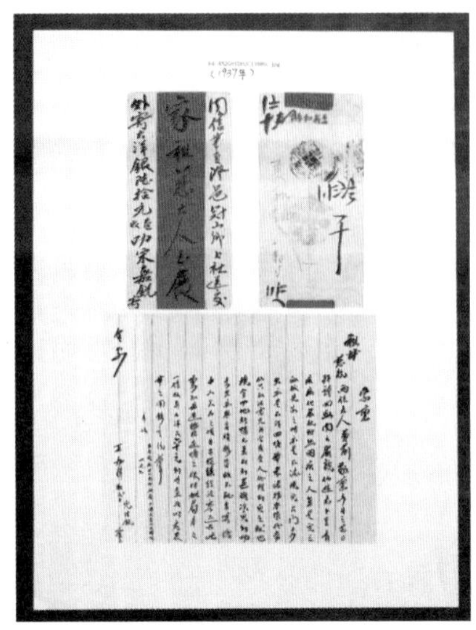
汕头侨批文物馆——侨批

注意，缺乏调查统计。兹据老于此业者较确实估计，民国 10 年以前，汇回国内批款达数千万元（银圆）。10 年以后，在 1 亿元以上，民国二十五六年间即略见衰减”。

随着侨汇的出现与增加，侨批业也应运而生。华侨汇款的主要方式经历了由贸易商人带递、水客递送、批信局带递，再到通过银行和邮局汇寄等过程。侨批本来是指早期海外华侨寄回家乡赡养家人和禀报平安的“银信合封”的一种民间寄汇形式，即在托人带钱回家时，附上家书，潮汕地区属闽南语系，闽南方言称“信”为“批”，这种海外华侨的民间寄汇便称为“侨批”，早期东南亚地区的粤籍华侨，大部分通过这种方式汇款回家。

19 世纪中期以前，侨汇主要由华侨自身携带返乡或委托归国亲友转交。后来随着移民出国的人数逐渐增多，寄款回国的需求大大增加，随之便出现了专门为侨民捎带银信的人，他们经常随轮船往返国内与南洋之间，俗称“水客”。随着侨汇业务的不断扩展，还产生了两类水客：国内水客和国外水客。在潮汕地区，国外水客称“溜粗水”，国内水客称“吃淡水”；在五邑一带，国内水客称“巡城马（或巡马）”。水客深入各锡矿山、橡胶园、烟草园等地，收集侨民委托带递的汇款及书信，遇到文盲者水客还代笔简单家信，名为“收批”。水客将收集的批款整理妥当后，在外国银行或邮局换成香港、汕头等地汇票或直接随身携带外国钞币，回到国内，再取兑汇票或换成国内钞币。因国内侨眷大多散居于穷乡僻壤，水客同样要按地址四方寻觅，到达每个村庄角落一一递送，并收取回执（回批），下次到南洋再一一登门送还寄批人。水客带递信款收取 2% ~ 10% 不等的手续费，虽然寄批人数众多，款额大小不一，业务冗繁琐碎，投递范围遍及各城乡村镇、荒村陋巷，但不少水客都尽心尽力，及时递解，很受欢迎。

最初，水客一年往返南洋两三次，往往需经过三个月至半年时间才能将侨汇送到侨眷手中，随着侨批增加和近代交通的便捷，水客每年可往返多次，侨眷很快便可以收到汇款。原来水客主要是单干，在南洋无固定住所，工作不方便，华侨托寄汇款也十分麻烦，出现遗失、匿交或侵吞款项的情况也很难查找追责。为了赢得海外华侨的信任，拓展侨批业务，南洋地区逐渐出现有固定场所、专门带递海外华侨信款的民间机构，一般称为“侨批局”，他们在广东侨乡设立相应的联网机构。

早期“侨批局”，不少是由水客创办。专业水客利用小店铺为收集汇款的地点，该店铺逐渐成为一般华侨汇款回国及询问国内信息的地方。有些店铺信用比较好，深得侨民信任，于是他们每有积蓄，就先存放在店铺里，店铺一俟集得相当数量的汇款，即派人将款项一道寄回国内。同时，店铺为了招揽生意，也有先代顾客垫汇寄乡。店铺这种寄递款项的业务，实质就是侨批业，而店铺也成了侨批局的前身。

这些来自海外的侨汇，大部分用于养家糊口，是广东各地侨眷的重要甚至是主要的生活来源。一般估计，1949 年前潮汕地区靠侨汇生活的人口占当地人口总数的 40%～50%。五邑地区，如台山等县，靠侨汇生活的人口比例，估计还要高。侨户一般生活富足，少愁吃穿，不少家庭还兴建了各种质量高档的新屋、大屋和洋楼，令人羡慕不已。当时五邑地

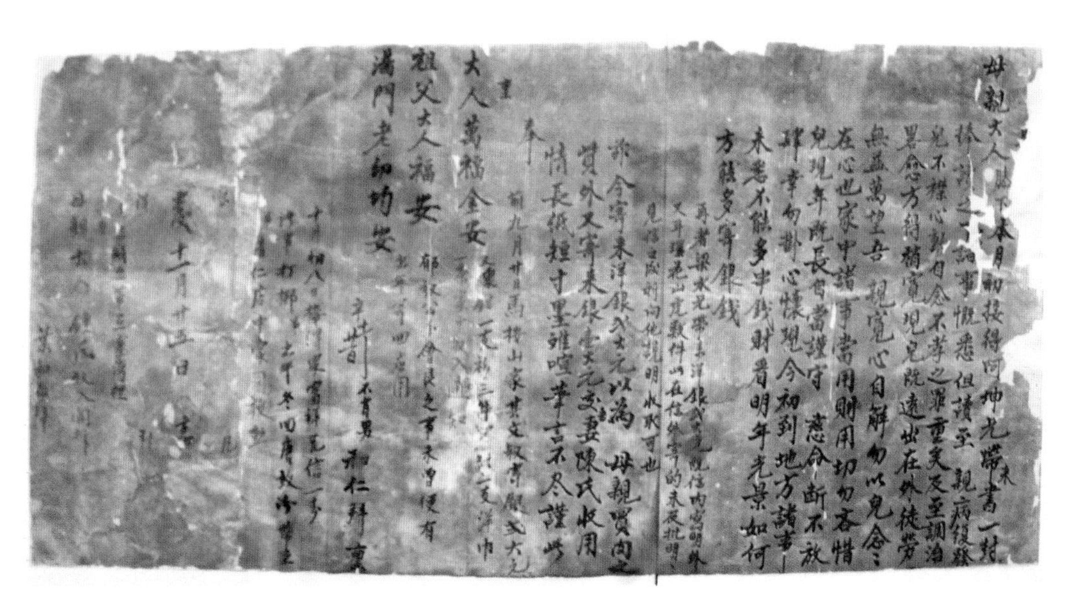
母親大人膝下本月初接得何坤光帶來書一封
捧讀之下諸事慨悉但讀至親病纏綿
兒不孝心動自念不孝之罪重矣又至調治
[illegible]
無益萬望吾親寬心自解勿以兒念
在心也家中諸事當用則用切切吝惜
兒現年既長自當謹守慈命斷不敢
[illegible]
未悉不能多串錢財看明年光景如何
方能多寄銀錢
[illegible]
許令寄來洋銀弍大元以爲母親買肉之
費外又寄來銀壹大元交妻陳氏收用
情長紙短寸墨難喧筆言不盡謹此
奉
重
大人萬福金安
祖父大人福安
滿門老細均安
[illegible]
十一月廿五日

区就流行这样的民谣“喜鹊仔，贺新年，阿爸去金山赚钱，赚得金银千百万，返家起（盖）屋兼买田”。

2. 碉楼——广东侨乡的一道风景

汇款回家买田建房，是战前广东侨汇的重要用途之一。由于资金充足，且华侨见多识广，侨房建设除了传统的房屋外，还建了不少建筑质量上乘、融合中西风格的各种楼房，至今仍为广东侨乡的独特建筑景观。这些中西合璧的楼房，各有特色。如台山的侨房大多采用土洋结合的形式，前半部两层洋楼，后半部则保存原来的金字形杉瓦结构的屋顶。开平有些地区的侨房楼层较高，且是钢筋水泥结构，顶层前部还留有凉台。位于广东台山端芬的梅家大院是1931年由当地华侨以及侨眷创建的华侨建筑群。

当时侨乡盗贼横行，一些侨乡还建了不少碉楼以防盗贼。台山县联安山区20个自然村中，便有碉楼30座。开平县长沙、赤坎等5个区由华侨兴建的碉楼达2450座之多。台山市附城圆山仔圩、白沙镇马超俊故居、开平市赤水镇红楼、震东寄庐、立园、自力村等，都是著名的华侨历史遗存。2007年，广东“开平碉楼与村落”已成功申报成为中国第35

广东台山端芬——梅家大院

个世界文化遗产。开平立园雕楼、锦江里雕楼、自力村雕楼成为今日游人必到之处。

3. 海外游子热心侨乡建设

广东籍人士移民海外有所建树与资金积累后，不少人满怀振兴祖国经济的热情，纷纷回国回老家兴办实业。他们经营贸易商行，创办各种近代工业，兴筑铁路，开辟公路，成为促进广东民族工业发展的重要先驱。1860 年，秘鲁华侨黎某等率先在广州创办万隆兴出口行，开广东华侨回国投资的先河。接着，1872 年，南海籍越南华侨陈启沅在南海创办了中国第一家机器缫丝厂；1879 年，肇庆籍日本华侨卫省轩在佛山创办第一家民族资本的火柴厂；1890 年，台山籍美国华侨黄秉常在广州创办第一家民族资本的电灯公司；1903 年，梅县籍荷印华侨张煜南、张鸿南兄弟集资修建中国第一条纯商办的潮汕铁路；1906 年，琼海籍马来亚华侨何麟书在海南创办第一家橡胶公司；1911 年，恩平籍美国华侨冯如在广州创办了中国第一家飞机制造厂；等等。据 1959 年的调查：自 1862 年至 1949 年的 80 多年间，华侨在广东各地侨乡兴办的企业达 2 万多家，投资金额共 3.86 亿元（按战前 1 银圆等于 1959 年人民币 2.54 元计算）。大都投资在房地产、商业、服务业、交通运输、金融和工矿业等方面，主要分布在广州、汕头、江门、海口、梅城、台城、三埠和石岐等地。例如，鸦片战争后发展起来的汕头市，新楼房、店宇、新辟马路大部分是在这一时期由华侨独资或集资兴建的。仅泰国潮籍华侨陈慈黉创办的黉利公司，就独资在汕头市兴建楼房店宇 400 多座。交通运输方面，除了张煜南、张鸿南兄弟集资修建的潮汕铁路，还有台山旅美华侨陈宜禧集资于 1906 年动工，1920 年建成的新宁铁路等。

海外华侨还投资侨乡农业，如澄海籍泰国华侨谢易初，1948 年返回中国，在澄海县外砂创办农场，潜心研究园艺和种子改良。1949 年初在汕头创办光大行，专营菜子出口。中华人民共和国成立后，他被聘为澄海县冠山实验农场(1957 年改名国营白沙农场)的副场长、技术员，对改良蔬菜、水稻和家禽品种做出了重大贡献，受到国务院表扬。他培育的“澄南水稻”“白沙狮头鹅”闻名遐迩。培植“西瓜冬熟”和“秋菊夏开”获得成功，被誉为“华侨米丘林”。在国内，历任全国侨联和广东省侨联委员，省政协委员，澄海县人民委员会委员、县侨联主席等职务。1967 年谢易初返回泰国，1974 年出任香港正大国际投资有限公司董事主席，1978 年中国改革开放后，谢氏多次到广州、汕头等地洽谈投资项目，他主导的正大卜蜂集团成为最早来华投资的外资集团。

开平锦江里雕楼

据统计，1978—1987年，广东全省实际利用外资超过55.7亿美元，其中华侨、华人和港澳同胞的资金占百分之八九十。另外，许多侨户还在其海外或港澳地区亲人的支持下，把侨汇、侨资用在发展生产上。到1987年，全省侨户创办的个体、集体企业已达4万多家，资金总额在10亿元以上，引进各种设备1.5万多台（套），解决了50多万人的劳动就业问题。侨属企业遍及全省，是中国改革开放后，广东侨乡乡镇经济发展的突出特色。

为了改善侨乡的文化教育、医疗卫生和交通运输等条件，海外粤籍华侨还积极捐资兴办各类社会公益事业，如设立医院、开办慈善机构赈灾恤难以及修桥铺路等。海外华侨捐资兴办侨乡公益的传统一直延续到中国社会主义建设时期。尤其是改革开放以后，海外华侨捐资兴办公益事业掀起新高潮，为广东侨乡的各类社会公益事业特别是教育事业做出了重要的贡献。据统计，1978—1987年，祖籍广东的华侨、华人和港澳同胞捐资兴办公益事业的款物总值23亿多元，新建、扩建中小学3200多所，并资助兴办了汕头、五邑、嘉应、深圳和海南5所大学。

为搜集整理和保存广东华侨华人文物资料，广东省专门建立了"广东华侨博物馆"，该馆1995年奠基，2002年建成，馆名由叶选平题写。广东华侨博物馆面积6000平方米，陈列展览面积4200平方米，海外侨胞、港澳同胞及社会各界为此馆捐款近1700万元。

春天故事　开放广东
先行一步　特区雄姿
中国南大门
湛江崛起

第九章

敢为天下先的经济特区和沿海开放城市

读懂海洋，心就是远方；弄潮南疆，放飞梦想。

——题记

广东是中国改革开放的排头兵，取得举世瞩目的成就。成就的取得既得益于中国的改革开放理论，也得益于广东长期以来所特有的沿海开放文化。广东地处南国之滨，远离封建政治中心，且对外交通便利，一直以来都与海外有着密切的商业联系。尤其自唐宋江南地区开发以后，广州更是成为中国重要的对外贸易港口，而且是唯一未曾中断的通商口岸，商业及对外贸易发达。广东独特的地理位置一方面带来了通商的机遇，另一方面也造就了广东人务实开放的人文传统。

现代都市深圳

1998 年一曲《春天的故事》唱红中国的大江南北。歌曲描述了改革开放和现代化建设的总设计师邓小平南巡的故事——

> 1979 年，那是一个春天，
> 有一位老人在中国的南海边画了一个圈，
> 神话般地崛起座座城，
> 奇迹般地聚起座座金山。
> 1992 年，又是一个春天，
> 有一位老人在中国的南海边写下诗篇，
> 天地间荡起滚滚春潮，
> 征途上扬起浩浩风帆。

这里的“老人”指的是被誉为“中国改革开放的总设计师”的邓小平。

邓小平在南巡讲话中说：“1984 年我来过广东。当时，农村改革搞了几年，城市改革刚开始，经济特区才起步。八年过去了，这次来看，深圳、珠海特区和其他一些地方，发展得这么快，我没有想到，看了以后，信心增加了。”“改革开放胆子要大一点，不能像小脚女人一样，看准了的，就大胆地试，大胆地闯。深圳的重要经验就是敢闯。没有一点闯的精神，没有一点冒险的精神，没有一股气呀、劲呀，就走不出一条好路，走不出一条新路，就干不出新的事业。”

1. 体现广东精神的改革开放实践

人类行为作为一种意志行为离不开意识、精神，精神文明为物质文明提供精神动力和智力支持。广东改革开放的实践体现了敢为人先、开拓创新、开放包容、重商务实的广东精神。

彰显开拓精神的改革探索

以建立市场经济为最终目标的改革开放是一件前无古人的伟大创举，没有现成经验可以借鉴，广东人充分发挥了体制改革“探路者”的作用。换言之，广东的改革开放具有极大的开拓性。

广东率先进行价格及流通体制的改革。1980年广东就在全国率先开放部分农产品价格，实行“调放结合，以放为主，放中有管，分步推进”，打破统购包销格局，在国内率先结束“票证经济”。广东率先进行企业管理改革，1979年起最先在全国推广以“包产”为主要内容的各种盈亏包干责任制，给企业“松绑”。广东在全国最早进行财政体制改革，1981年起实行“递增包干”体制，扩大地方自主权。广东最先在全国进行投资体制改革，按照市场经济原则，实行“以桥养桥”“以路养路”“以电养电”“以电信养电信”等多种筹集资金的方式，形成了“谁投资谁受益”的集资办事、有偿使用的投资机制。

广东的改革从一开始就注意到培养要素市场。率先发展证券市场、保险市场、信用市场，积极探索专业银行企业化的改革路子，形成以国家专业银行为主体，其他金融机构为补充的多层次、多元化金融体系。最早实行劳动合同制与用工双向选择制度，形成了城乡劳动力流动新机制。率先以拍卖的方式出让国有土地的使用权，实行土地商品化。

广东在所有制及产权方面的改革也具有鲜明的开拓性。广东率先发展私营、个体等非公有制经济。如顺德在全国率先对公有企业进行了产权改革；南海则进行了土地股份合作制的探索。

体现重商理念的市场取向

在路径选择方面，广东建立和健全市场体系起步较早，经济特区建立伊始，就明确规定“以市场调节为主”，在全国率先引入市场竞争机制，进行以市场为突破口的改革。在20世纪80年代，广东就提出“对外更加开放，对内更加搞活，对下更加放权”。1984年，广东围绕推进以市场为导向的改革，强调要做到“八个破除”，包括破除把发展社会主义商品经济看成是资本主义的固有观念。1988年，广东提出要以创建现代企业制度和理顺价格、完善市场体系为重点，深化综合改革实验，力争在五年内基本建立起新经济体制框架和商品经济新秩序。这一时期，广东改革开放呈现出“放得开、搞得活、上得快”的特点。1992年邓小平视察南方后，广东更加明确社会主义市场经济体制的改革方向，全面深化和推进经济体制改革。因而，广东改革开放30年的轨迹，是从放权让利，打破高度集中统一的计划经济体制开始，经历了从计划调节为主慢慢转向市场调节为主，计划经济与市场经济并行，再逐步由社会主义市场经济取代计划经济的过程。

开放意识呼唤开放实践

在改革、开放、发展的关系上，广东结合本省的特点，以开放促改革，以开放促发展，将对外开放置于先导地位。第一，开放带来了广东加快发展的紧迫感。率先认识到差距、认识到学习利用世界先进技术和经验的必要性和紧迫性。第二，开放使广东率先明确了经济改革的方向。经济特区的创办，外向型经济的发展使市场机制较早切入到广东的经济运行体系中，经济活动呈现出计划经济所不能比拟的灵活性和高效率。国门的开启，让广东率先引进、借鉴了西方发达国家和地区对现代市场经济的许多管理办法，发展高新技术及其产业的经验。

务实精神为广东改革开放定向护航

务实是广东人在改革开放中呈现出的鲜明性格和气质。务实的实质是坚持以实践来检验新思路、新举措，统一思想认识，坚定不移地走市场经济的道路。第一，广东提出要实现“特殊政策真特殊，灵活措施真灵活，先走一步真先走”。打击经济领域的犯罪活动坚定不移，对外开放和对内搞活坚定不移。排污不排外，变通不变相。第二，“只做不说”，不争论。不争论不是不让大家去研究和讨论问题，而“是为了争取时间。一争论就复杂了，把时间都争掉了，什么也干不成”。当空洞的政治口号还流行时，深圳经济特区就发出了“时间就是金钱、效率就是生命”这一务实的宣言。第三，讲求变通。广东在政治上和总的政策上，始终与国家要求保持一致，不违背。但在具体操作过程中，因地、因时、因情况制宜，用足用好用活国家政策。

敢为人先，当好排头兵

广东人不守旧不保守，敢为人先，敢为天下先。1992 年中共十四大召开以前，广东一马当先，带动全国，改革推动发展，在思想解放、体制创新等方面走在全国的前面，创造了许多对全国影响巨大的第一，形成了改革开放全国看广东的局面。1992 年中共十四大以后，全国万马奔腾，百舸争流，广东不再一枝独秀。广东人以忧患意识警醒自己，与时俱进，再接再厉，努力进取，继续当好改革开放的“排头兵”。

平等精神打造优势团队

广东人具有平等精神，不恃强凌弱、不自我封闭、不盲目排外，而是海纳百川、包容大度，容大江南北好汉，容五湖四海英杰，有志于在广东发展者一概欢迎。于是有全国各地优秀人才的“孔雀东南飞”；有千军万马闯广东的“民工潮”；有港澳台商云集广东、千帆竞渡的壮观场面；有各国大商巨贾淘金广东的“群英会”。

2. 广东对外开放先行一步，取得举世瞩目的成就

历经30多年的发展，广东抢抓机遇，加快发展，率先发展，创造了“广东奇迹”，成为中国最具竞争活力的区域之一和世界著名的制造业基地，因而也就成为改革开放的最大受益者。

1978—2007年，广东经济年均增长速度达到13.8%，国内生产总值（GDP）总量由185亿元增加到30 673亿元，增长了164倍，占全国的1/8。从1985年起GDP连续23年居全国第一位。2001年广东GDP首次突破万亿元大关，用了23年时间。到2005年突破第二个万亿元大关，只用了4年。到2007年突破第三个万亿元大关，仅仅用了2年。从3万亿元到5万亿元，只用了4年。广东人均GDP也由1978年的247美元增长到2007年的4080美元，翻了16番，已经处于世界中等发达国家水平。到2007年，广东财政总收入达到7750亿元，约占全国的1/7，连续17年居全国第一；城镇居民人均可支配收入达到17 699元，比1978年增长了42倍；农村居民人均收入达到5624元，增长了28倍。广东省正从规模扩张主导的经济高速增长期转入结构调整和质量效益主导的经济平稳增长期。2014年，广东GDP总量67 792.24亿元，占全国的10.65%。

1980年8月26日，全国人大批准深圳、珠海、汕头和厦门四个经济特区，其中三个在广东省；1985年2月17日批准成立“珠江三角洲经济开放区”。凭借毗邻港澳、华侨众多及国家优惠的政策优势，广东省率先在全国实行改革开放，一跃成为中国大陆第一经济大省，年均经济增长超过了13%。到2007年，人均GDP差不多为全国平均水平的2倍。陆地面积仅占全国1.85%的广东省，竟贡献占全国1/9的经济总量、1/7财税收入、1/4的外资总额、1/3外贸总额，广东由于改革开放带来的经济发展被誉为“广东模式”“珠江模式”。广东以外向型经济为主，外商投资量大。2010年全年进出口总额6319.89亿美元，占全国进出口总量的28.63%，其中外商投资企业进出口3824.13亿美元，占进出口额的

60.51%。全年外商直接投资175.58亿美元，占全国外商直接投资的19.13%。由于受益于对外开放，珠三角地区尤以广州、深圳、佛山、东莞和中山五市经济总量最大。2010年全省21个地级市中，珠三角9市GDP总量占全省的81.42%，其中广州、深圳、佛山和东莞4市占全省的65.66%。[1]

从1992年邓小平提出广东力争20年赶上亚洲四小龙算起，广东的经济规模用了6年时间追上了新加坡，用了11年赶上了香港，用了15年又超越了台湾，全省总体实现小康，珠江三角洲已经率先步入了宽裕型小康。在物质文明取得巨大成就的同时，广东人民在精神文明、政治文明、社会和谐和生态文明方面也焕然一新。在2008年四川汶川地震期间，无私援助，捐款捐物高达56亿元，这是当代广东人精神和社会文明的一个缩影。一个初步繁荣、富裕、文明、和谐的广东已经在中国南方崛起。

沿着改革开放的航道，广东不断更新发展观念，转变发展方式，努力争当科学发展的排头兵。为推动经济增长从量的扩张向质的提高转变，广东紧紧抓住产业结构调整这条主线，推动现代服务业和先进制造业“双轮驱动”，构建现代产业体系。为提高自主创新能力，2005年广东在全国第一个提出省级创新战略，到2007年，广东科技进步对于经济增长贡献率超过50%，发明专利申请比例达到26.1%。

广东经济发展离不开海洋经济的支持。2005年，广东省海洋产业总产值达到4288.39亿元，比2000年增加2774.8亿元，年均递增23.2%。2009年，广东省的海洋产业总产值6800亿元，占全省地区生产总值的17.2%。广东省的海洋产业总产值2007—2011年这5年年均增长速度为17.8%。2014年，广东省海洋生产总值达1.35万亿元，占全国海洋生产总值达22%，第20年领跑全国。

1　广东进出口指标与全国性指标来源于《中国统计年鉴2010》，其他指标来源于各年度《广东统计年鉴》和《广东省国民经济和社会发展统计公报》。

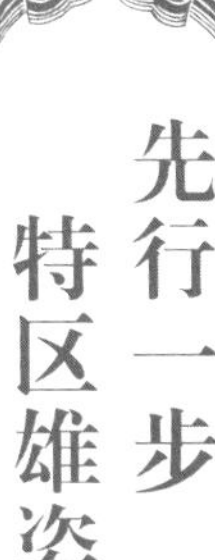

广东的改革开放走在全国的前列，而以深圳为代表的特区设立及建设又走在了广东的前列。可以给出一个经济特区设立的时间表：

1980 年 8 月：深圳、汕头、珠海；

1980 年 10 月：厦门；

1988 年 4 月：海南。

特区的实践既为广东的经济改革开放积累了丰富的经验，也成为广东乃至全国改革的标杆。

1. 中国经济特区的耀眼明星——深圳

深圳又称“鹏城”，地处珠江三角洲东岸，与香港一水之隔，隶属广东省。是全国四大一线城市（北京、上海、广州、深圳）之一，计划单列市、副省级市、中国第一个经济特区。2009 年国务院对深圳的城市定位是：全国经济中心城市、国家自主创新城市、中国特色社会主义示范市、国际化城市、中国重要的海陆空交通枢纽城市。深圳全市总面积 1952.84 平方千米，土地总面积 1952.84 平方千米。2014 年末常住人口 1077.89 万人，其中户籍人口 332.21 万人，包括流动人口的总人口数为 1800 万人。

“深圳”地名史籍始见于明永乐八年（1410 年），于清朝初年建墟，当地的方言客家话俗称田野间的水沟为“圳”或“涌”，深圳正因其水泽密布，村落边有一条深水沟而得名。深圳的崛起是与中国的改革开放同步的。1979 年 3 月，国家和广东省决定把宝安县改为深圳市，即为深圳建市时间，受广东省和惠阳地区双重领导。1980 年 8 月 26 日，第五届全国人民代表大会常务委员会第十五次会议中通过了由中国国务院提出的《广东省经济特区条例》，批准在深圳设置经济特区。现在，该日也被世人亲切地称为“深圳生日”。1984 年 2 月 24 日至 26 日，邓小平第一次视察深圳，为深圳题词：“深圳的发展和经验证明，我们建立经济特区的政策是正确的。”

1988 年 11 月，国务院批准深圳市在国家计划中实行单列，并赋予其

深圳的发展和经验证明，我们建立经济特区的政策是正确的。邓小平 一九八四年一月廿六日

邓小平为深圳经济特区题词手迹

相当于省一级的经济管理权限。1990 年 12 月 1 日，新中国第二个证券交易所——深圳证券交易所诞生。1992 年邓小平第二次南巡，视察深圳，并发表了极为重要的谈话：计划经济不等于社会主义，市场经济不等于资本主义，特区姓“社”不姓“资”。

深圳创造了城市国际化、市场化、工业化和现代化的奇迹。深圳是中国口岸与世界交往的主要门户之一，是中国南方重要的高新技术研发和制造基地，同时是世界第四大集装箱港口，中国第四大航空港。高新技术产业、现代物流业、金融服务业以及文化产业是这个城市重点发展的四大支柱产业。知名企业有腾讯公司、华为技术有限公司、中兴通讯、万科地产、中国平安等。

2014 年深圳国内生产总值为 16 001.98 亿元，位列全国第四（包括直辖市、地级市、副省级城市，不包括港澳台），地方财政全国第三。2011 年 GDP 增长 10.0%，人均 GDP 为 1.8 万美元。中国社会科学院发布的《2011 年中国城市竞争力蓝皮书：中国城市竞争力报告》中指出，深圳在国内城市中仅次于香港、上海、北京位列第四。

2. 深圳印象

国际化城市

在国家政策的支持下，深圳已发展成为现代国际化城市。深圳市区距香港岛仅 45 分钟

车程。目前，在深圳长期工作生活的外国人达1.3万人以上。深圳国际味日浓，这些外国人来自100多个国家，主要是外企驻华机构代表、三资企业人员、文教类人员、留学生。

深港两地山水相连，经济相互依存，有着紧密的历史渊源和天然联系。2007年7月正式建成通车的深港西部通道，将把深港两地更加紧密地连在一起。深港共建五大全球性中心：全球性“金融中心”“物流中心”“贸易中心”“创新中心”和“国际文化创意产业中心”。

开放城市

深圳是中国经济改革和对外开放的“试验场”，率先建立起比较完善的社会主义市场经济体制，创造了世界工业化、城市化、现代化史上的奇迹，是中国改革开放辉煌成就的精彩缩影。

自1986年起，深圳先后与13个外国省市缔结了友好城市关系。深圳与这些城市的友好交流涉及经济、技术、环保、文化、体育、教育、医疗卫生、城市规划与管理等众多领域。

深圳边境口岸多。深圳市边境靠近香港新界北区，从深圳市入境香港只需要10分钟时间办理出入境手续便可以进入香港边境管制站（禁区）转乘交通进入市区。深圳市边境口岸有罗湖口岸、深圳湾口岸、福田口岸、皇岗口岸、文锦渡口岸、沙头角口岸、蛇口码头口岸（旅游人士入境香港转机出国的口岸）。

开放是深圳的发展之源。中国改革开放30余年，深圳市累计吸收外商直接投资高于同期经济增长速度。2009年年底，世界500强中企业有167家在深圳投资，2014年8月增至260家。改革开放前，每年通过深圳口岸出入境人员仅500人次，2014年已增至2.35亿人次。

创新城市

自主创新与技术研发是深圳的长项。深圳建立了以市场为导向、以企业为主体、以国内高等院校和科研院所为依托的研究开发体系，自主创新能力不断增强。自1992年以来，高新技术产品产值年均增长46.5%，专利申请量保持30%以上的快速增长。全市拥有自主知识产权的高新技术产品产值比重达58.9%。

2008年深圳获联合国教科文组织批准，加入全球创意城市网络，并被授予“设计之都”称号，成为全球第六个“设计之都”，是中国首个获此殊荣的城市。深圳拥有为数众多、影

深圳罗湖口岸

响全国乃至世界的设计精英。中国申奥标志就是由深圳人设计的，一批受到国内外设计界好评的作品和作者大都源于深圳。

深圳是国家动漫产业基地之一，是全国最早为海外加工动画的城市。20 世纪 80 年代中期，内地第一个港资动漫公司翡翠动画落户，鼎盛时期曾汇聚了全国近 70% 的动画创作人才，为国内外加工制作了大量的动画片。

深圳实施名牌战略，形成了一批拥有名牌产品的大企业集团和企业群体。深圳市有金威啤酒、康佳彩电、长城计算机（服务器）、创维彩电、百丽皮鞋、富安娜床上用品、泰丰电话、天王表、飞亚达手表、依波表等产品获得“中国名牌产品”殊荣。

文化城市

深圳是独具文化魅力的城市。这里公共文化服务网络完善，有数量众多、品质一流的文化设施，以及每年上万场文化展演，遍布全市的 600 多个公共图书馆（室），使深圳成为名副其实的“图书馆之城”。“深圳读书月”“市民文化大讲堂”“创意十二月”等一系列品牌文化活动，彰显出丰富的城市人文精神。深圳文化产业发展迅猛，多年来保持着 15% 以上的增速，2014 年实现增加值 920 亿元，产业规模、增长速度均居中国大城市前列。一年一度的中国（深圳）国际文化产业博览交易会是中国规模最大、最权威的国家级、国际化、综合性文化产业展会，被誉为“中国文化产业第一展”。

深圳拥有完备的公益文化设施，文艺活动精彩纷呈，整个城市书香飘溢，充满爱心与文明。深圳文化事业日益繁荣，有10个文艺家协会，19个专业艺术团体。拥有3000多人的文艺工作者队伍。塑造了“大剧院艺术节”“国际水墨画双年展”“国际双年钢琴比赛”“中外艺术精品演出季”等文化节庆品牌。

深圳文化艺术设施完备，文化馆、图书馆、电影放映场所等群众文化网络遍布全市。电影年票房收入3000多万元，年观众150余万人次。主要文化建筑有深圳音乐厅、深圳市博物馆、深圳大剧院、何香凝美术馆、关山月美术馆等。

文化产业在深圳正在成为充满生机与活力的“第四大支柱产业”。目前，深圳已经形成了新闻出版业、广告业、文化产品制造业、文化娱乐业、体育业、文化旅游业、广播影视业等一批骨干文化产业，其中印刷、媒体、文化旅游等产业，在全国处于领先地位。

大芬油画村是深圳城市文化的一道风景。大芬位于深圳深惠公路和布沙公路交会处，是深圳市龙岗区布吉镇布吉村民委员会下辖的一个村民小组。占地面积4平方千米，300多原住民本是一个毫不起眼的客家聚居村落，但由于油画产业的发展而出名。世界油画市场中80%的油画来自中国，而这80%中大芬村就占有60%的份额，所以大芬油画村已在国内外享有较高的知名度。2004年11月，大芬油画村被国家文化部命名为“文化产业示范单位”，成为全球绘画者集中的油画生产基地。目前，大芬油画村共有以油画为主的各类经

营门店 775 家，居住在大芬村内的画家、画工 3000 多人。大芬油画村以原创油画及复制艺术品加工为主，附带有国画、书法、工艺、雕刻及画框、颜料等配套产业的经营，形成了以大芬村为中心，辐射闽、粤、湘、赣及港澳地区的油画产业圈。大芬油画的销售以欧美及非洲为主，市场遍及全球。

深圳大芬油画村村口雕塑

会展城市

深圳是中国内地著名会展城市。钟表展已成为全球第三大钟表专业展，家具、珠宝首饰等传统产业产品展会日趋规模化、国际化。总投资 25 亿元、占地 22 万平方米、总计建筑面积 28 万平方米的深圳会议展览中心于2004年竣工并投入使用。在170余家展览企业中，注册资金1000万元以上的有25家。

中国（深圳）国际文化产业博览交易会（深圳文博会）代表深圳会展业的高度和文化含量。首届“文博会”于 2004 年 11 月 18—22 日在深圳举办。“文博会”期间，还举办了文化发

深圳会展中心

展战略论坛、全球文化产业发展论坛、中国新兴媒体峰会、“新时期党报功能与定位”研讨会等交流活动。同时举行了“青春之星”主持人选拔大赛、第十七届世界大学生和平大使总决赛、2004 国内外艺术精品演出季、英国电影节、万人风筝大赛等群众活动。

“文博会”是中国国内举办的第一个综合性、专业化、国际性的文化产业博览会，也是继中国国际高新技术成果交易会之后，在深圳举办的又一个常设性国家级大型展会。

3. 深圳速度和深圳模式

深圳速度

1980 年的深圳仅有 3 万多人口、两三条小街道。改革开放使深圳从一个边陲渔村崛起为一个千万人口的大都市，创造了世界现代化、工业化、城市化历史上一个奇迹。

1984 年，中国第一高楼——160 米高的深圳国贸大厦封顶，创造了“三天一层楼”的深圳速度，国贸大厦也因此成为“中国改革开放的象征”。改革开放 30 余年来，深圳凭借这种令世人惊叹的“深圳速度”，利用毗邻香港的独特优势，率先吸收利用外资，引进先进技术和管理经验，大胆“走出去”利用全球市场和全球资源，闯出一条开放发展之路。

深圳模式

深圳经济特区最原始的成长动力，来自国家的一系列特殊优惠政策。但随着时间的推移，这早已不再是深圳的特殊优势。

如果可以谈深圳崛起的模式的话，那就是深度改革，发展市场经济；对外开放，发展外向型经济；自主创新，建设创新型城市；文化立市，发展文化产业；汇聚人才，营造人才高地。

4. 南岭——深圳崛起的缩影

南岭村是深圳市龙岗区南湾街道的一个行政村，面积 4.12 平方千米，户籍人口 800 人，外来人口 1.5 万人。南岭村曾因为贫穷被戏称为“鸭屎围”，如今却摇身一变，成为响当当的“中国第一村”。

中共十一届三中全会以前，南岭村社区经济十分落后，人均年收入仅 100 元，生产靠贷款，吃粮靠返销。贫困的生活迫使许多人逃往香港谋生。年近 80 岁的袁英祥老人是土生土长的南岭村人，一辈子都没有离开过这方土地，在改革开放前担任过南岭村所在的沙西大队副书记、大队长、南岭村党支部书记。据他介绍，新中国成立初期，整个南岭村有 700 多人，人均只有几分地，他一家 6 口人挤在仅有 35 平方米的几间破瓦房里。

改革开放后，南岭村人解放思想、抓住机遇，外引内联，发展工业，壮大集体经济，走共同富裕的道路。南岭村今日的繁荣早已不能用“村”来称谓，完全变成一个繁华的城镇。南岭村中绿树成荫、鲜花锦簇、商场林立、工厂云集，一派繁忙有序的景象。2008 年，南岭村净资产达到 13 亿元，村民人均纯收入 15 万元。2010 年，社区集体经济总收入 2.7 亿元，完成税收 1.8 亿元。社区实行工资制，老年人有退休金，居民全部住上别墅式楼房。

南岭村坚持三个文明一起抓，在重视经济发展的同时加强政治文明和精神文明建设。以“公心、责任心、事业心”等“三心”为党员干部的行为准则。以“四个倡导”培养现代南岭人，即：倡导富而好劳，艰苦奋斗创大业；倡导富而崇德，破旧除陋树新风；倡导富而好学，重教求知育新人；倡导富而思进，戒骄戒躁求创新。提出“既要富口袋，更要富脑袋”。

新时期，南岭村围绕“和谐南岭、质量南岭、绿色南岭、文化南岭”四大目标，努力推进“六大工程”：产业升级工程、居民素质工程、文化社区工程、新一代环境工程、科学管理工程、固本强基工程。由最初的“致富思源、富而思进”到“不自满、不松懈、不停步”，南岭的建设一直稳步持续向前。

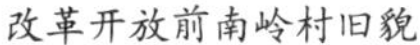

改革开放前南岭村旧貌

深圳南岭村村委会大楼

5. 罗湖渔民村演绎“春天故事”

坐落在深圳河畔，与香港仅一河之隔的罗湖渔民村，在新中国成立60余年来，发生了沧桑巨变。渔民村人最早是漂泊在东莞一带的水上人家。他们一家一船，就像漂浮不定的“水流柴”一样，船既是他们的家也是生产工具。20世纪50年代，他们来到深圳河边附城公社定居，依靠捕鱼捞虾艰难度日，渔民村也由此得名。

中国改革开放给渔民村带来了机遇，渔民村人敢为人先，利用政策率先走上了富裕之路。由最早水草寮棚捕鱼度日的小渔村，到20世纪80年代初办起了全国最早的股份公司，一跃成为全国最早的万元村。2004年又因在深圳率先完成“城中村”改造，由“脏乱差”的城中村变为如今的时尚花园式现代化小区，成为深圳和国内各地争相学习的典范。2012年年底，原村民家庭资产从改造前的500万跃升至2300万，户均年收入约50万元。

1979年，有酒楼、珠宝加工等7家香港工厂在渔民村投产，厂房租金都流入了村民口袋。渔民们又买了两条货船，开始跑运输，到中山、东莞运水泥、钢材到深圳卖。有了启动资金后，又搞起了车队。再后来，见运输车辆奇缺，脑瓜子灵活的渔民到香港买二手货运汽车转卖。短短一年里，全村33户村民，家家成了万元户，渔民村也成为国内最早的“万元户村”。

1984年1月25日，改革开放的总设计师邓小平来到渔民村，充分肯定了村里共同富裕的步伐。“基本政策不会变，变只会越变越好！”老人家暖人的话语，让村民们吃了“定心丸”，更坚定了改革之路。村里的经济又朝前迈进了一步，成立了手表厂、表带厂、宝石加工厂、塑料厂，产量放大了。车队、船队搞运输，生意红红火火。

20世纪80年代初，33栋统一规划的别墅式小洋楼拔地而起，当时刚刚开始流行的三大件——洗衣机、电冰箱、电视机，村民家里都有了，有的家里还有了音响和空调。

1992年，渔民村又迎来了第二个春天。随着全市进行农村城市化改造，渔丰实业股份有限公司和董事会应运而生。这也是全国第一批村办股份制公司。改制后，原村民都当上了股东，每年每人能分红1万多元。由于外来人口增多，对住房的需求增大，村民出租房屋也成了家庭收入的主要来源，每户村民每月仅靠出租房屋一项就净收入1万余元。1992年前后，全村资产达到800多万元，全村140多人个个年收入过万元。

2001年，深圳市罗湖区把渔民村作为旧村改造试点，统一规划、统一设计、统一建设、统一管理、统一分配。当时，村里不要国家一分钱，自筹资金9000多万元，对渔民村进行

罗湖渔民村今貌

了彻底改造。2004 年 8 月，重建工程顺利竣工。改造后的渔民村成为一个现代化的“花园式”住宅小区，每户村民享有 1320 平方米住房。房屋除村民自住外，余下的委托社区物业公司统一出租。仅此一项，居民月收入便可达 3 万元左右。小区内各种文化、休闲、娱乐设施齐全，昔日的渔民过上了现代都市人的生活。

在渔民村里，有一道不得不说的文化风景线，那就是“春到渔村”的渔民村艺术长廊。长廊总长 350 米，20 幅生动的铜铸浮雕配以中英文对照文字介绍。分成“水草寮棚”“海上飘零”“翻身解放”“春到渔村”等多个主题，形象地再现了渔民村海上飘零、翻身解放、上岸定居、兴建家园等历史瞬间。在村中心，曾经的鱼塘变成了渔民村文化广场，这里每周都会上演精彩节目，有街道组织的，也有外来的各种演出，形式多样。广场旁边的图书馆虽然不大，但布置得很温馨。一台深圳图书馆放置的“自助图书馆”也成为受村民欢迎的新式文化“充电器”。

今天的深圳，一栋栋崭新的高楼大厦展示着这个年轻城市的朝气与活力。在鳞次栉比的高楼掩映中，曾经的地标建筑国贸大厦已显得有些陈旧，它的高度早已被地王大厦和京基大厦相继超越。但它所象征的“深圳速度”却仍激励着深圳人在改革开放的征程上不断超越，续写奇迹。

珠海、汕头两个特区也取得了不俗的成就。2010年珠海经济运行保持良好态势，全市生产总值达1202.58亿元。珠海虽然在发展过程中走过一些弯路，但最后结合自身的实际情况发展高等教育产业，同时城市的有序开发及绿化建设均给海内外游客留下深刻的印象。汕头特区建立30周年，综合实力不断增强。全市GDP由1981年的12.62亿元增至2010年的1208.97亿元，增长47倍，年均递增13.8%。产业结构调整优化，纺织服装、工艺玩具、化工塑料、机械装备等8大支柱产业、16个产业集群蓬勃发展。城市面貌焕然一新，市区建成区面积从7.9平方千米发展到175平方千米，初步形成海湾型组团式城镇体系，荣获“国家卫生城市”“国家环保模范城市”“中国优秀旅游城市”“国家园林城市”等称号。对外开放走在全国前列，汕头经济特区因侨而立，独特的人缘、地缘、亲缘优势，凝聚侨心侨力，有效地促进汕头对外经济交流与合作，目前已经同世界180多个国家和地区建立经贸关系，全市累计吸收外商直接投资83.25亿美元。投资软环境优化改善，汕头先后进入“中国城市综合实力50强”“中国投资环境百佳城市”“中国城市信息化50强”行列，城市功能较为齐全。

广州是中国国家中心城市，国务院定位的国际大都市；古称番禺，地处珠江入海口珠江三角洲的北缘，濒临南海，毗邻港澳；是海上丝绸之路的重要起点，是中国南方最大、历史最悠久的对外通商口岸，世界著名的港口城市，中国历史文化名城，中国著名对外开放城市。

1. 省会广州，中心城市

广州是广东省省会，是广东乃至华南地区的经济、金融、贸易、文化、科技和交通枢纽、教育中心，是名副其实的中心城市。

广东省及广州市的各届领导从一开始就对广州有着较高的定位，不仅力求将广州建设成为国家一流城市，而且致力于将广州建设成为国际性的大都市。在 20 世纪 90 年代初，当时广州领导人就提出了将广州建设为国际大都市的目标。2003 年，时任广东省委书记张德江明确提出“把广州建成带动全省、辐射华南、影响东南亚的现代化大都市”。随后 2003 年 3 月召开的广州市第十二届人大代表大会第一次会议上，广州也完成了“建设现代化大都市”的发展目标定位。

政治中心

广州是广东乃至华南的政治中心。改革开放之初，杨尚昆、习仲勋等老一辈革命家坐镇广东时，根据广东的实际情况及与香港对比的强烈反差向国家提出了必须改革开放的决策。1989 年之后不少人尤其是领导

广州会展中心

广州夜景（初宁摄）

阶层中不少人对于是否继续推进改革心存疑虑，甚至一度有退缩的苗头，在关键时刻，1992 年邓小平以 88 岁的高龄再次来到广东，同广东省委及深圳市的领导人交换意见，明确提出了要继续改革开放，建立社会主义市场经济的宏伟目标。2008 年前后世界经济普遍不景气，欧美危机蔓延加剧使得不少人对于改革开放的前景感到担忧，加上改革开放以来一些既得利益者也没有继续改革的动力，这时广东领导人再次提出了要继续解放思想的口号。广东总能把握时代的脉搏，引领时代潮流，在当代中国政治生活中扮演重要角色，在广东经济社会发展和政治文明建设中更具神经中枢地位。

经济贸易中心

2010 年，广州 GDP 超过 10 000 亿元，成为继北京、上海之后第三个 GDP 过万亿元的城市，也是中国首个 GDP 过万亿元的副省级城市，广州作为华南中心城市的地位进一步巩固。广州工业在珠江三角洲、华南地区乃至东南亚一带都具有明显的比较优势，而第三产业占 GDP 的比重更是达到 60% 以上，非常接近西方发达国家 70% 的水平。广州是全国三大金融中心之一，金融市场活跃，是华南地区融资能力最强的中心城市，也是全国外资银行第二批放开准入的城市。广州是中国的贸易中心，已成为跨国公司全球布局的重要战略节点。每年两次的广交会吸引来自国内外的无数商家，成交额屡创新高。

教育科技中心

广州拥有广东省三分之二的普通高校、97% 的国家级重点学科、大部分的自然科学与技术开发机构。全市有国家级重点实验室 6 个，省级重点实验室 92 个，分别占全省的 100% 和 92.8%。国家级工程技术研究中心 12 家、省级工程技术研究开发中心 40 家、市级工程技术研究开发中心 45 家。拥有中国科学院院士 15 人，中国工程院院士 12 人。

2010 年，广州国家生物产业基地获得国家正式批准，成为全国首批 7 个国家级生物产业基地之一。广州先后建起国家软件产业基地、国家电子信息产业基地、国家动漫网游产业基地、国家生物医药产业基地、国家医药出口基地、国家软件出口基地、国家火炬计划广州花都汽车以及零部件产业基地等国家级高新技术产业基地。

文化中心

广州处于岭南文化的中心地带，传统文化保持的较好。新中国成立后作为广东省省会城市，其在广东省的文化中心地位随之确立。以《南方日报》《广州日报》《羊城晚报》《南方周末》《南风窗》等为代表的报刊，以珠江电影制片厂、广东电视台为代表的影视媒体，不仅在广东，在华南乃至全国都具有很大影响力。广州出版业改制建出版业航母，广州日报报业集团成为中国第一家报业集团，也是中国最大的报业集团。随后的南方日报报业集团、羊城晚报报业集团应运而生。在社会开放、经济热潮的裹挟下，广州代表了一个转型期中国的新异、骚动和渴望，一时间广州文化竞争力大增。广州城市心理上的平民取向，为个体生命的真实展露营造了氛围，是不甘寂寞者的天堂。广州的地域边缘性，使其始终保持着文化传播的延续性、文化选择的清醒性和文化创新的可能性。

交通运输中心

广州是中国最繁忙的交通枢纽之一，陆运、空运、水运十分发达。位于花都的新白云机场是国内三大机场之一，2011 年年吞吐量达到 4500 万人次，可以抵达国内及世界多数

广州大剧院（初宁摄）

地方。目前已经超过设计能力，正在建设下一期工程。广州的陆路交通以高速公路为代表，四通八达。武广高铁的开通大大缩短了广州与中南地区的空间距离。广州火车站是中国也是世界上最繁忙的火车站之一。广州港是一个古老的海上丝绸之路港口，也是南方重要的现代化港口。

广州市内交通网络健全，尤其是地下铁路网为人们提供了方便快捷的交通服务。

广州大力实施加快空港、海港、信息港、轨道交通和高速路网的建设，用现代化的基础设施体系去缩短城区内部和城区外部各城市之间的时间距离，组成了广州海、陆、空、时“四维一体”的立体物流枢纽。2004 年 8 月 5 日，规划投放近 200 亿元的新白云机场一期投入使用。新白云机场的落成，进一步巩固了广州作为华南地区乃至东南亚地区大型的航空客流和物流的中心地位。

2.“广交会”延续“千年商都”繁荣

中国进出口商品交易会即广州交易会，简称广交会，英文名为 Canton fair. 创办于

1957年春季，每年春秋两季在广州举办，迄今已有50余年历史，是中国目前历史最长、层次最高、规模最大、商品种类最全、到会客商最多、成交效果最好的综合性国际贸易盛会。一年分两届举行，成交总额占中国一般贸易出口总额的四分之一。自2007年4月第101届起，广交会由中国出口商品交易会更名为中国进出口商品交易会，由单一出口平台变为进出口双向交易平台。中国进出口商品交易会由48个交易团组成，有数千家资信良好、实力雄厚的外贸公司、生产企业、科研院所、外商投资／独资企业、私营企业参展。

中国进出口商品交易会主办单位为中华人民共和国商务部和广东省人民政府，承办单位是中国对外贸易中心。举办地点为广州国际会议展览中心。

海上丝绸之路开启了中国的海上贸易。1400多年前，从广州出发的贸易船队，途经南亚各国，越过印度洋，抵达西亚及波斯湾，最西到达非洲的东海岸。昔日的“海上丝绸之路”，成就了“千年商都”广州，造就了广州的千年繁华。如今，广州以“广交会”为新起点，再度扬帆驶向海洋、驶向五洲，延续海上丝绸之路的辉煌，打造21世纪新商都。

“广交会”场馆：广州国际会议展览中心

3. 广州经济建设30年成就

国家推行改革开放以来，广州解放思想、发愤图强，率先展开了波澜壮阔的改革实践，开创了良好的局面，取得了骄人的成就。

经济高速增长，人民生活明显改善，在省内国内经济地位稳中有升

在改革开放后的30余年间，广东市地区生产总值、人均地区生产总值、工业总产值、全社会固定资产投资、社会消费品零售总额、职工年人均工资、城市居民人均可支配收入以及农村居民年人均纯收入呈现双位数的增长，大幅领先于全国平均水平。值得特别指出的是，广州市职工工资，以及城乡居民收入增长速度基本接近或超过地区生产总值的增长速度，大约为同期全国同类指标的两倍，反映出广州市居民较好分享到经济发展的成果。

2007年，广州市实现地区总值7050.78亿元，同比增长14.5%。人均地区生产总值达到9302美元，同比增长11.3%。源于广州地区的财政一般预算收入达2116亿元，同比增长22.4%。其中地方一般预算收入523.79亿元，同比增长22.6%。经济总量和财政收入都比2002年翻了一番多。

与省内其他城市相比，尽管广州拥有在传统计划经济体制下形成的庞大工业基础，但由于体制的制约未能发挥出优势，因而在随后所兴起的轻工业发展过程中，广州一度落后于珠江三角洲其他邻近地区，尤其是日益受到崛起中的深圳特区的挑战。这种情况在进入20世纪90年代后得到改变，其后广州市经济发展速度总体上与全省的平均水平保持一致，90年代中期曾较为稳定地领先于全省。

工业结构优化升级，重工业支柱产业作用日益呈现

改革开放初期，广东先后关停并转了近千家生产条件差、能耗高、效益差的小钢铁、小化工企业，发展轻工业。着重发展食品、电子、家用电器、纺织等行业，建立起具有广东特色的轻型产业结构。1998年，广州市确定了交通运输设备制造业、电子通信业和石油化工业为广州工业的支柱行业。2004年7月，广州市制订了《加快提升广州工业竞争力的实施意见》，这是首次大规模系统全面地制订提高工业竞争力的发展意见。重点发展包括汽车在内的交通设备、石油化工、精细化工、电子信息、钢铁、制药、轻纺七大产业。

支柱产业和高新技术产业快速发展、所占份额不断扩大。经过多年的结构调整和战略

重组，广州的工业结构经历了从“小”变“大”、从“轻”变“重”、从“矮”变“高”的演化过程。

经济结构不断优化，第三产业持续发展，并日益发挥主导作用

改革开放以来，广州的产业结构经历了一个不断调整、不断优化的过程。以结构调整为主线，在发展中不断推进产业结构向合理方向发展。“六五”期间（1981—1985年）广州三次产业比重变化幅度较小。这一时期，广州第二产业年均增长率为13.59%，而第三产业年均增长率则为12.51%，基本相当。“七五”期间（1986—1990年）是广州产业结构急剧变化的时期。到1990年，广州第三产业在GDP中的比重已经超过第二产业这一时期，广州第二产业年均增长率为8.44%，而第三产业年均增长率则为15.87%。“八五”期间（1991—1995年）是广州产业结构的调整期。“九五”时期（1996—2000年）是广州第三产业大发展的时期。其中金融保险、信息产业、房地产等新兴产业发展迅速。第三产业增加值以及其对地区生产总值的贡献率已经超过第一、第二产业的总和。这一时期，广州第二产业年均增长率为13.25%，而第三产业年均增长率则为13.66%。“十五”期间（2001—2005年）是广州实施制造业与服务业并重的、第二第三产业协调发展的时期。

改革开放以来，广州会展业发展迅速，几乎每五年翻一番。以广交会为例，“六五”的成交额为229亿，“十五”的成交额达到1997亿。改革开放以来，广州“千年商都”的优势得到恢复和加强，与国内主要城市相比，广州批发业发展优势突出，多数批发市场具有形成所谓“广州价格”的领导地位。在全国十大专业龙头市场当中，广州占据六七家之多。其中，广州的IT产品、音像产品、中药材、花卉、玩具、茶叶、汽车交易等专业市场（集群），不仅在国内，即使在东南亚也可称“最大”，具有很大的市场定价权。

1984年，中共中央决定进一步开放沿海14个港口城市：大连、秦皇岛、天津、烟台、青岛、连云港、南通、上海、宁波、温州、福州、广州、湛江、北海。

粤西港口城市湛江是中国首批沿海开放城市，位于中国大陆最南端，毗邻广西，南接海南，具有得天独厚的地理和区位优势。

1. 优越的地理位置和资源条件

湛江是一个富有热带亚热带风光的美丽海湾城市，三面临海，大陆海岸线长1243.7千米，占广东省海岸线的46%。港湾密布，全市有港湾101处，较大的有湛江港湾、雷州湾等。全市滩涂面积148.6万亩[1]，占全国的5%，占全省的48%。岛屿104个，其中有居民住的12个。湛江海洋资源十分丰富，沿海有经济鱼类520余种、虾类28种、贝类547种。盛产原盐，为全省主要产盐区。水产品产量连续多年居广东省首位，是全国最大的对虾交易中心和加工出口基地，全国最大的海水养殖珍珠基地。濒临湛江的南海北部大陆架盆地是世界四大海洋油气聚集中心之一。

湛江濒临南海，西靠北部湾，处于亚太经济圈中重要的地缘战略位置，以深水良港——湛江港为依托的湛江市，具有成为北部湾经济圈龙头的巨大优势，成为亚太经济圈中新的经济增长点，与新加坡、香港呈鼎足之势。湛江拥有1个国家级经济技术开发区和6个省级经济开发区(试验区、工业区)。为全国首批对外开放沿海城市，国家一类大市，全国综合实力100强城市，中国优秀旅游城市、国家园林城市、中国十大休闲城市、全国双拥模范城市、全国绿化达标城市和广东省卫生城市、广东省文明城市。

湛江市拥有广东海洋大学、广东医学院、岭南师范学院等5所高校，在省内数量仅次于省会广州。

湛江市历史悠久，文化底蕴深厚，传统文化资源十分丰富。雷州姑娘歌、雷剧，吴川（梅菉）“元宵三绝”（泥塑、飘色、花桥），东海人龙

1　亩为非法定计量单位，1公顷=15亩。

舞，湛江傩舞，舞鹰雄，遂溪高桩醒狮，雷州石狗等是湛江闻名的特色文化。湛江是省内方言最为复杂的市。全市除流行普通话外，粤、闽、客三大方言均有分布，特别是属于闽方言系统的雷州话，是湛江独有的地方方言。

2. 良好的工业基础

湛江具有良好的工业基础。湛江是广东工业起步较早的城市，20 世纪 80 年代前位于全省前列。经过几十年建设，湛江工业现已形成以轻工业为主，轻重并举，门类比较齐全的工业体系。石化、电力、农海产品加工、造纸、饲料等行业已经成为支柱或重点产业。改革开放以来，特别是“十一五”时期，湛江经济社会发展步入了快车道，主要经济指标增速均超过全省平均水平，生产总值、规模以上工业总产值、服务业生产总值、社会消费品零售总额、重点项目投资额、港口吞吐量、财政总收入、旅游总收入和旅游人数八项指标均比“十五”期末实现了翻番。尤为重要的是，成功争取了钢铁、炼化两大项目落户，为未来发展注入了强大动力。

3. 交通区位优势

湛江位居中国南大门，东接珠三角，西临北部湾，背靠大西南，面向东南亚，内联“三南”，外通“五洲”，处于承东启西、沟通南北、连接海内外的重要战略位置，有天然深水良港湛江港，是中国—东盟自由贸易区最佳的海上“桥头堡”。

湛江海湾大桥于 2007 年底建成通车，该桥实现了 1 个国际首创 2 个国内首创和 5 个广东第一。大桥通车后，湛江市区东西两岸连为一体，海南省、雷州半岛至珠三角的距离缩短 40 千米，对于促进经济发展意义深远。海湾大桥成为湛江腾飞的一个标志。

4. 21 世纪再次崛起的大好机遇

粤西湛江，曾经是广东第二大城市，中国第八大港，享有较高的知名度。进入 21 世纪，湛江又迎来新一轮的发展机遇。西接东盟，融入东盟发展圈；东接珠三角，承接珠三角产业转移，迎来了再度崛起的大好时机。2003 年初，广东省委领导及中央领导先后两次亲临湛江，要求湛江抓住难得的机遇，在 21 世纪促进湛江的经济社会全面发展。

湛江海湾大桥（李满青摄）

2011 年，《广东省国民经济和社会发展第十二个五年规划纲要》强调提升珠海、汕头、湛江、韶关等市作为区域性中心城市的综合承载能力和服务功能，进一步聚集经济和人口。加快建设粤东、粤西城镇群，带动区域整体发展。其他城市突出自身独特的城市禀赋，错位发展，壮大综合实力，形成多极发展局面。推进钢铁产业规模化，积极推进企业联合重组，打造具有国际竞争力的湛江钢铁生产基地。推进石化产业集聚化，重点建设湛江东海岛、惠州大亚湾、揭阳惠来和茂名四大石化基地。

5. 宏伟蓝图谋崛起

在湛江的规划蓝图中，未来五年将全面实现“五个崛起”。

经济崛起。到 2016 年，全市生产总值达到 4000 亿元，年均增长 15%。人均生产总值

4.8万元，年均增长13%。工业总产值达5500亿元，年均增长16%。地方财政一般预算收入220亿元，年均增长22.5%。固定资产投资累计完成4500亿元。湛江港货物吞吐量达3亿吨，进入全国十大港口行列。基本建成以钢铁、石化及造纸为龙头的现代产业体系，成为广东新的重要经济增长极。

城市崛起。奋斗五年，初步建成具有集聚力、辐射力和引领力的区域性国际城市，成为全国重要的沿海开放城市、现代化新兴港口工业城市、生态型海湾城市、粤西地区中心城市和环北部湾重要城市。

生态崛起。将成功走出经济与生态齐抓、发展与环境共赢之路。全市森林覆盖率达到30%以上，城市建成区绿化覆盖率达到46%。万元GDP能耗比2011年下降17%。城市生活污水处理率达到90%。

文化崛起。湛江人文精神、城市文明程度和自主创新能力明显提升，发展软实力和核心竞争力明显增强，建成全省及环北部湾地区的文化强市、教育强市、人才强市。全市文化及相关产业增加值占生产总值的比重达到5%，文化产业成为支柱产业和战略性新兴产业。

民生崛起。城乡居民收入有较大幅度提高，收入分配格局趋于合理。物价更加稳定，居民基本生活价格指数控制在较低水平。覆盖城乡的社会保障体系更加完善，社会事业全面发展。社会管理体制机制进一步健全，社会和谐程度和群众幸福感明显提高，全面建设小康社会取得决定性进展。

“五个加快”推动加速崛起。为实现“五个崛起”的目标，湛江提出了“五个加快”的措施。加快发展“五大五新五特”产业，做大做优经济“蛋糕”。

全力发展大钢铁、大石化、大纸业、大旅游、大物流“五大”产业，打造现代产业体系龙头。把广钢环保迁建、中科炼化项目作为头号工程，尽快形成钢铁、石化和造纸三大产业集群。

大力发展新海洋、新能源、新电子、新医药、新材料“五新”产业，培育新的经济增长极。重视发展特色农业、特色家电、特色家具、特色食品、特色文化“五特”产业，优化提升优势传统产业。

以“黄金海岸、热带绿都、天南古邑、魅力港城”为主打品牌，整合旅游资源。重点打造“五岛一湾”(特呈岛、南三岛、东海岛、硇洲岛、南屏岛、广州湾)。逐步形成“一心一带两极三板块”的旅游格局（一心是以湛江市区为中心；一带是沿雷州半岛公路分布的景点形成的旅游产业带；两极是吴川旅游增长极和徐闻旅游增长极；三板块为海洋度假旅游板块、生态观光旅游板块、历史文化旅游板块）：滨海旅游和湖光岩生态旅游核心区；环雷州半岛滨海旅游产业带；吴川东南部和徐闻南部旅游增长极；雷州和徐闻历史文化旅游板块，市区至吴川滨海旅游板块，廉江和遂溪生态观光旅游板块。把旅游业培育发展成为战略性支柱产业。

以港口物流业为重点，加快发展现代商贸物流业，构建辐射粤西乃至环北部湾和大西南地区的区域性国际航运中心、物流中心。

广东未来的希望在于沿海经济带，沿海经济带的重点在粤西城镇群，粤西城镇群的中心在湛江，支撑湛江经济发展的核心，不仅在港口经济和临港工业，更在于海洋经济。确立工业立市，以港兴市的战略，不能忽视发展海洋经济“以海强市”的战略。

中国海洋文化

第十章

丝竹笔砚粤海情

寥寥春潮，悠悠我心。曾经沧海，沉吟至今。

——题记

高尔基曾经说过，照天性来说，人天生都是艺术家，他无论在什么地方，总是希望把“美”带到他的生活中去。

海洋是人类面对的超大超美景观，海洋人的海上生存也是一种超凡的体验和经历，具有大气磅礴、惊心动魄的特征。由是而引发人们诗意文涌，言志抒情。

岭南粤地居民属古代百越族，汉时有南越王治其域。岭南人傍海而居、依海而生，感于物而动于情、动于情而形于言，言之不足故长言之，长言之不足故嗟叹之，嗟叹之不足故手之舞之足之蹈之，海洋艺术由是而生发。诸如渔家之“咸水歌”，海岛之“人龙舞”，传播海内的广东音乐，声像俱佳的粤剧，更有迁客骚人，处“有我之境”，或面海而歌、或对涛泼墨，其生花妙笔，令人叹为观止，唱和之间，蕴成“绕梁”之势，由古及今，不胜枚举。

广东北依南岭，南临南海，山川灵秀，土地富饶，民情豁达，远通海外。这里的营生业态、民俗风情、宗教神话、文化传统乃至自然景物，造成了岭南文学艺术独特的神韵与色彩，为岭南海洋文学艺术提供了新奇、独特的视域，亦对岭南作家的性格气质、审美情趣、思维方式与作品的内容、题材、风格、表现手法等产生了重要影响。

纵观古往今来的岭南艺术：海洋小说、诗歌、戏曲、音乐、美术与书法文化，无不凸显出岭南“言语异，风习异，性质异”，有“独立之思，进取之志”的地域文化特征，呈现出文人高雅、闲适、散淡的艺术心态，它以雅俗兼具的审美姿态，关注世事，面对人生。

广东新会宋元崖门海战博物馆之毛泽东书文天祥诗

历代文学中，大海是一个永恒的主题。关涉海的诗文曲赋不胜枚举，它表达了大海赋予人们的清新、浩瀚、辽远、快乐、神秘、悲壮、惊骇、恐惧等情感与印象。

岭南诗派发轫于唐宋，历时600余年而不衰。元末明初，被推为“岭南明诗之首”的孙蕡(1337—1393年)，曾参与编辑《洪武正韵》。《明史·孙蕡传》赞其“诗文援笔立就，词采灿然”，有“不让唐人”之誉，并被尊为“岭南诗派之始”。他与黄佐、赵介、李德、黄哲五诗人创建了岭南最早的诗社“南园诗社”。

号为“粤中韩愈”的黄佐（1489—1566年)，《粤东诗海》称其诗“体貌雄阔，思意深醇。旗鼓振发，郡英竟从。一时词人，如南园后五先生，皆出其门，粤诗大作”。黄佐一生著述甚丰，计有《论学书》《乐曲》《广东通志》等260多卷以及诗文集《泰泉集》60卷等。朱彝尊评赞：“岭南诗派，文俗（黄佐谥号）实为领袖，功不可泯。”

明代中原诗坛沉寂之时，岭南诗坛却是一派群星灿烂的景象。嘉靖年间，欧大任、吴旦、梁有誉、黎民表、李时行五人重建南园诗社。他们师从黄佐，风格刚健雄直，注重反映社会现实。清人檀萃评曰：“岭南称诗，曲江而后，莫盛于南园；南园前后十先生，而后五先生为尤盛。”崇祯年间，又有陈子壮、黎遂球等12位广州文士在此地三结角园诗社，合称“南国十二子”。陈遇夫《岭海诗见序》称：“有明三百年，吾粤诗最盛，比于中州，殆过之无不及者。”

王士禛《池北偶谈》道：“东粤人才最盛，正以僻处岭海，不为中原江左习气熏染，故尚存古风耳。”僻处岭海一隅的岭南海洋文学多表现出山川正气，地方流韵，格调本色自然的慷慨豪迈。时称“岭南三大家”的屈大均、陈恭尹、梁佩兰即为此类诗风代表。屈诗慷慨豪迈，陈诗郁勃沉雄，梁诗劲道刚健。

清嘉庆道光年间，诗人辈出，番禺张维屏、香山黄培芳、阳春谭敬昭被称为“粤东三子”。张维屏在第一次鸦片战争时写了一批歌颂粤人反帝斗争的诗篇，格调高昂，语言质朴，有较高的艺术技巧。清朝刘彬华

《玉壶山房诗话》评其诗曰："气体则伉爽高华，意致则沉郁顿挫。"[1] 尔后，徐荣、谭莹、陈澧、简朝亮、潘飞声、梁鼎芬等，亦多有感伤时事之作。

近代维新运动与民主革命时期，岭南集结了一批既有思想光彩又不乏创新意识的作家。其中康有为、梁启超的诗文，反映了当时的民族危机和人民苦难。梁启超提出"诗界革命"，倡导"革其精神，非革其形式""旧风格含新意境"。辛亥革命时，黄节、胡汉民、廖仲恺、朱执信等的诗作，洋溢着强烈的革命激情。苏曼殊诗风"清艳明秀"，别具一格，在当时影响甚大。

如果说岭南诗的特点是慷慨、雄直，那么其词作则体现了雅健、清空的特色。南宋崔与之被尊为"粤词之祖"，撰有《菊坡集》。其词豪放雄浑，开创了雅健为宗的岭南词风。

清代岭南词作尤为繁盛。据叶恭绰《全清词钞》不完全统计，岭南词人有 140 余家。大大超过宋、明等朝。雍正、乾隆年间，张锦芳撰《逃虚阁诗馀》、黎简撰《药烟阁词钞》、黄丹书撰《胡桃斋诗馀》，峻爽豪迈，与江左颓靡之风迥异。嘉庆、道光之际，词家尤火，如吴荣光、梁信芳、黄位清、梁廷楠、桂文耀等词人的词作均传诵于世。陈澧撰《忆江南馆词》，粹雅清高，备受推崇。张维屏撰《听松庐词钞》，秀隽不凡。谭莹撰《辛夷花馆词》，激昂豪迈。吴兰修撰《桐花阁词钞》，清空婉约。咸丰年间，被尊为"粤东三家"的叶衍兰、沈世良和汪瑔，目睹外敌入侵，朝政腐败，颇多感伤时事之作，他们分别撰有《秋梦庵词钞》《楞华室词》和《随山馆词》等。

近代岭南重要的诗词代表有黄遵宪、丘逢甲、康有为、梁启超、黄节、廖仲恺、苏曼殊、朱执信等，他们融会贯通中西思想文化，运用诗词寄托情怀、介入世事，展现了岭南文学直面人生与参与现实的姿态。

粤地贬谪官员中不乏文人雅士，其诗文贡献不可不提。古代岭南自先秦至北宋这一千多年，虽被视为"蛮荒之地"，是"迁徙、贬谪、流放"的"穷乡僻壤"，但文学却因而得福，韩愈、苏轼等，因为政治的潦倒失意而被放逐岭南，他们在岭南创作了大量诗文，其中如韩愈的《海水》《学诸进士作精卫衔石填海》、贾岛的《寄韩潮州愈》、苏轼的《浴日亭》《六月二十日夜渡海》《登州海市》等，为岭南文学增添异彩。唐代张说诗《入海》，借海洋的茫混状抒发了内心的郁郁不平："称桴入南海，海旷不可临。茫茫失方面，混混如凝阴。云山相出没，天地互浮沉。万里无涯际，云何测广深。潮波自盈缩，安得会虚心。"在《六月二十日夜渡海》中，苏轼表达了对"南荒"之地的深情："九死南荒吾不恨，兹游奇绝冠平生。"

初唐被誉为"岭南第一人"的诗人张九龄，其时有"当年唐室无双士，自古南天第一人"

---

1 刘彬华：《玉壶山房诗话》，《岭南群雅》二集，一卷。

之美称，所作名句“海上生明月，天涯共此时”，脍炙人口，传诵千古。与张九龄同样出生岭南，同为韶州人的显赫重臣余靖，被称为“岭南第二人”。余靖晚年游于山幽水秀之境，饱览风光旖旎之景，多有寄情山水之篇，如《送海琳游南海》：“触目尽尘累，如师真不群。圆明水中月，去住岭头云。意为乘风快，名应过海闻。翛然此高迹，世纲慢纷纷。”

宋王安中，官至尚书右丞。王安中擅长作诗和骈文，在当时颇受推崇，纪晓岚曾称之为“南北宋间佳手”。其于被贬潮阳途中的诗作《潮阳道中》描述了粤东潮阳熬海盐、割稻穗的盛况：“火轮升处路初分，雷鼓翻潮脚底闻。万灶晨烟熬白雪，一川秋穗割黄云。”诗中对韩愈贬潮期间，驱逐为害之鳄鱼的政绩倍加赞赏：“岭茅已远无深瘴，溪鳄方逃畏旧文。”

历代涉海诗词中，诗人们往往借海的意象抒发各种感慨。

1. 借大海抒发慷慨之志，爱国之情

借大海抒发慷慨之志，人们熟知的当推曹孟德的《步出夏门行》中的《观沧海》一章。韩愈《海水》：“风波无所苦，还作鲸鹏游。”展现其欲借大风惊波施展其才的雄心。

与屈大均、梁佩兰齐名，史称“岭南三大家”的陈恭尹《崖门谒三忠祠谓》：“山木萧萧风更吹，两崖波浪至今悲。一声杜宇啼荒殿，十载愁人拜古祠。海水有门分上下，江山无地限华夷。停舟我亦艰难日，畏向苍台读旧碑。”作者为顺德龙山人，诗作通过描述清初岭南的疮痍荒凉局面，寄托故国河山之思，抒发感慨悲凉之意。文天祥的“山河破碎风飘絮，身世浮沉雨打萍……人生自古谁无死，留取丹心照汗青”，抒发了诗人国家破碎、身世飘零的感叹。广东新会宋元崖门海战博物馆有毛泽东书文天祥诗和今人书田汉崖门怀古诗。田汉诗谓：“云低岭暗水苍茫，此是崖山古战场。帆影依稀张鹄鹞，涛声仿佛半豺狼。艰难未就中兴业，慷慨犹增百代光。二十万人齐殉国，银湖今日有余香。”

广东新会崖门古炮台有秦咢生访崖门春浪诗。诗曰：“凛凛英雄树，巍巍古炮台。朝辉城雉肃，春激浪花开。要塞无烽警，崖门不可摧。江山磅礴气，吟望几低徊。”

邝露《浮海》：“玉树歌残去淼然，齐州九点入荒烟。孤槎与客曾通汉，长剑怀人更倚天。晓日夜生圆峤石，古魂春冷蜀山鹃。茫茫东海皆鱼鳖，何处堪容鲁仲连？”[1]抒发了去国之痛、亡国之忧。《浮海》副标题注曰：“时南都已失”。邝露，字湛若，明末广东南海人，年

1　邝露纂：《浮海》，《海雪堂峤雅集》卷二。

十三为诸生，工诸体书，能诗，精于手书开雕，善琴，喜蓄古器玩。他既是一位杰出文人，又是一位壮烈死节之士。明永历二年（1648年），与诸将守广州，城破，以二琴、宝剑及怀素真迹等环置左右而死，时年四十七。

再如广东梅州诗人黄遵宪的《八月十五日夜太平洋舟中望月作歌》：

茫茫东海波连天，天边大月光团圆，送人夜夜照船尾，今夕倍放清光妍。一舟而外无寸地，上者青天下黑水。登程见月四回明，归舟已历三千里。大千世界共此月，世人不共中秋节。泰西纪历二千年，只作寻常数圆缺。舟师捧盘登舵楼，船与天汉同西流。虬髯高歌碧眼醉，异方乐只增人愁。此外同舟下床客，梦中暂免共人役。沉沉千蚁趋黑甜，交臂横肱睡狼藉。鱼龙悄悄夜三更，波平如镜风无声。一轮悬空一轮转，徘徊独作巡檐行。我随船去月随身，月不离我情倍亲。汪洋东海不知几万里，今夕之夕唯我与尔对影成三人。举头西指云深处，下有人家亿万户，几家儿女怨别离？几处楼台作歌舞？悲欢离合虽不同，四亿万众同秋中。岂知赤县神州地，美洲以西日本东，独有一客欹孤篷。此客出门今十载，月光渐照鬓毛改。观日曾到三神山，乘风竞渡大瀛海。举头只见故乡月，月不同时地各别，即今吾家隔海遥相望，彼乍东升此西没。嗟我身世犹转蓬，纵游所至如凿空，禹迹不到夏时变，我游所历殊未穷。九州脚底大球背，天胡置我于此中？异时汗漫安所抵？搔头我欲问苍穹。倚栏不寐心憧憧，月影渐变朝霞红，朦胧晓日生于东。

清光绪十一年八月（1885年），黄遵宪由驻美国旧金山总领事任上请假回国，正值旧历八月十五之夜，轮船航行在茫茫太平洋上。诗人仰望明月，思乡情浓，一位西方游客哼起了异国曲调，诗人感慨良多，遂成此诗。

黄遵宪是晚清影响最大的诗人。明清以来的诗坛，拟古主义严重，学诗者视古人为偶像，刻意模仿，以制造假古董为荣。黄遵宪鄙视这种诗风，认为今古是发展的，今不必卑，古不必尊，应该摆脱古人的拘牵，敢于“我手写我口”。表现“古人未有之物，未辟之境”。被公认为晚清“诗界革命的一面旗帜”。梁启超说：“公度之诗，独辟境界，卓然自立于20世纪诗界中，群推为大家。”康有为说他的诗“上感国变，中伤种族，下哀民生”。开雄奇境界，起风雷波涛，“此之谓天下健者”。

与黄遵宪齐名的丘逢甲诗歌融铸着强烈的爱国情怀。丘逢甲祖籍广东蕉岭，1864年出生于台湾苗栗铜锣湾。1894年甲午中日战后坚决反对割让台湾，积极保台未果后不得不挥泪内渡，孤身遁避广东乡间。临行时，百感交集，写《辞台诗》六首以表达忧愤之情。“春愁难遣强看山，往事惊心泪欲潸。四百万人同一哭，去年今日割台湾。”这是丘逢甲在 1896 年写的诗《春愁》。诗人在乡回想一年前割让台湾之事，愁绪难排，潸然泪下，甚是感人。著名诗人柳亚子评丘逢甲诗：“时流竞说黄公度，英气终输仓海君；血战台澎心未死，寒笳残角海东云。”梁启超则称他为“诗界革命之巨子”。黄遵宪称他的诗“真为天下健者”。

帝国主义列强的入侵，不仅造成割地，还造成主权的沦丧。勉强维持着的清王朝在苟延残喘，而人民大众无不痛心。《汕头海关歌寄伯瑶》，就是这方面的代表作。这是一首七言仄韵的大篇，计三十七韵。丘逢甲将此诗寄其朋友伯瑶——

风雷驱鳄出海地，通商口开远人至。
黄沙幻作锦绣场，白日腾上金银气。
峨峨新旧两海关，旧关尚属旗官治。
……
日日洋轮出入口，红头旧船十九废。
土货税重洋货轻，此法已难相抵制。
……
我工我商皆可怜，强弱岂非随国势？
不然十丈黄龙旗，何尝我国无公使？
彼来待以至优礼，我往竟成反比例。
且看西人领事权，雷厉风行来照会。
大官小吏咸朒缩，左华右洋日张示。
……
闽粤中间此片土，商务蒸蒸岁逾岁。
瓜分之图日见报，定有旁人思攘臂。
关前关后十万家，利窟沉酣如梦寐。
先王古训言先醒，可能呼起通国睡。
出门莽莽多风尘，无奈天公亦沉醉。

在这首诗中，丘逢甲描写了新旧两海关并立、进出口商品不均、民族工业受压抑、悲惨的劳务输出、领事裁判权猖獗、买办资本家横行，呼唤睡狮赶快醒来。

2. 借大海抒情咏志

诗人面朝大海，有感而发，借大海抒发友情、相思、离别、忧世之情，感叹人生，畅抒胸臆。

黄遵宪《岁著怀人诗怀陈乙山工部》：“珠江月上海初潮，酒侣诗朋次第邀。唱到招郎吊秋喜，桃花闻竹最魂销。”《雁》：“汝亦惊弦者，来归过我庐。可能沧海外，代寄故人书？四面犹张网，孤飞未定居。”这些短诗既典型体现了作者状物绘景的精细诗力，又充分体现了作者清新淡雅的诗风，同时也体现了作者文化底蕴中海洋性、开放性与求实性相结合的文化特质。

张籍《蛮中》：“铜柱南边毒草春，行人几日到金麟。玉环穿耳谁家女，自抱琵琶迎海神。”[1] 描述的是女子抱着琵琶迎海神，祈求远行的人平安归来。其诗《送郑尚书赴广州》：“圣朝选将持符节，内使宣时百辟听。海北蛮夷来舞蹈，岭南封管送图经。白鹇飞绕迎官舫，红槿开当宴客亭。此处莫言多瘴疠，天边看取老人星。”则表达了诗人为国家强盛、岭南归服之激昂意气。诗人虽知晓岭南为瘴疠之地，但仍以达观之言鼓励友人。

饶宗颐的《长洲集》第十九首：“海波汩没处，暂分日月光。须臾彩霞生，天际见琮璜。案头隔岁花，犹发去年芳。披衣未明起，端坐待初阳。孤鹤天际来，群鸥已争翔。逃虚将焉往，恨不置汝旁。令威久不归，黯然徒自伤。”第二十首：“潮声破吾寐，揽镜惊碧丝。日月不相饶，难与玄发期。海桑眼中生，入海更何之。昌寒此候潮，甘作渔父辞。忧与忧相接，屈子不余欺。沧浪之水清，忧来还自持。”皆为以海抒情咏志之作。

3. 描述海域物候、风情

清人王士祯的《广州竹枝词》：“潮来濠畔接江波，鱼藻门边净绮罗。两岸画栏红照水，疍船争唱木鱼歌。”[2] 描述了珠江上，红船戏水的繁华景象。“海上去应远，蛮家云岛孤。竹船来挂浦，山市卖鱼须。”张籍的诗歌叙述了南海渔民、海客的海上生涯。“海滨半程沙上路，海风吹起成烟雾。行人合眼不敢觑，一行一步愁亦步。步步沙痕没芒屦，不是不行行不去。”杨万里的诗反映了潮州海岸沙行时的艰难情景。宋李光的《琼台》：“玉台孤耸出尘寰，碧

1 张籍：《蛮中》，《张籍诗全集》，《全唐诗》，卷 386，第 115 页。

2 王士祯：《广州竹枝词》，引自光绪《广州府志》。

瓦朱甍缥渺间。爽气遥通天际月，沧波不隔海中山。”展现了琼台的高耸美丽，住民与大陆及海外异域的密切往来；以及关于南荒异域通商的记载：“越地生春草，春城瞰渺茫。朔风惊瘴海，雾雨破南荒。巨舶通藩国，孤云远帝乡。”

今人饶宗颐的《东海行》：“向夕风恬北斗低，寥天阔远无雁飞。南北东西底处所，坐拥海天碧合围”是描述海域景象。

马欢的笔记《瀛涯胜览》、费信的《星槎胜览》、巩珍的《西洋番国志》、严从简的《殊域周咨录》等亦皆描述了海外异域地理、风情、习俗与物产。如：“船来蛮贾衣裳怪，潮上海鲜鳞口红。不向旗亭时一醉，行人愁杀柳花风。”描述粤吴川习俗如：“吴川望海谁溟溟，万斛龙骧一羽轻。沙碛煮盐凝皓月，潮痕遗贝丽繁星。硇州夜露金银气，神电晴岚鹳鹤鸣。玉节南来天北极。安边归颂海波平。”

描写潮州南澳岛之胜境与战略地位的诗：“渡海登南澳，浮天晓日红。山形皆向北，水势自朝东。浪卷晨昏雾，帆悬闽粤风。咽喉成锁钥，控制两相同。”作者渡海登上南澳岛，只见烟雾缭绕，红日高照，海面如同仙境般浮于其上，山形走向朝北，潮水东退，晨、昏之时，浪花卷起海雾，闽粤之风涨满风帆。其以“咽喉”“锁钥”作比，点明南澳岛极其重要的战略位置。

4. 描述渔民生产和海上生活的艰辛

岭南滨海湿地盛产蚝（牡蛎）。屈大均有打蚝歌曰：“一岁蚝田两种蚝，蚝田片片在波涛。蚝生每每因阳火，相叠成山十丈高。冬月真珠蚝更多，渔姑争唱打蚝歌。纷纷龙穴洲边去，半湿云鬟在白波。”[1]

“海人无家海里住，采珠役象为岁赋。恶波横天山塞路，未央宫中常满库。”这首古题乐府以“海人”为描写对象。“海人”亦即潜入海底的劳动者，他们大部分时间浸泡在咸涩的海水里。“海人”以采珠为业，以象为交通工具，以交纳赋税为目的。采珠之时，他们常常面临着风大浪急、波涛蔽日。他们的运珠之途山陡路窄，坎坷难行。未央宫中的满库珠宝，都是海人终年辛苦所得，而他们却穷困潦倒至“无家”的地步。又如梁佩兰的同类题材，“老夫采珠船作家，船头见珠船尾耙。晚来珠船泊海角，满船珠肉共珠壳。安得珠出如往时，

1 （清）屈大均：《广东新语》卷二十三《蚝》。屈大均另有捕蟹诗云：“蟹走咸头上，渔人网不稀。”“今年咸上早，膏蟹满江波。价比鱼虾贱，餐如口腹何！”（《翁山诗外》卷七）。

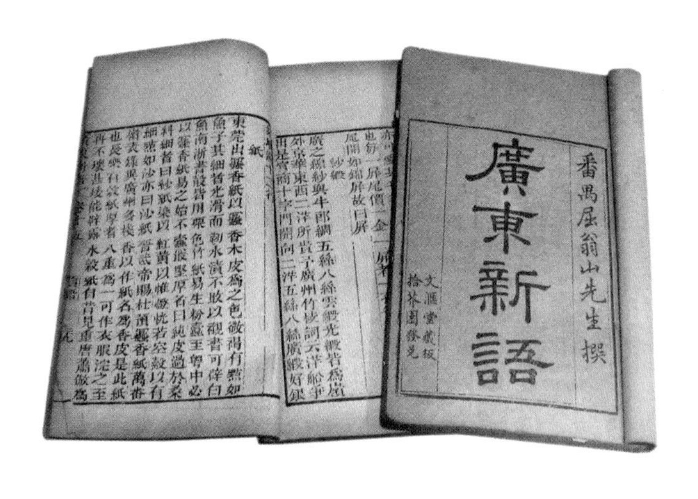

清康熙三十九年（1700年）刻本《广东新语》屈大均著

老夫采取卖富儿”。

珠江的水上居民世世代代生活在水上，一家数口以一叶小舟为栖身之处，漂泊在珠江之上，以捕鱼摸蚬为生，过着水上“游牧”生活。宋代诗人杨万里写过一首《蜑户》：“天公分付水生涯，从小教他踏浪花。煮蟹当粮那识米，缉蕉为布不须纱。夜来春涨吞沙觜，急遣儿童斩狄芽。自笑平生老行路，银山堆里正浮家。”末句“银山堆里正浮家”，正是“蜑户”们浪里涛中讨生计的真实写照。“蜑户”亦即“疍户”。清屈大均《广东新语·舟语》:“诸蛋（疍）以艇为家，是曰蛋家……蛋人善没水，每持刀槊水中与巨鱼斗。”

5. 文人笔下的海上丝绸之路与海洋贸易

广东港口多，其港口在不同时期都曾经是海上丝路的始发港或中转港。海洋丝绸之路与海洋贸易的繁荣，为文学创作提供了新的视域、题材和丰富的素材。岭南文化的中心地——广州,200年前，即为千帆竞发的繁华商港。作为“一口通商”外贸口岸的80余年间，停泊在黄埔古港的外国商船计有5000余艘。从古代海洋诗词作者的笔下，我们不难感受到这种喧嚣和繁华的气息。

屈大均《广东新语·货语》中有《广州竹枝词》：“广州城郭天下雄，岛夷鳞次居其中。香珠银钱堆满市，火布羽缎哆哪绒。碧眼蕃官占楼住，红毛鬼子经年寓。濠畔街连西角楼，洋货如山纷杂处。洋船争出是官商，十字门开向二洋。五丝八丝广缎好，银钱堆满十三行。”

这是最早的关于十三行的文字记录，起了“以诗证史”的作用。

韦应物《送冯着受李广州署为录事》:“大海吞东南，横岭隔地维。建邦临日域，温燠御四时。百国共臻奏，珍奇献京师。富豪虞兴戎，绳墨不易持。”[1]

韩愈《送郑尚书赴南海》:“番禺军府盛，欲说暂停杯。盖海旗幢出，连天观阁开。衙时龙户集，上日马人来。风静鶢鶋去，官廉蚌蛤回。货通师子国，乐奏武王台。事事皆殊异，无嫌屈大才。”[2] 诗中形象地展现了一幅“百国共臻奏，珍奇献京师”和“货通师子国，乐奏武王台”的壮丽、恢弘的画面。

6. 反映海战史实

公元1279年2月，南宋残军与元军在新会崖门海域展开了一场历时20多天的大海战，双方投入兵力50余万，动用战船2000余艘，最终宋军全体殉国，战船覆没，无一人降敌，海上浮尸10万，并给大宋王朝——这个中国历史上辉煌而又悲壮的王朝画上了句号。文天祥因早前已在海丰被俘，正好拘禁在元军船舰上目睹了宋军大败和赵昺蹈海的惨剧，故为之作诗悼念。

长平一坑四十万，秦人欢欣赵人怨。
大风扬沙水不流，为楚者乐为汉愁。
……
楼船千艘下天角，两雄相遭争奋搏。
古来何代无战争，未有锋猬交沧溟。
游兵日来复日往，相持一月为鹬蚌。
南人志欲扶昆仑，北人气欲黄河吞。
一朝天昏风雨恶，炮火雷飞箭星落。
谁雌谁雄顷刻分，流尸漂血洋水浑。
昨朝南船满崖海，今朝只有北船在。
昨夜两边桴鼓鸣，今朝船船鼾睡声。
北兵去家八千里，椎牛酾酒人人喜。
唯有孤臣雨泪垂，冥冥不敢向人啼。

1 韦应物:《冯着受李广州署为录事》,《韦应物诗全集》,《全唐诗》卷一八九。
2 韩愈:《送郑尚书赴南海》,《韩愈诗全集》,《全唐诗》,卷三四四，第34页。

六龙杳霭知何处，大海茫茫隔烟雾。

我欲借剑斩佞臣，黄金横带为何人。

描写鸦片战争时期的海战：“城上旌旗城下盟，怒潮已作落潮生。阴疑阳战玄黄血，电夹雷攻水火并。鼓角岂真天上降，琛珠合向海王倾。全凭宝气销兵气，此夕蛟宫万丈明。”反映烧毁鸦片后之喜悦：“春雷焱破零丁穴，笑蜃楼气尽，无复灰燃。沙角台高，乱帆收向天边。”

反映中日甲午战争的题材，如黄遵宪的《哀旅顺》诗将旅顺军港写得生龙活虎，威武雄壮。

海水一泓烟九点，壮哉此地实天险。炮台屹立如虎阚，红衣大将威望俨。

下有洼池列巨舰，晴天雷轰夜闪电。最高峰头纵远览，龙旗百丈迎风飐。

长城万里此为堑，鲸鹏相摩图一啖。昂头侧睨何眈眈，伸手欲攫终不敢。

谓海可填山易撼，万鬼聚谋无此胆。一朝瓦解成劫灰，闻道敌军蹈背来。

鸦片战争中帝国主义列强的大炮首先在广东沿海打开封建帝国闭关自守的大门，中国人民奋勇抗击外来侵略者，产生了许多歌颂民族气节和民族精神的诗。诗人张维屏年届六十时遇帝国主义疯狂入侵，诗风变为大气凛然，其《三元里》诗写道：

三元里前声若雷，千众万众同时来。

因义生愤愤生勇，乡民合力强徒摧。

家室田庐须保卫，不待鼓声齐作气，

妇女齐心亦健儿，犁锄在手皆兵器……

三元里抗英民谣把三元里抗英斗争写得活灵活现——一声炮响，义律埋城。三元里顶住，四方炮台打烂。伍紫垣顶上，六百万讲和。七七礼拜，八千斤未烧，久久打下，十足输晒。

我国古代音乐美学著作《乐记·乐象》云："乐者，心之动也。声者，乐之象也。文采节奏，声之饰也。"海洋音乐与舞蹈是艺术家心与海之碰撞、交融的产物。

1. 粤海洋音乐

粤海洋音乐是滨海族群最具特色之原生文化，它是传递原住民族情感和文化信息的一种符号载体。

地处南海之滨的岭南，自然风光婀娜多姿，既有气势磅礴的山峦、水网纵横的平原；也有海天一色的港湾风光。它孕育了多姿多彩而又风格独特的岭南艺术。就岭南音乐和戏曲而言，堪称绚丽多彩，其中包括广东音乐、潮州锣鼓乐、客家山歌、壮族民歌；被称为"岭南四大名剧"的粤剧、潮剧、琼剧和广东汉剧；独具风格的粤曲、潮曲、木鱼、龙舟、广东南音；以及正字戏、西秦戏、白字等剧种。具有鲜明海洋文化特色的岭南音乐亦为岭南文化的奇葩。

咸水歌

咸水歌是疍家民歌的代表性种类，又称疍歌、蜒歌、蛮歌、咸水叹、白话渔歌、后船歌等，广泛流行于广东中山、番禺、珠海、南海等沿海和河网地带，为疍民口耳传唱的民歌。清人屈大均的《广东新语·诗语》载："疍人亦喜唱歌，婚夕两舟相合，男歌胜则牵女衣过舟。"咸水歌的内容多反映岭南沿海一带原住民的生活、情感与习俗等。如反映海边渔民生活艰难的《食粥挑盐挨到惯》：

食粥挑盐挨到惯，食餐容易揾餐难。
好天之时日又晒，落雨寮仔水瓜棚。

表现青年男女炽热恋情的《海底珍珠容易揾》：

男：海底珍珠容易揾，真心阿妹世上难寻。

女：海底珍珠大浪涌，真心阿哥世上难逢。

这首民歌，生活气息浓厚，它与沿海疍民采珠的生活习俗密切相关。

咸水歌一般由上下两句组成单乐段，或由四个乐句组成复乐段。包括独唱、对唱等形式，而以对唱为主，对唱采用男女互答形式。如《海底珍珠容易揾》，这首情歌即景写情，运用比兴和对比的手法传达对爱情的执著与追求，比喻新鲜、贴切，语言生动活泼。

再如“咸水歌”《对花》：

你系钓鱼仔定系钓鱼郎，我问你手执鱼丝有几长，

几多丈在海底，几多丈在手上，仲有几多丈在船旁。

咸水歌内容丰富，就广东东莞沙田咸水歌而言可分为以下几类。

离别叹：如《十二月望郎君》《江门十送十别》《东便路程》《十六送情娘》《十五送情哥》。

教劝歌：如《十教孩儿》《十谏才郎》《十劝新郎》。

拆字歌：如《则剧君》《拆古人字眼》《十二月采茶字眼尾》《拆船名》《拆花名》。

自叹歌：如《女子自叹》《十叹文胸》。

姑妹歌：如《海底珍珠》《花开无声》。

叙事歌：如《十二月采茶》《正月采茶》。

煽情歌：如《膊头担伞》《嘲女人》《莳田娘》《耕田郎》《虾罟亚妹》《大海驶船》。

斗智歌：如《读书君》《下钓仔》《则剧仔》。

吴竞龙认为，咸水歌按内容可分为“生产歌”“生活歌”“时政歌”“爱情歌”“叙事歌”五类；按歌曲情绪可分为“欢歌”和“苦歌”；按曲调可分为“叹”和“唱”；按调式调性可分为咸水歌、高堂歌、大罾歌、姑妹歌、叹歌（叹家姐）、嗳仔歌、放鸭歌和担伞歌八个种类。黄金河把咸水歌区分为生活、时政、劳动、爱情、童谣五类。

生产歌如《舵正不怕航道弯》

船高不怕劈头浪，舵正不怕航道弯。

要擒蛟龙下大海，要打猛虎上高山。

《打鱼歌》

出海打鱼鱼打罾，有鱼打罾无人来寻。

吓仔在涌鱼在海，鱼虾跃水等哥追来。

童谣如《渔歌》

唱出歌仔好声音，唱到鱼哥笑吟吟。

白鱼鱼仔要出嫁，塘虱鱼仔做媒人……

爱情歌如《吃了秤砣铁了心》

吃了秤砣铁了心，水上浮萍要生根，

要学苋菜红到老，不学花椒黑良心。

生活歌如《望夫归》

正月望夫夫不归，我夫出门到广西，

广西有个留人洞，广东有个望夫归……

时政歌如《社会发展要和谐》

近河唔好枉洗水，近山唔好枉烧材。

保护环境责任重，社会发展要和谐。

出嫁时唱“叹家姐”，娶妻时唱“高棠歌”。

咸水歌的婚嫁歌曲类别和场合很多，如叹爹妈、叹家兄、叹家姐、母女相叹、姑嫂相叹、姐妹相叹；点烛歌、拜树歌、拜席歌、拜酒歌、拜红歌、拜钱盒歌、上字歌、穿衣歌；唱棚面、唱明烛、唱点烛、唱台头、唱米箩、唱橘树、唱秤砣、唱钱盒；贺新老爷、贺新安人、贺新郎、贺姑丈、贺大姑、贺大伯、贺大母等。可谓时时能唱、处处皆歌。

疍家的婚嫁仪式颇有情趣。闺女出嫁前要例行“叹嫁”，即“哭嫁”。一般新娘在结婚前发帖数天后便开始哭，以此表达对父母养育之恩的感谢。“叹嫁”实际上是唱歌对答，唱得十分哀婉动听。出嫁当天，新娘要在众女伴的拥簇下登艇，一路上歌声四起，鞭炮齐鸣，由连家船组成的渔家社区一派喜气洋洋的气氛。当晚，酒席散后，有以男青年为主的说唱活动。可见疍家的婚俗始终贯穿一个“唱”字。

捕鱼时唱“大罾歌”。大罾歌是沿海的青年渔民劳动时唱的歌，他们常划着小船用罾网捕鱼，用优美抒情的旋律对唱，倾吐爱慕之情。另外大罾歌的歌词中经常有双关语出现，以物比喻人，寄托自己的感情。比如说《哥哥留义妹留情》的对唱中，女孩唱道“马蹄批皮还有蒂，哥哥留义妹留情”，意思是用刀削马蹄（荸荠）的时候，因为用一只手提着马蹄的蒂，另一只手削皮，削完之后马蹄自然留下一个蒂，比喻男女青年之间自然而然留下情义。男孩接着对唱“瓮菜落塘唔在引，两人情愿唔使媒（人）”，瓮菜就是通心菜，生命力很强，移植的时候不用人引，随便栽都能活，用此来比喻两人的感情是双方自由恋爱，都用不着媒人牵线。接下来女孩又唱“落雨担遮热携扇，共哥携手万千年”，意思是下雨该打伞、天热该扇扇子，都是很自然的事，与哥哥牵手也就是那么自然。

惠东渔歌

惠东渔歌流行于广东惠州地区的惠东、大亚湾等沿海地区。据《惠东县志》记载，惠东沿海渔民的远祖属原始“疍民”，又称“后船疍民”，是我国南方“百越族”的组成部分。另据《惠东渔业志》记载，惠东疍民的先民从福建、潮州一带通过买卖或逃亡迁入，分布于平海、稔山范等港湾。疍民长期过着海上漂流生活，极少上岸，生产单一，生活枯燥。“出海三分命，上岸低头行”是疍民生活的真实写照。惠东疍民长期面对大海、蓝天，自然而然地就选择了以歌自乐、以歌解忧的生活，直接催生和发展了渔歌。久而久之，在海上枯燥生活的这一特定环境里，广大渔民不论男女老少都能唱上一两首渔歌了。渔歌是渔民的精神支柱，让人在艰难的生活中获得信心和勇气。

惠东渔歌是粤东渔歌的浅海渔歌，有40多种曲调，其风格或高亢豪放，或柔婉低沉，主要有“啊啊香调”“啦打嘀嘟嘀调”“呵呵香调”“贤弟调”“罗茵调”等20多个品种。只限于渔民们在船上演唱，有独唱和齐唱，渔民群居时以“答歌”（即对歌，或叫斗歌）为乐，均无乐器伴奏。其旋律具有浓厚的地方戏曲音乐和庙堂音乐韵味，歌词曲式结构多为上、下句，一呼一应句式。歌词纯朴、修辞简练，对现代歌词的创作具有较高的借鉴和启发作用。其最大的特点是“原始”，无任何乐器伴奏，没有固定的歌词，全凭歌者即兴发挥和创作。

惠东渔歌歌词形式是七言四名、八句一节，或杂以三字句、五字句，有些长达20多句一节。曲式结构多为五声调式，六声、七声调式也常有，并以“徵”“宫”两种调式为主，“角”“羽”调式为辅。原始惠东渔歌的曲调皆为上、下结构，常加衬词、衬句作为乐曲的最后补充句，歌曲旋律优美，节奏自由多变，在广东民歌中是较有特色的一种。

渔歌是渔民们生活中不可缺少的一部分，居于舟楫、随潮来往的渔民们千百年来以歌自娱、以歌解忧，不论是在海上捕鱼、回港避风，还是在节庆、祭祀、婚丧等场合，都要唱起渔歌。曲调代代相传，歌词则随着生活的变化有所翻新。

新中国成立初期，渔歌手苏墨水把渔歌唱到北京城，受到周恩来总理的亲切接见。20世纪60年代，中央歌舞剧院创作的大型渔歌剧《南海长城》，其音乐素材就取自惠东渔歌的“妹仔调”和“哦哦香调”。1975年，惠东歌剧团以独特风格的平海渔歌对唱参加了全国的曲艺调演；1976年全国渔歌改革座谈会在惠东召开。广东省著名作曲家施明新、杨庶正、徐东蔚等运用惠东渔歌素材创作的《娶新娘》《织网》等均受到群众和音乐界好评。

艇仔歌

艇仔歌，顾名思义，就是水上人家唱的歌，流传于广东湛江广州湾一带。唱这种歌的大都是过去的疍民，他们长年累月漂泊在海上，寂寞无聊时、歇闲编网时、黑灯瞎火时、刮风下雨无法出海时，就唱艇仔歌消遣，打发时光。广州湾艇仔歌具有强大的生命力，从远古走来，代代流传，延续到今天。如《海湾趣歌》：

男女：摇咧，摇咧，摇啊哎咧！

男：阿妹咧多多对我好咧，阿哥想你嫁我咧。

女：阿哥咧个个对我好咧，对我好咧，对我好咧，我不嫁你，嫁你做乜咧。

男女：摇咧，摇咧，摇啊哎咧！

男：阿妹咧嫁我有艇摇咧，乜都有咧，乜都有咧。

女：乜都有咧，乜都有咧，要人有人，要心有心咧。

过去，艇仔歌谣的主要演唱者是打鱼人，方式是摇着艇，伴着划桨摇橹水响声的节拍和节奏而唱。比如《海湾趣歌》，实际上就是海上男女对唱，一对渔夫，男的讲白话，女的讲雷州话，两人对唱，大家觉得很有趣，跟着学，逐渐在湛江沿海的疍民中流传开来。

传统艇仔民歌曲式结构简单，乐句较少，音域跨度较窄，最低音到最高音一般不超过7个音，以音调式为主，羽调式和宫调式为辅，旋律平缓，节奏均匀，具有较优美的民歌韵味。现代艇仔民歌，乐句比原来的多，音域跨度明显扩大，比传统的艇仔民歌丰富得多，如《蓝绿红》跨度达12个音，以宫调式为主，旋律色彩较明亮，欢快，喜悦，有朝气，如《唱给好人的歌》，而像《特呈甜水歌》则属于羽调式，旋律色彩较为抒情、柔和。与雷州歌相比，霞山艇仔歌结构格式多样化，没有严格的格律限制，不限于只用雷州方言歌唱，还可以用吴川话、粤语、普通话甚至英语演唱。

现代艇仔歌已注入新的内涵，成为当地一张响亮的文化名片，如《东海儿女歌》：

海风吹着金沙滩，海浪涌进了梦乡。
人龙舞演绎古老与英雄，岛上已是春风荡漾。
啊咧——我爱你，美丽的东海岛，
啊咧——你是我可爱的家乡。
春风吹着蔚律港，潮声唤醒了梦乡。
大产业见证时代与风流，一轮红日升在身旁。
啊咧——我爱你，永远的小摇篮，
啊咧——你有我心中的理想。
我向你敬礼向你报到，为你歌唱为你创业，
为你献出青春和力量。我向你祝福向你保证，
为你守护为你争光，为你献出青春和力量。

这首现代艇仔歌，词曲作者为霞山区文联主席叶文健，在中国大众音乐协会、文化部当代音乐艺术院、中国音乐文化促进会主办的“庆祝中国共产党成立90周年全国歌曲作品评选”活动中夺得金奖。《特呈甜水歌》在湛江国际龙舟邀请赛开幕式上，以本土特色民歌选为开场歌伴舞演唱深受好评。

粤曲

在中国曲艺中广东粤曲很有名，粤曲以粤语演唱，粤曲源自粤剧清唱。清道光初期，由八音班的乐工清唱而萌发。粤曲以港澳为主要活动基地，流行于广东、广西、香港、澳门等广州方言区域，并流传到东南亚、北美等粤籍华侨及华人聚居的地区。

《分飞燕》是很经典的一首广东粤曲，民间广为流传，极受粤语区民众欢迎：分飞万里隔千山，离泪似珠强忍欲坠仍在眼，我欲诉别离情无限，匆匆怎诉情无限，又怕情心一朝淡，有浪爱海翻。空嗟往事成梦幻，只望誓盟永存在脑间，音讯休疏懒……

现代粤语歌曲《渔舟唱晚》:“红日照海上，清风晚转凉，随着美景匆匆散，钟声山上响，海鸥拍翼远洋……”

广东音乐

广东音乐亦称“粤乐”，是流行于以广州为中心的珠江三角洲及广府方言区的中国传统丝竹乐种，是19世纪末及20世纪初在当地民间“八音会”和粤剧伴奏曲牌的基础上逐渐形成的，以其轻、柔、华、细、浓的风格和清新流畅、悠扬动听的岭南特色备受民众广泛喜爱，遍及中国大江南北，流行世界各地。广东音乐、粤剧与岭南画派被誉为岭南三大艺术瑰宝，是广东的三张名片。 广东音乐现有曲名和乐谱可稽的达500多首。如《喜洋洋》《旱天雷》《雨打芭蕉》《双声恨》《步步高》《赛龙夺锦》《平湖秋月》《孔雀开屏》《金蛇狂舞》等。《喜洋洋》现被誉为“国乐”。

《赛龙夺锦》又叫《龙舟竞渡》，由何柳堂（1872—1933年）创作。全曲节奏轻快，通过描述端午节民间举行龙舟赛，勇夺锦标的欢腾热闹场面，表现了劳动人民勇敢、豪放、奋发向上的精神面貌。同一题材的广东音乐还有《龙飞凤舞》。

值得一提的是，海洋赋予了倚山傍海的潮汕人开阔的胸怀与开放的性格，使之善于吸纳异域文化的营养与精华。如南音中就吸收了佛曲《南海赞》《普庵咒》等，并发展成为了潮汕音乐中的独立乐种。被潮剧吸收、改造的潮安禅和腔《南海赞》，既可带声乐歌唱，也可用于乐器演奏，其与南曲、梨园戏相近，分别在其类似的乐种中流传。

2. 粤海洋舞蹈

粤地的海洋舞蹈以龙舞最为出名。广东各地的新春舞龙习俗各有特色，如湛江东海岛人龙舞、顺岛草龙舞、江门荷塘纱龙、深圳南澳的“舞草龙”、河源独特的儿童版“凳板龙”、揭阳乔林“烟花火龙”。

粤西风光旖旎的东海岛，民俗风情独特、纯粹，其中最具浓郁红土风情文化特色的民俗艺术——东海岛人龙舞，被誉为“东方一绝”。其表演分为：龙头、龙身、龙尾三部分，与其他龙舞不同的一是全部由人组成，二是舞于海滩。龙头是龙的精髓所在，体现龙的精神。它由一个彪形大汉身负三个小孩组成，分别表示龙角、龙眼、龙舌；龙身是龙的主体部分，用人相继倒卧分节连接而成，龙身左右翻滚；龙尾上下摇摆，随着龙头昂首挺进湛江。“人龙舞”节奏鲜明，鼓点强劲，气势雄伟，催人奋进。这一充满浓郁的乡土气息的“人龙舞”，是雷州半岛民间的舞蹈之魂。该舞蹈已被录入《中国民族民间舞蹈集成》（广东卷）并被列入中国国家非物质文化遗产名录。

中山的醉龙表演，醉龙以酩酊大醉的体态引人入胜，舞者头腰均扎红丝带，老少齐舞，他们踏着雄壮的鼓点，挥舞着手中木龙，造型层出不穷。数名壮汉或担或挟着一坛坛水酒，边走边饮，激情洋溢。这支融南拳、醉拳、杂耍等技艺于一体，“形醉而意不醉，步醉而心不醉”的艺术队伍，给观众以强烈的艺术震撼。

湛江人龙舞风采（李满青摄）

舞草龙在广东也很流行。代表的有深圳南澳的“舞草龙”、湛江调顺岛草龙舞、佛山“秋色”舞草龙等。

深圳南澳的“舞草龙”是南澳疍民正月初二以火龙祭海仪式上表演的舞蹈。南澳人世世代代以捕鱼为生，以海为家，风成为他们最害怕的事情。相传只要在每年正月初二夜晚，渔民们舞起草扎的火龙，便能压制风魔，保一年风调雨顺。

湛江调顺岛草龙舞有500多年的历史，草龙由稻草、渔网、竹篾等材料制作而成，通过扭、转、穿、腾，展现了岛上渔民与大海搏斗的精神面貌。

佛山“秋色”活动中也有舞草龙。“秋色”是丰收的景色之意。“佛山秋色”包括有彩灯扎作、头牌花车、化妆造型及各种表演艺术、民间音乐等。每年秋夜，人们在商定的晚上，各自将自制的工艺品及各项节目参加游行表演，逐渐形成富有地方民间特色的佛山秋色赛会，佛山人称为“出秋色”。每到赛会举办之日，佛山城内，万人空巷，盛况空前。

粤西湛江麻章区的“傩舞”表演被誉为“中国舞蹈的活化石”，这是一种最古老最生动的民间艺术。舞蹈的表演风格与内容，可分为表现五雷神将和历史英雄人物，雷神主体贯穿始终，具有浓郁的原始古巫色彩和生活气息。“人龙舞”和“傩舞”皆被列入国家级非物质文化遗产项目。

廉江市的“舞鹰雄”表演具有浓郁的乡土气息。其“鹰”展翅、合翅、守窝、伸腿、扑食、点水……矫健敏捷。“雄”则出洞、摇头、摆尾、头点、喷水、铲地、扑食……凌厉而凶猛，体现了粤西民间艺术的魅力。“舞鹰雄”现已被列入广东省非物质文化遗产项目。

岭南画派大师关山月画作题材广泛、内容深刻、立意高远、境界恢宏，时代气息浓厚，是继“岭南三杰”高剑父、陈树人、高奇峰之后成就卓著的绘画大师。关山月的山水画堪为岭南现代画派之冠。关山月(1912—2000年) 原名关泽霈，广东阳江人，先后担任中南文艺学院教授兼中南文联美术部副部长、中南美术专科学校教授兼副校长、广州美术学院教授兼副院长、中国美术家协会副主席、美协广东分会主席、广东画院院长。其代表作有《新开发的公路》《俏不争春》《绿色长城》《天山牧歌》《碧浪涌南天》《祁连牧居》《长河颂》及1959年4月从欧洲归来后与国画大师傅抱石合作的《江山如此多娇》。《江山如此多娇》是现代山水画的经典之作，一直高悬于人民大会堂正厅之上。画上有毛泽东题写的“江山如此多娇”六个独具风格的十七帖体行草大字。

关山月的《绿色长城》览物生情，艺术地再现了作者的故乡南粤海滨阳江的变化。明朗的阳光下，南国海岸一片郁郁葱葱，海水卷起一层层浪花。沿岸是绿色的防护林，高耸的木麻黄被风吹动成一道道波浪，与海浪互相呼应。《绿色长城》悬挂于人民大会堂广东厅。

关山月作品———闸坡渔港（1953年）

海納百川有容乃大

壁立千仞無欲則剛

林则徐在自己的府衙写的对联

现代广东开平画家司徒乔早年习作，多以水乡风物为题材。《搬瀵》就是用调色刀代替画笔，试图表现南国水天之美的油画。他爱画温柔的江水，也爱画涌涛的南海。当他第一次航海的时候，为了要画出黛蓝色的浪峰和玉洁的泡沫，他把油布钉在甲板上，用皮带把自己的腰拴在船栏上作画。在这幅画中，他用雄健的笔锋，在尺幅之内歌颂了大海的壮观。

岭南学者型书画艺术家饶宗颐，是当今集学术和艺术于一身的俊才。他的书画艺术秉承了中国明清以来文人书画的优秀传统，充满“士大夫气”。他的山水画写生和人物白描，独具一格。国画题材广涉山水、人物、花鸟。书法方面，饶先生植根于古文字，真草隶篆，自成一格。其代表作品有《猛志逸四海》《山高水长》《有容乃大》等。

在岭南海洋艺术家郑孙堤笔下，有展现人与大海情怀之作品《海之恋》与画集里的《水上人家》《春潮》等。作者用其画笔深情而执著地描绘大海、渔舟、帆影、红土地……有着漫长的海岸线的汕尾，沿海渔港镶嵌在银色的大海里，那是画家郑孙堤生活了 50 多年的故乡，他的足迹遍布这里的乡村僻野、海岛渔家。因之被当地渔民亲切地称为“大海的儿子，自己的画家”。生活在“日观辰浪，夜闻涛声，朝踏礁滩，夕赏千帆”的广东汕尾渔村，郑孙堤画作里渗透着一股浓浓的大海的韵味，这是其人格化了的乡土情怀在灵动的画笔下之倾注。20 世纪 90 年代以来，郑孙堤完成了以海、帆、礁、浪、滩、网、渔女为素材的系列作品，画中体现了自然美的回归，蕴含着多彩的梦想：其《海韵图》重在表达大海雄阔的态势，激越不息的动感，人与大自然的哲理尽在其中。此画尽得水墨的氤氲河流，浓郁淳厚之美。《沧海激荡旷远观》既发挥了传统的水墨效果，又吸取了西洋画光与素描的关系以及现代派的技法，把海浪的势、量、质渲染得淋漓尽致。作品《博》排浪拍天，击石无阻，表达出勇往直前的气概。《海纳百川》则展示了山川与海洋的交相辉映，千岩万壑终归大海之题旨。

阳江马文荣的《碧海流金》，金色的沙滩、湛蓝的海水、下海的渔船，展现了一幅温馨、浪漫的画图，激励起人们热爱与保护海洋的意识。他的其他海洋作品《千舸竞发》及组照《空中看开渔》《水天一色》《角湾帆影》《涛声天上来》和《鸳湖夜色》，皆以其艺术表现得生动真切而感人。

广东雕塑艺术家创作了很多海洋题材的作品，这从广州雕塑公园和潘鹤雕塑艺术园可窥一斑。

广州雕塑公园位于广州白云山飞鹅岭西侧，占地面积约 46 万平方米，是 1996 年建成

潘鹤雕塑作品——禁烟

的主题公园。广州雕塑公园大型浮雕作品“南洲风采”中有很多海洋渔文化、舟船文化元素，作品“海天”体现了人海一体的宽广。

潘鹤雕塑艺术园是目前中国最大的以雕塑家命名的雕塑艺术园，是为著名雕塑家潘鹤先生兴建的大型户外雕塑艺术园。该园坐落在广州市海珠区后滘村，总占地面积近 3 万平方米。潘鹤致力于雕塑艺术创作 60 余年，孜孜不倦，以拓荒、创新、执著追求的“开荒牛”精神，完成《艰苦岁月》《开荒牛》《珠海渔女》《广州解放纪念像》等雕塑作品 370 多件。有 60 多件中型雕塑分别为国家美术馆及博物馆收藏，多件作品获国家级金奖和最佳奖，被国务院授予“中青年有突出贡献专家”光荣称号，是国家“五一劳动奖章”获得者，2003 年荣获国家文化部“造型艺术终身成就奖”。

著名摄影家陈复礼的摄影作品《搏斗》，为海洋题材摄影作品中少有的佳作。其他散发着浓郁粤海洋气息的现代海洋摄影作品，如：林清云的《海的乐章》《礁石海岸》；叶焕泉的《迎风出海》《黄金海岸》；刘芳的《赶海归来》《淘海归来》；关威的《百舸待发》《漫步金沙滩》；雪涛的《东岛风光》（组图），《湖光船影》；陈其深的《大澳渔风》《海岛渔村》；张志锋的《漠江晚霞》；梁文栋的《天然良港——闸坡》《渔歌飞扬》《庆开渔》；关勇军的《港湾雄风》《夏日海滨》《黄金海滩》；陈秋玉的《渔港晨曦》；程纯阳的《月明风轻》；陈伟明的《晒海带》《海滩韵律》；林获的《晒网》《补网》；胡通的《惊涛骇浪》；胡定金的《搏浪飞舟》；易荣猷的《闯海》；陈朝敬的《海韵》；赵勇进的《闯海人》……

粤海洋小说最富神话和传奇色彩的故事是妈祖传奇。

现代海洋小说以现代著名文学大师秦牧（1919—1992 年）为代表。秦牧为广东省澄海人。秦牧的各类小说中“海”的印象尤其突出。如《愤怒的海》《黄金海岸》《逛香港海洋公园》等名作，就反映出一幅幅乡情风俗画面，甚至语言文字，也不乏潮语乡音，如“三衰六旺”“做盐不咸，做醋不酸”“落力”“埠头”和“乞食”等，他用不沾不滞的笔墨开阖铺陈。在秦牧系列作品中,“船”的情结亦甚为显明，如《潮汐和船》《船的崇拜》《故乡的红头船》等。在《故乡的红头船》中，秦牧曾提及他的故乡樟林港，有一种漆成红色的船，船上画着两个红红的大眼睛。昔年没有轮船，或少轮船时，粤东人就是乘着这种船从漳林港出海到东南亚的。当年，秦牧的曾祖父就是乘着这种船到了暹罗，后来，他的父亲也去了暹罗、新加坡和香港等地谋生。秦牧出生于香港，他就是在船的摇篮中成长的，对于船民漂洋过海、历尽艰辛的船上生涯颇有体验。

秦牧的《愤怒的海》，陈残云的《热带惊涛录》，杜埃的《风雨太平洋》等，都是描写海外华侨的民族抗争英雄史的力作。他们不约而同地从珠江写到海外，写到新加坡、马来西亚、印度尼西亚等国，对于太平洋、印度洋的惊涛骇浪，对于民族抗争的熊熊火焰都有出色的描写。

当代岭南海洋小说，则更多地关注时代与社会的变迁，反映改革开放的进程，岭南作家何卓琼 2002 年完成了长篇小说《蓝蓝的大亚湾》，这是一部以核电站为题材的长篇小说。在答记者问时她说道：完全就是海洋文化，一种海洋文化的体现。名字叫《蓝蓝的大亚湾》，就是一种海洋性的东西，蔚蓝色的东西，不是黄土地那种，是蓝色的海洋文化。大亚湾核电站浓缩了改革开放的进程，我思考的问题是中国人怎么面对全球化，在全球化面前怎样坚持本土化。

如果说《蓝蓝的大亚湾》主要是以海洋文化为背景的作品，那么洪三泰的《血族》三部曲之一《女海盗》则是直接描述海洋文化、海上丝绸之路的一部文学作品。在谈到为什么将作品定名为《血族》三部曲时，洪先生说：这三部曲主要是讲一个岭南地域文化背景之下的一些阳刚、血性的英雄，以《血族》命名，表达了我们岭南的海洋文化，那是以血抗争的血性文化。

小说《女海盗》透视出了雷州半岛独特的流放文化，更重要的特征还是一种海洋文化。谭元亨评述说：我个人用海明威的《老人与海》，麦尔维尔的《白鲸》，还有苏联作家格林的《踏浪女人》与这部《女海盗》进行对比，发现它们之间不乏海洋文化的共性，包括大海所塑造出来的硬汉式的形象。但《女海盗》又是定位于特殊的文化背景和地域的，当然更充满着一种岭南文化、珠江文化特色。

陈残云的《热带惊涛录》以20世纪40年代初期太平洋战争为历史背景，生动地再现了南洋群岛人民群众当年在侵略者铁蹄下的生活。这当中，有战斗、有爱情、有诉不尽的苦难和眼泪。作品场景广阔，描写了新加坡、马来西亚、泰国、老挝和越南的社会风貌。人物多样，有中国人、印度人、马来人、日本人、泰国人、越南人。通过几个青年华侨在战争中多舛的命运，把那个年代的生活再现出来。陈残云的长篇小说《香飘四季》落墨河涌、蕉林、桑基、鱼塘、水乡明月、村头晚风，如："天空湖水一样的明净，繁星闪着微笑的眼睛，河水脉脉地流，细风轻轻地吹，蕉叶嗞嗞地响，草虫嘶嘶地叫，好一个静穆的甜蜜的夜晚。"又如："珠江岸边金黄色的稻野，宛如一幅名贵的绒幔，在暖融融的阳光辉照中，闪闪烁烁，放出了悦目的金光。"陈残云温文细腻的文字，在描写水乡的风物人事里，就有了一种投契的谐和，在这种环境里书写的笔触带有水的质感与形态，地缘环境的水汽树影都融合在其文字的调配里。

杨万翔《镇海楼传奇》，作品借助广州三元宫这一有着浓厚地域文化色彩的自然景观，融合有着本土方域特色的用语与句式，将其环绕于景物心态的描画中，从而呈现出特殊的叙述效果："放眼下望，只见三元宫正殿那乌青的瓦顶近得直似伸手可触，绿霭霭树丛中紫烟氤氲，袅袅升腾，煞有仙家气象——葛洪端的是一流堪舆大师，粤北五岭千里来龙，于兹结穴，他恰在此处截得龙脉，把他岳父东晋南海太守鲍靓的休憩之所改建成恁地一个福地洞天。如今若再在三元宫一头建座镇海楼，畅好一上一下按定那龙首。三元宫往南一箭之遥便是广州城正北门，但见门内房舍鳞次栉比，街巷棋格纵横，迢遥处迷迷蒙蒙珠江如带。"

《镇海楼传奇》还对俗称"疍家"的水上居民的生活，对丐帮群聚而居的习惯，对花艇上的风尘女子，皆有细致铺写，在字里行间、情绪格调、世相铺陈、人情挥洒等方面，它都皴染了浓郁的岭南特色。

伊始等著《南海！南海！》体现了作家对中国海权的关注。伊始（1948—）原名鲁庆彪，中国作家协会全国委员会委员、广东省作家协会副主席、广东省作家书画院副院长。主要从事小说创作，兼涉报告文学、电影文学、散文、诗歌和文学评论。

岭南戏曲艺术生成的文化背景，是背靠中原泱泱后土，而面向宽广无垠的海洋的两种文化的结晶。岭南戏曲包括粤剧、潮剧、汉剧、琼剧、采茶戏和客家山歌等剧种，其中被誉为“南国红豆”之粤剧，“南国奇葩”之潮剧、汉剧，是广东戏曲的代表剧种。而流行于海南省，广东雷州、高州和广西合浦一带的琼剧，则与粤剧、潮剧、汉剧并称为岭南四大剧种。它们源远流长，颇具特色，而又影响深远。

1. 粤剧

粤剧的音乐、曲谱汇融了国内南北之乐，西洋音乐、宗教音乐、民间小调等，具有和谐、通畅的韵律。清雍正十一年（1733 年），吴门绿天所著《粤游纪程》载曰：“广州府题扇桥，为梨园之薮……能昆腔苏白，与吴优相若。此外，俱属广腔，一唱众和，蛮音杂陈。”

粤剧艺人习称为“红船子弟”。河网纵横的珠三角是早年粤剧的演出之地。粤曲戏班外出演出时多以船代步，并往往就在停泊的戏船里“舟居”。每年开春后，民间惯例演戏酬神，祈求五谷丰登。清嘉庆十八年（1813 年），云台师巡抚江西，始创“红船”于滕王阁下，其后粤伶袭仿“红船”开展演剧活动。

麦啸霞的《广东戏剧史略》说：“粤伶以戏船为根据地，故班中最高领袖谓之‘坐舱’，办事干员统称‘柜台’，演员伶人统称‘大舱’，乐队谓之‘棚面’。”清康熙四十四年（1705 年）举人徐振《珠江竹枝词》记叙了词人路过琼花会馆馆口之见闻：

歌伎盈盈半女郎，怪他装束类吴娘；
琼华馆口船无数，一路风飘水粉香。

琼华（花）为梨园会馆，在太平门外，歌伎多舟居集此。“琼华馆口船无数”，正是“红船”之多，伶人无数，演出盛况空前之写照。

粤剧在传承中题材不断开拓。2010 年广东粤剧院出品的大型新编粤

粤剧《南海一号》剧照

剧《南海一号》即为表现岭南海洋题材的粤剧新作。通过对“南海一号”的演绎，讲述了在战火连连、积弱积贫的南宋宋高宗时代，广州一户航海通商世家李大用、李六哥父子二人，响应朝廷远洋市舶、再兴大宋的召令，修造大船、改良陶瓷、追求财富的故事。

《南海一号》描写因风暴的突然袭击，导致大船沉没。故事突出了南粤海民特有的文化与精神。2010 年 12 月 24 日粤剧《南海一号》回到具有 800 多年历史的古沉船地阳江上演，艺术家们以其柔美的唱腔、出色的表演和波澜壮阔的舞美征服了观众。

著名粤剧表演艺术家红线女曾慨叹：“粤剧艺术博大精深，我毕生追求探索，也只不过是略晓一二。”

2. 潮剧

潮剧又名潮音戏、潮州白字戏，用潮州方言演唱，潮州音乐伴奏，是广东三大地方剧种之一，也是全国十大剧种之一。潮剧以语言优雅、唱腔通俗、优美抒情、当分严密见长，具有浓郁的地方色彩和独特的艺术风格。

潮州少数民族“在山为畲，在水为疍”的畲族斗歌、疍船歌舞，习风成俗，亦对潮剧产生了很大影响。相传潮剧三步进三步退的台步，就是来自疍船舞蹈。潮丑侧身跳跃的机械的手法腿法，仿自纸影。潮剧唱法的“彩场”，表现紧张急越的情绪，亦无不受其影响。

潮剧与潮州民俗民风之关系密切。潮州旧历三月廿三日为圣母神诞，俗谓“妈生”，皆极隆重，演戏谢神，尤以渔民区为甚。

“五月龙船戏”。旧历五月初五，潮汕水乡普遍举行赛龙舟活动，有些村社还要请戏凑热闹，有的向邻村借龙舟，也得以戏还礼。潮人将雨奉为神明，流传着关于“雨僫爷”的神话。他们往往以请戏之形式求雨：“戏请成，雨淫淫，戏在做，雨大倒，戏歇棚，雨就晴，戏做直，天出日。”

潮州最为热闹的游艺演剧活动花灯盛会，既可娱神，兼而娱人。据传古港樟林的花灯盛会已持续300余年了，每年二月借游火帝的形式举行，因此也称打火醮，旨在祈求神灵不让火灾降临，往往要持续半年之久。

辛亥革命、五四运动和抗日战争期间，潮剧盛行“文明戏”。曾上演过《林则徐》和《卢沟桥纪实》《丁日昌》等大批时事剧。

3. 话剧

由广东省文化厅出品的大型话剧《十三行商人》，是广东省首部表现以广州“十三行”为代表的粤商历史的艺术作品。该剧普通话版在广州、佛山等地巡演，备受好评。为打造精品工程节目，广东话剧院和广东省艺术研究所联手重新制作了该剧的粤语版。

粤语版《十三行商人》的舞美道具和服装造型都和普通话版一样。所不同之处，除了语言之外，还以广东话剧院喜剧团在职演员换下了原来的“明星阵容”。粤语版《十三行商人》的地域特色更鲜明，粤语表达令剧中人物更生动鲜活。剧中有花艇女“小玉香”演唱粤曲的片段，也有街头小贩叫卖“艇仔粥”“炒牛河”“飞机榄”等，这些只能用粤语表达的部分在原来的普通话版本中显得突兀，但在粤语版中却来得非常自然流畅，更能凸显岭南特色。 广州地区的大型话剧剧目屈指可数，《十三行商人》是继早前改编自刘斯奋小说的《白门柳》后的又一部历史正剧，展现出粤语话剧的独特艺术魅力。[1]

1 《〈十三行商人〉讲粤语 “原汁原味”凸显广东精神》，载《羊城晚报》2005年6月2日。

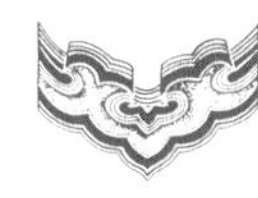

广东省涉海影视剧作品主要有《大清海战》《南海潮》《寡妇村》《大惊小怪》《秋喜》等。

珠海圆明新园耗资千万、历时三年倾力打造了大型电影实景水战表演——《大清海战》，《大清海战》是圆明新园继大清王朝之后的又一鸿篇巨制，再现了清朝水师痛击倭寇的激烈场面。该剧共分为渔舟唱晚、敌寇入侵、水师迎敌、南海激战和山河锦绣等部分。由于大胆地运用电影造景手法，使用飞人、飞艇、火炮以及音响灯光等特技特效，演出效果令人耳目一新。《大清海战》号称是“国内首部电影实景水战”，中央电视台电视剧制作中心美术设计师蔡龙西负责美术设计，他说：“《大清海战》被称为电影实景，因为是在山水实景中演出，美术设计类似于电影、电视剧的布景，甚至比电影布景更真实，更耐用。比如渔村码头，电影中石头可以用泡沫，而我们用水泥。这个渔村防雨防台风，十年、八年没问题。”圆明新园有关人士说：《大清海战》增加了游客的参与性，游客可以打炮，可以扮群众演员。原来《大清海战》源于珠海淇澳岛白石村的抗英故事。当年，英国人入侵淇澳，偷鸡抢狗，强奸妇女，激起民愤，淇澳人奋起抗击。在这场大规模的冲突中，淇澳人取得了辉煌胜利，迫使英国人赔偿3000两白银。村民们用这笔钱修建了一条花岗岩白石街。

《南海潮》由珠江电影制片厂1962年摄制出品，描写了南湾渔乡少女阿彩与青年金喜的爱情故事以及他们与日本侵略者和国民党反动派的斗争。通过对阿彩和金喜的相爱和悲惨命运的深刻描写，表现了新中国成立前南海渔民长年受渔霸与反动派的残酷压迫、剥削以及受日寇残杀的痛苦。后来共产党游击队帮助他们走上了翻身求解放的斗争道路。

《寡妇村》描写了东南沿海一个小渔村，因多年前男人出海遇强台风再没有回来，留下了许多寡妇，被称作“寡妇村”。1949年以前，渔村流传着一种特殊的婚姻风俗，规定成了亲的妇女们每年只能在清明、中秋、除夕三个节日的夜晚方能到夫家团聚，并且三年内不能生孩子，否则将遭人耻笑而去跳海。多妹与四德等三对夫妇在这种婚姻陋习束缚下，忍受着痛苦的煎熬……本片艺术表现手法大胆创新，堪称新中国影片的一部代表作。

《秋喜》是一部以1949年广州战斗为背景的谍战电影。影片讲述的是发生在广州解放当口的十月，晴朗却令人阴霾悚然的广州城中中共地下工作者晏海清（郭晓冬饰），在敌人困兽般的环境之中所做的艰难斗争。江一燕饰演的秋喜是广州当地典型的疍家女，在晏海清家做女佣。

影片《秋喜》船景

《秋喜》由珠江电影制片厂投资拍摄，影片凸显浓郁的旧式岭南风情，尽可能地还原20世纪40年代老广州风味。如岭南特有的文化风情、广州西关大屋、为行人提供歇息的骑楼、富贵人家常去的茶楼、当年广东人引以为傲的海珠大桥、珠江横水渡、疍家花船、普通老百姓爱吃的艇仔粥、《花田错》等至今仍为老一辈人喜爱的广东粤曲等，让人重新体会那个时期的广州，在影片中仿佛身临其境般了解广州曾经发生的事。

反映海外潮人生活题材的作品亦不断涌现，如香港电视连续剧《我来自潮州》即是一部励志的电视剧，剧中再现了潮州人在香港打拼的历程。故事以潮人林百欣的发迹史为原型，反映了“潮州郎”郑琛、李乃强和朱润三人半个多世纪的打拼人生。三个人，不同的出身、不同的性格、不同的经历，却有着相同的“潮州郎”的身份和一份历经多年却毫不染尘的友情。他们是19世纪潮州人在香港打拼的缩影，正是他们的努力和拼搏，不仅为自己书写了精彩的人生，还亲自见证了几十年来这座城市的变迁。剧中潮汕地区的民俗民情演绎得十分动人，主题歌词“前路哪怕是掀起万丈浪，挺起胸往前勇闯……从未怨过命，一生都打拼”，鲜明地传达了剧作的思想精髓。

中国海洋文化

第十一章

香火冀托 粤海平安

护航默娘，慈悲观音。高风所洎，薄俗以敦。

知我者，谓我心忧。不知我者，谓我何求……

——题记

广东沿海宗教与民间信仰文化具有多元性、开放性和实用性的特点，多数与海洋有关，与海上生产与生活相关。主要有南海神崇拜和北帝崇拜、妈祖崇拜、南海观音崇拜、冼太夫人崇拜。广东地处南海之滨，当然要拜祭南海神，中国的五方五行理论中北方属水，北帝司水，故广东人祭北帝。

广州南海神庙

南海神信仰与南海神庙

在我国早期先民的空间观念中认为九州之外有四海，是指东、南、西、北四海。《尚书》有“四海会同”“外薄四海”。《大戴礼记》卷七《五帝德》中载颛顼高阳“乘龙至四海，北至于幽陵，南至于交趾，西济于流沙，东至于蟠木”。在早期四海观的引导下，开始出现了掌控四海的四位神灵，《山海经·大荒东经》云:“东海之渚中，有神，人面鸟身，珥两黄蛇，践两黄蛇，名曰禺虢。黄帝生禺虢，禺虢生禺京。禺京处北海，禺虢处东海，是唯海神。”《海外北经》曰:“北方禺强(即禺京)，人面鸟身，珥两青蛇，践两赤蛇。”《大荒南经》曰:“南海渚中，有神，人面，珥两青蛇，践两青蛇，曰不廷胡余。”《大荒西经》云:“西海渚中，有神，人面鸟身，珥两青蛇，践两青蛇，名曰弇兹。”这些神人大都居于“海外渚中”，故称“海神”。

1. 南海神崇拜

《汉书·郊祀志》载，汉宣帝神爵元年，皇帝有感于百川之大，而无阙无祠，于是在洛水处立祠祭海神，以求丰年。有论者认为，这是中国封建帝国立祠祭海神之始。隋开皇十四年（594 年），有大臣建议，海神灵应昭著，应该考虑在近海处建祠祭祀，才能表达出人间帝王对海神的虔诚。隋文帝于是下诏祭四海。

《隋书·礼仪志二》曰:“开皇十四年闰十月，诏……东海于会稽县界，南海于南海镇南，并近海立祠。”

据有关统计，自隋文帝下诏建南海神庙之后，1400 多年来，历朝皇帝下诏加封、派员祭祀以及拨款修葺的次数在 100 次以上。由于官家的呵护，南海神庙的声誉日渐兴隆，地位逐渐超过了东、西、北三海的神庙，成为诸海神庙之首。唐代韩愈所题的《南海神庙碑》曰:“海于天地间，为物最巨，自三代圣王，莫不祀事，考于传记，而南海神次最贵，在北东西三神、河伯之上，号为祝融。”

韩愈沿袭了《山海经》神话中“南方祝融”之说，强调南海神最为显贵的地位。清朝屈大均《广东新语》进一步指出了祝融兼水火二帝之职：“南海之帝实祝融，祝融火帝也，帝以南岳，又帝以南海……故祝融兼为水火之帝，其都南岳，故南岳主峰名祝融，其离宫在内扶胥。”此“离宫”即指南海神庙。对登上衡山的参拜者，祝融应许的是温暖与光明，而对到南海岸边的参拜者，他庇佑的则是海不扬波、风平浪静。衡山祝融殿以及南海神庙里的香火，缭绕千年而不断。

《隋书》书影：“开皇十四年……南海于南海镇南并近海立祠”

战国时代魏国天文学家石申《石氏星经》亦曾阐明祝融“其都南岳”“其离宫在扶胥”。为了表达对南海神的崇敬之情，历代皇帝不断地给南海神加封，祝号祭式，与次俱升。唐天宝十年（751 年），玄宗诏封：南海神为广利王。五代十国时期，岭南曾短暂出现过南汉国。其后主诏封“南海广利王为昭明帝”。宋代废除了南汉给南海神的封号。但到了宋康定二年（1041 年），仁宗又加“洪圣”封号，于是成了“南海广利洪圣王”。宋皇佑五年（1053 年），加“昭顺”封号，南宋绍兴七年（1137 年），加“威显”封号，到了元朝的至元十三年（1276 年），元帝又为南海神加“灵孚”封号。此时，南海神已被加封为“南海广利洪圣昭顺威显灵孚王”了。

“南海神庙”，又称“东庙”“波罗庙”，不仅备受帝王和文人的重视，在民间亦引发了以南海神崇拜为中心的一系列风俗活动和兴建海神庙高潮。在广东，洪圣庙、广利庙、南海神庙仅广州南海区、番禺区境内就有 4 座，内陆山乡如新兴、阳山、梅县等都有，全省不下 500 座。其规模大小不一，最大的要属广州东郊的南海神庙，其神诞是农历二月十三，每年都会有很隆重的诞会。

2. 广州南海神庙

广州南海神庙坐落在广州黄埔区庙头村，是中国古代四大海神庙中唯一遗存下来的最完整、规模最大的建筑群，是中国最大、最重要的南海神祭祀地。南海神庙也是中国古代

广州南海神庙——海不扬波牌坊

对外贸易（广州是“海上丝绸之路”的始发地）的一处重要史迹。它创建于隋开皇十四年（594年），距今已有1400多年的历史。

南海神庙规模宏大，占地面积3万平方米，深五进，中轴线上由南而北分别有牌坊、头门、仪门、礼 亭、大殿、后殿，两侧有廊庑，西南小岗上有浴日亭。现存建筑多为清代结构。

神庙坐北向南，庙外有“海不扬波”的石牌坊，表达了古代人民希望在大海中平安航行的愿望。

头门上方是“南海神庙”的横匾。左右对联为“白浪起时浪花拍天山骨折呼吸雷风；黑云去后云芽拂渚海怀开吞吐星月”。原联由清代林子觉撰写，现联由广东省著名书法家卢有光于1991年重书。这副对联生动地绘述了南海神呼风唤雨、法力无边的神力。

与其他庙宇不同的是，南海神庙守门的不是哼哈二将，而是顺风耳和千里眼。其用意在万里海疆视远听清。

南海神庙的大殿正中安放了连座3.8米高的祝融塑像，神庙中的祝融已褪去了自然神格色彩，而进入人格神殿堂，接受人们的顶礼膜拜。他头戴王冠，身着龙袍，手执玉圭，体态丰硕，神情安详，一派雍容大度的王者风范。祝融像的背后有一块照壁，浩荡的海水

广州南海神庙康熙御笔“万里波澄”碑

上有一条龙腾云驾雾，两边的对联是：“顺水千舟朝洪圣，伏波万里显真龙。”神庙大殿的左右两旁，侍有六侯塑像，分别是助利侯达奚司空、助惠侯杜公司空、济应侯巡海曹将军、顺应侯巡海提点使，祝融的长子一郎为辅灵侯、次子二郎则为赞宁侯。

在大殿前的庭院西侧是康熙御碑亭。碑上“万里波澄”四个金色大字厚重有力，是清康熙四十二年（1703 年）由康熙皇帝亲笔书写，制成匾之后派专人送到南海神庙，并专门为此而立碑记事。

庭园东侧是明洪武御碑。该碑立于洪武三年（1370 年），由明太祖朱元璋授意，礼部侍郎王玮撰文。朱元璋因繁就简，取消南海神庙以往一切封号，重新加封南海神为“南海之神”。

大殿的后面是第五进，叫昭灵宫，也叫作后殿，是南海神与夫人的寝宫。南海神夫人在宋朝时期被封为“明顺夫人”。据说她原来是顺德的一个养蚕女子，后化为神，许配给了南海神。她除了具有与南海神一样的法力外，还有“送嗣”的职能，是妇女、儿童的保护神。

头门东侧有韩愈碑亭，这是南海神庙保存最早的碑刻。唐宪宗元和十四年（819 年），唐代大文学家韩愈因被贬往潮州时途经广州，适逢孔子的第 38 代世孙孔戣来到广州祭扫南海神。孔、韩二人素来友好，且孔仰慕韩的文学才能，便请韩愈著文纪念修葺神庙之事。韩愈欣然写下了 1000 多字的《南海神广利王庙碑》。韩愈碑高 2.47 米，宽 1.13 米，碑刻对研究南海神庙的起源、发展、唐代祭海习俗及当时海上贸易往来，具有重大的参考价值。

在南海神庙西侧有一座小山丘，古时叫作“章丘”。山上有一座小亭，称为“浴日亭”。唐宋时这里三面环水，“前临大海，茫然无际”，人立亭中，当然是观赏海景、对大海抒怀的最佳位置。北宋绍圣初年（1094 年），大文豪苏东坡被贬至岭南途中在广州停留，慕名拜祭南海神。他登上浴日亭，惊叹大海的壮阔，太阳的辉煌，天地的浩茫，庙宇的古朴，写下了《南海浴日亭》一诗：“剑气峥嵘夜插天，瑞光明灭到黄湾。坐看旸谷浮金晕，遥想钱塘涌雪山。正觉苍凉苏病骨，更烦沆瀣洗衰颜。忽惊鸟动行人起，飞上千峰紫翠间。”

人们将苏东坡所吟之诗刻到石碑上以作留念。碑立亭中，亭也因而叫作浴日亭。后名声渐渐远播，更有许多文人墨客慕名而来观赏“扶胥浴日（因神庙古时叫波罗庙，故又叫“波罗浴日”，是宋、元、清三代羊城八景之一），亦留下不少与苏东坡应和的诗句。其中最著名的是明人陈献章的《浴日亭和苏东坡韵》一诗。诗是这样写的：“残月无光水拍天，渔舟数点到湾前。赤腾空洞昨霄日，翠展苍茫何处山。顾影未须悲鹤发，负暄可以献龙颜。谁能手抱阳和去，散入千岩万壑间。”林则徐在销鸦片前曾到庙祭海，孙中山与同僚亦曾来此参观。

韩愈“南海神庙碑”拓片

3.“波罗诞”庙会

南海神庙俗称“波罗庙”。相传唐朝时，一位天竺（印度）属国波罗使者来华，因误了返程的海船每天望江悲泣，后来立化在海边。人们认为朝贡使是来自海上丝绸之路的友好使者，将其厚葬，后被封为“达奚司空”，建神像在海神庙供奉。因其来自波罗国，带来波罗树，在南海神庙种植了波罗树，神庙在民间又被称为“波罗庙”，南海神诞也被称作“波罗诞”。

南海神庙的庙会在每年农历二月十一至十三举行，其中十三为正诞，也叫菠罗诞，即南海神诞，是广州乃至珠江三角洲地区独具特色的民间传统节庆活动、最大的民间庙会，也是现今全国唯一对海神进行祭祀的活动。它是珠三角地区最具影响力的民间庙会，蕴含了广州最有代表性的民俗民间文化元素，有着千年的历史文化传统。宋代诗人刘克庄的《即事》诗中，就描述了“波罗诞”庙会的盛况。庙会中以下几个习俗很有特色。

波罗诞买波罗鸡，是广州人的“保留项目”。这波罗鸡并非真鸡，而是一种工艺品。

在波罗诞期间包粽子，是庙头社区一带（即传统的庙头十五乡）沿袭多年的风俗。波罗粽可以切片吃。以往还有风俗，买了波罗粽，要挂在小孩脖子上一个，寓意丰衣足食。

传说粽子的形状可以辟邪，吃的粽子越大，越可以保平安。

祭海活动是南海神庙传统的活动。南海神庙是中国古代帝王祭祀海神祈求平安的场所，古时有拜四岳、四海、四渎的传统，隋文帝在南海神庙开创了皇帝在海边祭祀海神的先河，一直沿用至清代末年。南海神庙也是民间拜祭南海神祈福求安之所，在每年一度的“波罗诞”正诞之日，周边地区乡民延续着古老的拜祭南海神的民间传统和习俗。仿古祭海仪式表演在2006年迎接瑞典国王一行及欢送“哥德堡”号活动中首次推出，以独具中国岭南文化特色的表演形式受到广大媒体和专家的一致首肯。仿古祭海仪式表演以南海神庙周边地区乡民代表为祭祀主体，再现了民间朝拜南海神盛况，传达了虔诚的祈福之音，营造了天地和谐之境，彰显了广州岭南民俗文化的独特魅力。2009年对大型仿古祭海仪式表演形式进行了调整，演员阵容更大，民俗风格更突出。

“五子朝王”历来是“波罗诞”庙会的一项盛大民俗文化活动。传说南海神有五个儿子，大儿子“大案”，二儿子“源案”，三儿子“始案”，四儿子“长案”，五儿子“祖案”。其中三儿子外号“硬颈三”（“硬颈”是广州话，意为“脾气倔强”），因为脾气坏，不孝顺，每年都是反方向被抬进庙中。五子神像分别由南海神庙附近的乡民在村中供奉，供奉的乡村号称波罗庙十五乡。从明代开始，“五案”在“波罗诞”正诞之日，都由十五乡乡民抬到南海神庙中庭，向南海神祝寿，称“五子朝王”，也称祭海神，逢一年一小祭，三年一中祭，五年一大祭。

“花朝盛会”系列民俗活动是极具特色的民俗文化活动。据载，昔日的南海神庙在“波罗诞”正诞之后便举行“花朝节”（农历二月十四、十五两天）活动，女儿们在这天相约来到南海神庙，行拜花之礼。

南海神庙仿古祭海

妈祖信仰从产生至今已延续了一千多年，它是一种影响至深、流播久远的民间宗教文化。

1. 广东妈祖信仰渊源

妈祖，又称为“天上圣母”“天后”，在我国闽、浙、粤等地民间被奉为救苦救难的海神。妈祖本名林默，福建莆田湄洲岛港里村人。根据《敕封天后志》与《天妃显圣录》等书记载，林默生于宋建隆元年（960 年）农历三月二十三日，卒于宋雍熙四年（987 年）农历九月九日。相传人们常见到“升化”的林默着朱衣飞翻海上，继续保护和造福渔民，于是湄洲屿百姓特地修建祀庙，尊称她为“神女”“龙女”“天妃妈祖”。之后官方也开始认可和册封妈祖，从宋朝到清朝历代帝王对妈祖的册封多达 40 多次。

岭南广东沿海地区，妈祖信仰是随着福建移民的举族迁徙流播而来。

广东潮汕地区（粤东潮州、汕头、揭阳一带）东接福建，妈祖信仰即由福建移民传播到该地。据清乾隆间周硕勋等纂《潮州府志·祀典》载：“天妃庙，一在邑南龙津赤产，元延祐间建。一在邑西南杜桥。一在莲花峰石。而和平乡有二庙，一在六联，一在下宫。其创作年代俱无考，大约始自宋元。凡乡人有祷辄应，航海者奉之尤虔。”清嘉庆间李书吉、蔡继坤等纂《澄海县志 · 祀典》也载：“天后庙，祀天后，在放鸡山，距城四十里海中，地界潮阳。庙有铜炉一，常现篆、隶、真、行字迹，不知何年物也。”据此，宋元时代妈祖信仰已在潮汕地区流传开来。

宋代，我国封建社会经济有所发展，随着经济中心南移，东南沿海诸省海上交通贸易相当兴盛。据《宋会要辑稿》载：“漳、泉、福、兴化，凡滨海之民所造舟船，乃自备财力，兴贩牟利而已。”兴化湄洲湾地带的港口海运已具相当规模，为妈祖信仰的海运传播提供了条件。广东与福建毗邻，海运发达，与兴化往来相当频繁，北宋时就有船只经常出入兴化的港口。南宋文学家刘克庄（莆田人）在广州任职时写的《城南》诗云：“濒江多海物，比屋尽闽人，四野方多垒，三间欲卜邻。”说明当时闽人到广州城南经商人数之众。由于货物进出，海运发展，这些在海上活动的人们便将他们所信仰的妈祖向南传入广东一带。难怪刘克庄刚到广州任职见到“广人事妃，无异于莆”时大为惊讶，这些都反映出妈祖信仰在粤琼地区的传播有其深刻的历史背景。

广东的妈祖庙，以汕尾凤山祖庙和广州南沙天后宫为最。

2. 汕尾凤山祖庙

凤山位于汕尾市区东南面，品清湖畔。山虽不高，但以形似一凤凰展翅而得名，登山远眺南海，水天一色，舟楫如梭，近观古镇新姿，高楼林立，绿树婆娑。

据海丰县志记载，汕尾港形成于明朝中叶之后，凤山祖庙始建于明末清初，由于福建渔民漂泊到凤山一带定居，开创基业，同时带来他们心中的保护神——妈祖，并建立了凤山妈祖庙。

今天的凤山祖庙修葺一新，重修古戏台、凤山公园，建造天后阁、钟鼓楼、石牌坊，于凤山顶峰塑一座高达16.83米的全国最高的天后圣母石像，是由468块来自妈祖家乡的优质花岗岩石雕刻而成。凤山妈祖石像的落成，犹如在红海湾畔缀上一颗绚丽璀璨的明珠，

汕尾凤山祖庙妈祖石像

成为粤东明珠汕尾市的新标志。

在凤山祖庙区内还设有极具地方特色的《汕尾渔家风情陈列馆》和《妈祖圣迹馆》，还有《海陆丰戏曲脸谱园》等展示汕尾历史文化。

凤山妈祖庙之妈祖石像是大型的妈祖艺术石雕像。人们可以感受到她那慈祥的目光，博大的胸怀，秀慧和勇气。

来自妈祖故乡的世纪老人冰心，在九十四高龄的时候，曾为汕尾凤山妈祖石像题赠“天后圣母”，后被镌刻在西山花岗石上。

汕尾妈祖圣迹造型艺术馆，俗称“地宫”，是我国第一个介绍妈祖生平、传说的造型艺术馆，它采用现代光、电、声自动控制系统，现代装潢设计，艺术地再现了妈祖一生的动人事迹和美丽传说。汕尾遮浪景区天后像则与海天融为一体。

3. 广州南沙天后宫

南沙天后宫坐落于广州市南沙大角山东南麓，面对烟波浩渺的伶仃洋。依山傍水，其建筑依山势层叠而上，殿宇辉煌，楼阁雄伟，南沙天后宫始建于明朝，前身是天妃庙，清

广州南沙天后宫

天后圣迹图之“船搁浅仙浪浮送”

朝乾隆年间复修后定名为元君古庙，膜拜天后娘娘。在20世纪40年代日本侵华时曾遭破坏。1995年由香港著名实业家霍英东捐款重建天后宫。其建筑特点是集北京故宫的风格和南京中山陵的气势于一体的清式建筑，其规模是现今世界同类建筑之最，被誉为“天下天后第一宫”，也是东南亚最大的妈祖庙。

整个天后宫可分为天后宫广场和宫殿建筑群两个部分。宽阔的天后宫广场占地1.5公顷，气势宏伟，广场中央屹立着面向汪洋大海的天后像，以保佑出海捕鱼的渔民顺风顺水。这座石雕天后像高14.5米，由365块精雕细琢的花岗石组成，象征天后娘娘一年365日都保佑着国家和人民，风调雨顺、国泰民安。

在广场中央我们可以清楚地看到一条中轴线，南沙天后宫的建筑物都是依据这条中轴线而建造。宫殿建筑群按照对称布局高低错落地排列着，依次是牌坊、山门、钟鼓楼、碑亭、献殿、灵惠楼、嘉应阁、正殿、寝殿等。

整个建筑群最高点是位于最后方的南岭塔。塔高45米，采楼阁式建筑，共8层。

景区内更有大角山炮台多座，与东莞的沙角炮台相守望。当年鸦片战争，硝烟滚滚，写下了中国人民抗击英帝国主义侵略可歌可泣悲壮的一页。现今炮台内弹痕残壁依稀可寻。

另外，在通向天后宫建筑群的海滨路上，可看到图文并茂的“天后圣迹图”——“船搁浅仙浪浮送”“焚祖屋导航番船”“护使航朝廷祭祀”“护允迪高丽通使”“木自至周坐建阁”“飘红灯陈洵脱险”“神示梦化险为夷”“退海潮江堤斯成”“佑柴山琉球册封”“占上风反败为胜”“拯漕运救船保卒”“逐双龙奉悍竭潦”等。在天后宫建筑群内还可看到两幅壁画，分别是“祭上苍雨润百姓”“救商船吹草成木”。

4. 深圳赤湾天后宫

赤湾天后宫（天后古庙）坐落在广东省深圳市南山区赤湾村旁小南山下，倚山傍海，风光秀丽。该庙的创建远溯宋代，其营造气势宏伟，明、清两朝曾经多次修葺，规模日隆，成为当时沿海最重要的一座天后庙宇，凡朝廷使臣出使东南亚各国经过这里时，必定要停船进香，以大礼祷神庇佑。

1992年5月，国家对赤湾天后庙进行修复，1995年对外开放，1997年经省、市主管部门批准正式成立“天后博物馆”。

赤湾天后宫始建于何年已不可考，但据明朝天顺八年（1464年）翰林院学士判广州府事黄谏撰《新建赤湾天妃庙后殿记》中记载：“天妃行祠，海滨地皆有，而东莞则有二；一在县西百余里赤湾南山下……永乐初，中贵张公源使暹罗国，先祀天妃得吉兆，然后辞沙。天妃旧有庙，公复建庙宇于旧庙东南。”这是明永乐八年（1410年）宦官张源出使暹罗，经珠江口的赤湾时祭祀天妃庙，得吉兆的记载。张源出使顺利归国，为了感谢天妃的庇佑，在原天妃旧庙的东南再建殿宇。由此可见，赤湾天妃旧庙建于明朝以前。

张源永乐年间重修赤湾天妃庙后，历代屡有商人、宦官或志士捐资重修扩建，使天妃庙越来越大，也越来越堂皇。到民国年间，赤湾天后宫“有屋大小100间，里面有许多大小不同的佛像”，计有山门、牌楼、月池、石桥、钟楼、前殿、后殿、正殿、左右偏殿、厢房、长廊、碑亭、角亭等建筑达20余处，加上附属建筑、庙产及祀田，占地达900余亩，成为当时广东著名的99个门的庙宇。

赤湾天后宫正殿相传始建于宋代，自明至清多次修葺。近年按“官式做法、闽粤风格、海神特点”三原则重新修复。正殿面宽24米，高16米，重檐高台，颇具王者风范，是祭祀天后的重要场所，为赤湾天后宫最负盛名的殿宇。

天后宫正殿内正中塑天后像，通高6米余，上方悬雍正、乾隆、光绪皇帝御书金匾。殿前设阅台，两层台阶分别为九级、五级，以应天后神格“九五之尊”的天数；阅台中置石雕青龙一对，四周环绕龙凤石雕栏杆。

赤湾天后宫前殿为天后宫重要建筑之一，殿面宽24米，高10余米。正门台基前面的浮雕纹样石刻，相传为宋代末年赤湾天妃庙原建筑构件，是研究宋代石刻工艺的重要文物。殿前正面有龙柱四根，每根高4.2米，全部采用我国传统石雕镂刻而成，双龙盘柱，态势生动。

赤湾天后宫收藏有自宋至清的天后塑像多尊，天后宫新修正殿及室外天后塑像，亦严格按照宋代天后塑像造型，再现天后伟大形象。

赤湾天后宫规模最大的祭祀活动为天后诞。古籍记载：“三月二十三日天后诞，饰童男

深圳赤湾天后宫

女为故事，衣文衣，跨宝马，结彩棚，陈设焕丽，鼓吹阗咽，岁费不赀。……东莞人于是多往赤湾庙奉香。”据香港鲁言《香港掌故》记载：“由于赤湾天后古庙宏伟，每年农历三月廿三天后诞，香港九龙水陆居民都前往赤湾天后庙去贺诞。因此，九龙油麻地、香港干诺道中的海旁，都有数以万计、挂满彩旗的船只到赤湾去。”

赤湾天后庙的另一个重要传统民间习俗活动是辞沙，一般在春节、农历三月廿三（即天后诞）和秋季举行，表达人们祈求平安的良好愿望，从明代至今已传承500多年，是颇具岭南文化特色的民俗活动。2007年“辞沙”祭妈祖大典被列为广东省非物质文化遗产名录。辞沙是用太牢来祭祀，太牢的祭品是牛、羊、猪，将此三牲去肉留皮，用草填实，摆祭于海边的沙滩上，祭祀完毕，将三牲沉于海中。

天后的祭祀活动除民间外，官方每年春秋致祭。另外，朝廷为答谢女神，专门派官前往，致祭则无定期。

以天后宫为中心的“赤湾胜概”是明清时期“新安八景”中的第一景。

观音来自印度的佛教，自佛教传入中国至今两千多年的时间里，在佛教觉者之中观音是非常引人注目的。在印度佛教中，观音大多呈男相。

观音，亦称观世音、光世音、观世自在、观自在，因避唐太宗李世民之名讳，唐代省去“世”字。其名通常解释为：菩萨时刻观察世人念诵其名号的声音而拯救之，故名观世音。又因其观察世界而自在地拔苦与乐，故名观世自在。目前国内一般学者认为，观音信仰是自鸠摩罗什译出《妙法莲华经》（公元406年）后，法云、智顗、湛然等僧人进行了广泛的宣传，观音信仰于是就在广大中国民众中迅速流传、普及开来。隋唐以后，观音信仰随着佛教的兴盛在中国日益深入人心，各寺庙大量出现专门供奉观音的殿、阁、堂，并开辟形成了说法道场——浙江舟山群岛的普陀山。观音造像为适应中国民众习俗，开始由勇猛“丈夫”变为端庄秀美的“女子”。

流行且普及在中国的女性观音形象共有五个，分别是：水月观音、白衣观音、鱼篮观音、南海观音、观音老母。由于观音具有“大慈与一切众生乐，大悲与一切众生苦”的德能，能救12种大难。因此，自隋唐以来，观音信仰随佛教的兴盛在中国民间尤其在沿海民众之中深入人心。观世音菩萨“诸恶莫作，众善奉行；大悲心肠，怜悯一切；救济苦危，普度众生”的说教，特别能引起沿海民众尤其是广大渔民的共鸣，就很自然地把她塑造为海上保护神，并赋予她慈母的化身。故此，观音信仰在下层民众中迅速流传，尤其在沿海地区和海岛渔民中间，成为供奉的主要神祇。“千处祈求千处应，苦海常作渡人舟”，南海观音妇孺皆知、影响深远。

广东地处南海之滨，海上生存者众，南海观音信仰很普及。与观音有关的庙宇和塑像很多，如东莞观音山、番禺莲花山、深圳东部华侨城大华兴寺等。

1. 东莞观音山

观音山位于广东省东莞市樟木头镇境内，距镇中心1.5千米，总面积为18平方千米，森林覆盖率达99%以上，是集生态观光、娱乐健身和宗教文化为一体的国家级4A旅游景区，被誉为“南天圣地、百粤秘境”。

观音山历史悠久，山势雄伟，林木茂盛，具有深厚的文化底蕴。相传，观音山为大慈大悲观世音菩萨初入中土时首处停留之所，其山顶有观音古寺，始建于盛唐，古寺因有观音菩萨幻化三十六法身之说，故千百年来，青灯不熄，香火不断……

园内的观音广场占地面积1000多平方米，有一尊33米高、重3300吨、由999块福建莆田花岗岩，靠人工雕琢，历时三载，终请成的世界最大花岗岩观世音菩萨圣像。圣像雄踞观音山顶，端坐须弥莲座之上，头戴宝冠，身着天衣，肩披帔帛，胸饰璎珞，左手持净瓶，右手结无畏金刚印，古朴典雅，栩栩如生，是不可多得的极具盛唐风采的石雕艺术精品。圣像前，有十八罗汉塑像排列左右。配套建筑还有大悲殿、钟鼓楼、财神殿、斋堂及佛教文化展览馆，另建有“不二法门”门坊、瞭望亭、放生池等。

目前，观音寺已初现百年前古寺景象，大悲殿、财神殿、古鼓楼、古钟楼等已建成，于观音山间小径漫步，经常可以遇到身穿袈裟的僧人，美丽的自然风光和浓郁的佛境气氛，使它蒙上了一层神秘的色彩。

2. 番禺莲花山

广东番禺莲花山位于番禺市东部珠江口狮子河畔。莲花山由48座红色砂岩低山组成，海拔最高为108米，占地2.54平方千米。其中有座麒麟峰，因峰顶上有一块酷似莲花的岩石，所以后人把这座山称为“莲花山”。

莲花山望海观音宝像是港澳知名人士何厚铧先生倡议，何贤社会福利基金会率先捐资、各方善者襄助建造的，于1994年10月23日建成开光。观音宝像总高度为40.88米，用120吨青铜铸成，外贴纯金180两，是目前箔金铜像的世界之最。

3. 深圳东部华侨城大华兴寺

大华兴寺位于东部华侨城内海拔486米的“观音座

东莞观音山观音像

东部华侨城
大华兴寺四面观音

莲”山上，项目占地面积 12 000 平方米，是一处展示中国传统佛教文化，极具禅意、启迪心智、教化人生的宗教文化旅游园区。园区自 2005 年 3 月规划到 2008 年 7 月建成，历经三年终成今日之辉煌。项目包括观音坐莲宝像、大华兴寺、大华兴寺菩提宾舍、妙相禅境、《天音梵乐》、大雄宝殿、众香界、香积斋、归一阁、云水堂等。

进了华严门，迎面是大雄宝殿，前面的放生池不大，里面有很多大大小小的乌龟。大雄宝殿后面，无量云梯通向庄严绝美的观音坐莲宝像。无量云梯上下共 108 级，中间石刻《观世音普门品偈》。

深圳东部华侨城大华兴寺观音坐莲像高 23.3 米，采用 158 吨仿金铜铸造而成，是目前世界上最大的也是唯一一座集四尊不同观音像为一体的大型佛像。四面观音座莲宝像坐镇东部华侨城的最高处。铜像造型为四尊观音背靠盘腿坐于莲花座上。宝像底部是借鉴明清水墨画中精妙的莲花造型而造的莲台，莲台下层的须弥基座四周刻以佛国的各式花纹浮雕，暗喻观世音菩萨救济六道芸芸众生的慈悲大愿。南面观音为汉地佛教造像史料中广为流传的“圣观音”即“正观音”；北面观音为汉地佛教民间甚爱的“送子观音”；西面观音为古印度佛教史料中的古观音“莲华手菩萨”；东面观音为藏传佛教中具有最神圣背景的“圣观音”的主身形之一“世间尊观音”。

北帝名玄冥，为五方之神之北方之神，中国的五方五行理论中北方属水，北帝司水，故广东人祭北帝。《左传·昭公十八年》："禳火于玄冥、回禄。"杜预注："玄冥，水神。"汉张衡《思玄赋》："前长离使拂羽兮，委水衡乎玄冥。"

北帝庙为崇拜北帝的庙宇，亦常作真武庙、玉虚宫、玄天宫、北极殿等众多名称，当中又以武当山上的真武庙最为著名，而又多数散布于珠江三角洲一带各地，台湾地区亦有建庙。北帝据说拥有消灾解困、治水御火及延年益寿的神力，故颇受信众拥戴。

1. 佛山祖庙

佛山祖庙与肇庆悦城龙母庙、广州陈家祠合称为岭南古建筑三大瑰宝。佛山祖庙始建于北宋元丰年间。祖庙亦即祖堂、北帝庙。明正统十四年（1449年），朝廷封祖堂为灵应祠，并建了灵应牌坊。自此，祖庙由民间祭祀上升为官祀，并跻身于国家祀典的行列。相传唐宋时期珠三角一带多有水灾，而北帝是传说中治水的神灵，于是北帝作为佛山人的保护神被供奉了起来。

供奉北帝的佛山祖庙，是佛山道教民间信仰的主流，也是佛山道教民间文化价值的一种表现形式。它体现了岭南人的道德观念、宗教观念、价值取向和行为准则，具有广府文化的信仰特征。

佛山北帝崇拜的仪式主要有北帝坐祠堂、北帝出游、行祖庙、烧大爆、乡饮酒礼、春秋谕祭、北帝诞等。祖庙内的建筑装饰工艺巧夺天工，被外国友人誉为"东方民间艺术之宫"。

2. 广州仁威庙

仁威庙坐落于广州龙津西路仁威庙前街，旧泮塘乡内，占地2200平方米，是一座专门供奉道教真武帝的神庙。它是当时泮塘恩洲十八乡最古老、最大的庙宇。史籍记载：仁威庙始建于宋皇祐四年（1052年）。明

广东佛山祖庙

天启二年（1622 年）、清乾隆年间（1736—1795 年）和同治年间（1862—1874 年）都进行过规模较大的修建。清乾隆年间重修之前，该庙只有中路和西序的前三进房舍，重建时增设了后二进建筑和东序。

仁威庙初建时称北帝庙。据说，因真武帝司水，故人们称他为北帝或水神。又因北方真武玄天上帝素有“神威”，所以后来改称仁威庙了。另说岭南水乡泮塘当年有兄弟二人，兄名“仁”，弟名“威”。有一天，兄弟俩去打鱼时发现了一块怪石，拾回家中立为神像，从此“生活顺景，得心应手”，后传遍乡里，十里之内，参拜者众。到乡里集资修建庙时，乡人便将庙名改为“仁威”了。

仁威庙平面略呈梯形，坐北朝南，广三路深五进，另有偏东一列平房。前三进建筑，当中为主体建筑，东、西为配殿，第四进为斋堂，第五进为后楼。沿着南北中轴线，依次为头门、正殿、中殿、后殿和后楼，左右为东、西序。头门面阔 11 米，深 8 米。门外两侧各立一花岗岩石柱，柱头雕有石狮子，柱身雕祥云和二龙戏珠，线条流畅，形象十分生动，俗称“龙柱”。

昔日农历三月初三是庙诞，庙会活动丰富多彩，其中参神、进香、唱八字等是庙诞期间的主要活动。乡里有耆老会主持乡中大事。清代有一段时期取缔祖祠，乡民为保存这座庙，专意在后座供奉孔子和关公。其庙内有一副对联：“仁敷四海，威镇三城”——其中上联头字“仁”指孔子，下联“威”则指关公关云长。过去这里还有多副对联，现大部分已遗失。其中有副对联：“旭日湛珠江源接香浦石门四海同沾帝力；龙津连泮水派通红桥荔岸千秋共浴仁威”，诠释了泮塘乡民对真武仁威盛德之敬意。

历史上，仁威庙一直是广州市西部和南海、番禺、顺德等地信仰道教群众进行宗教活动的场所。第二次鸦片战争外敌入侵，遂又在此复倡团练，以抵抗“外洋滋扰”。仁威庙实际上已成为清末广州地区抗击外国侵略者的一个重要据点。

冼夫人是公元6世纪时的岭南百越族女首领，一生致力于祖国统一和民族团结，功绩卓著，被周总理称为“中国巾帼英雄第一人”。广东中西部沿海和海南岛多有祭祀，以佑一方平安。

冼夫人（512—602年），又称谯国夫人、冼太夫人、岭南圣母。高凉郡（今广东西南部一带）人，《史记·谯国夫人冼英列传》载：“冼太夫人者，名百合，一名英。古高凉郡人也。”“世为南越首领，跨据山洞，部落十余万家。”[1] 冼夫人生于梁武帝初，卒于仁寿二年，时年91岁。

冼夫人以其让人钦佩的人格，政治家、军事家的风范，作为南越首领，保持了岭南110余年的和平稳定，促进了民族的融合和地方经济发展，是中国古代岭南地区最受赞誉，也最具传奇色彩的人物。其人格魅力展现在多方面：一是有志行多筹略。《谯国夫人传》载曰：“夫人幼贤明，多筹略，在父母家，抚循部众，能行军用师，压服诸越。”二是敦崇礼教、以德化民，使民众知“仁”守“礼”。三是远见卓识，洞察敏锐。四是知人善任，不徇私情。五是骁勇善战，威镇南疆。冼夫人一生以武功保障岭南，与梁陈隋三代相终始，是一位“功略盖天地，义勇冠三军”[2] 的骁将。六是一心为国，赤诚爱民。冼夫人一生不遗余力地协助朝廷剪除地方割据势力，惩治贪官污吏，革除社会陋习，以促进民族融合和推动社会文明进程。她事国以忠，亲民以德，行政以仁，治兵以义，因此恩播百越，威震南天而深受人民爱戴，屡得皇朝褒扬，其卓越的功勋成就了她千古不朽的英名，后人概括为“义、公、信、善、和、威、忠、廉”八个字。

1. 冼夫人祭祀活动

“英魂千年还庙祀，灵旗风卷海云秋。”冼夫人在民间享有崇高地位，而与冼夫人相关的文物遗迹，也得到人们自觉的保护。

---

1 （唐）魏徵寿：《列女·谯国夫人》，《列传》第四十五，《隋书》卷八十。

2 （汉）李陵：《答苏武书》，《昭明文选》，卷四十一。

岭南各地，无论政府或者民间每年都举行几次盛大的纪念冼太夫人的活动。《茂名县志》载曰："十一月二十四日，冼夫人生辰，正日及前后数日，演戏祭奠，有庙处皆然。"[1]《琼山县志》曰："每逢诞节，四方来集，坡场几无隙地。"[2]各地的祭祀活动依照一定的程式进行，对祭祀活动的时间、祭品的品种、仪式的要求、巡游队伍的列阵内容和人数、仪仗队服饰装扮等，都有具体安排。这一民间自发兴起的传统节日至今已有1300多年历史。

广东高州冼太夫人雕像

2. 冼夫人庙宇分布

历代为奉祀冼夫人而修建的冼太庙遍及茂名、雷州半岛、海南岛乃至东南亚国家。仅广东高州境内就有冼太庙300多座。

在电白、高州等多个县（市）还有冼夫人墓及冼夫人驻军、练兵的遗迹。在中国香港、中国台湾、马来西亚、越南、新加坡等地都有华人建造的为数不少的冼庙。这些文物遗迹精神内涵丰富，影响力广泛，是粤西乃至全广东省精神文明建设的宝贵资源。

3. 特呈岛全岛崇拜冼夫人

广东沿海地区的渔民把冼夫人当作保护神来祭祀。广东湛江特呈岛全岛遍布冼太庙，整个海岛七个自然村，村村都有冼太庙，各庙面海而设，有海事即祭以求平安殷富。该岛居民绝大多数为陈姓，先民于南宋末年自福建莆田徙入。不祀妈祖而祭冼太，据说是因为早年特呈岛海盗横行扰民，冼太夫人协同高州刺史蒯匪，保护了海岛及周围海域的太平，百姓感恩，建庙祭祀。

1 （清）光绪《茂名县志》卷三，《礼典》。

2 （清）乾隆《琼山县志》卷五，《坛庙》。

4. 高州冼太故里冼太庙

高州冼太庙位于高州城内东门文明路，即今冼太公园（原潘州公园）北侧，坐北向南。明嘉靖十四年（1535 年），高州知府石简始建，嘉靖四十三年（1564 年）和清同治年间分别重建，20 世纪 90 年代政府进行了重修和扩建，是高州地区规模最大的冼太庙。冼太庙主体建筑共三进，总进深 49.5 米，总面阔 13.4 米，建筑面积 826.3 平方米，分前殿、中殿、正殿。砖木结构，红墙绿瓦，斗拱飞檐，装饰华丽，运用彩绘、堆塑、雕刻等艺术形式，表现出浓郁的民族风格和地方风貌。庙内《冼夫人记》碑、《恭谒冼夫人庙书》碑等碑刻，保存完好。20 世纪 80 年代以后，庙内雕造于清同治年间的玉香炉，亦已由私藏居民完好归庙。

冼夫人故里，坐落在云雾山脉通天腊山峰下的高州市平云山冼太庙，历史悠久，源远流长，它是岭南古代文化之象征。据传此庙一经落成便神灵显赫，钟鼓常鸣，香烟萦绕，信善常往。祭祀礼仪盛大非凡，数百里范围内之历代文武官员都到该庙膜拜冼夫人，祈求风调雨顺，五谷丰登，国泰民安。为表其虔诚，他们在距离平云山附近十多里村寨时，即

广东高州冼夫人庙

对着冼太庙行鞠躬礼仪，继则下马，或落轿行三拜九叩之礼，直到庙堂。故石龙之“弯腰”和“大拜”即由此得名。

5. 丁村冼夫人圣诞乡傩与“送船”

广东电白电城山兜丁村，有蔡姓与黄姓居民两个自然村，每年农历正月十七至二十二，两村居民举行冼夫人圣诞乡傩，十分热闹。

蔡姓村30多户居民，每年到了正月十三，由祖尝拨款做敬神事务。首先从居民中挑选七八个年轻力壮的男子汉做公干事务，乡傩前三天，他们洁净身子，独住一室，各家各户内内外外打扫清洁，以表示对冼夫人圣诞的虔诚。

正月十七下午，乡傩的公干人员穿上盛装，身围上彩带，手持五色彩旗，八音锣鼓随行其后，从丁村前往山兜乡冼夫人庙迎神。从庙里接出冼夫人坐像，坐入花轿，然后由两个汉子抬着轿子走。冼夫人麾下的甘、廖、盘、祝四位官人的像，由四个汉子各捧一位，走在花轿后面，一直送到丁村，称为“接冼太回娘家”。当天，乡傩期将到之时，蔡姓村旁已收割的稻田里，搭起迎神谯坛，迎来冼夫人和四位官人的神像。冼夫人像坐于坛正中，四位官人像置于左右两旁。神台烛火通明，熠熠生辉，醮坛棚壁贴有纸条画的咒符，意为驱邪镇妖。村中男女老幼，都来观看请神的热闹，十分高兴。道士念经请神，直到黎明时分。

正月十七，公干的汉子各人单手举起冼夫人和四位官人的像，另有两人抬起香炉，进入村里巡行。巡行时，八音锣鼓声、唢呐声鼓乐齐鸣，震天雷动。

蔡姓村各户巡视祝神过了，巡行队伍则前往相隔约50米的黄姓村巡视。正月十八，丁村群众举行祭祀、演戏、放炮等活动。正月十九至廿一，巡行队伍往管区内各村庄巡视，称为“冼太探四邻”。一个一个村子都作巡视祝神后，才扶神回坛。

正月廿一晚上10时，举行乡傩的“送船”仪式，这种仪式古时是“送穷”的一种习俗。公干人员两人抬着纸扎的船，船上放有草人、元宝、供品等。有5个汉子各人以右手举着冼夫人和4位官人神像，由前面几个人打着火把引路照明，把纸船送到山兜丁村的牛沙坡，将纸船烧了，举着神像的汉子立即跑步回到谯坛，途中有人接替，犹如体育运动会接力跑一样，最终返回原地。

正月廿二上午，送神回庙，乡傩结束。

广东沿海宗教与民间信仰文化具有多元性和开放性，这种多元性和开放性从广州可窥一斑。

岭南沿海地区宗教与我国广大内陆地区宗教一样，有着几千年的历史渊源。岭南历史上曾有过佛教、道教、伊斯兰教、天主教和基督教的传播。由于岭南地区濒临南海，“初交趾以北，距南海有水路……交广之利，民至今赖之以济焉”。[1] 即使是明清海禁时期，广州仍保留着“一口通商”的特殊地位，这就使得包括宗教在内的外国文化得以最早进入岭南。有论者认为，佛教由交广海路传入中国较从西域陆路传入中国的时间更早，且影响更大。[2]

六朝时期，不少来自外国的僧人进入岭南后，又转而北上建康等地传教。其中见诸文字记载，较为著名的就有昙摩耶舍、求那罗跋陀、菩提达摩和陈真谛等。这些外国僧人多受到当朝统治者的礼遇，从而扩大了佛教的传播和影响。

广州光孝寺是羊城年代最古、规模最大的佛教名刹，坐落于光孝路。广州民谚说：“未有羊城，先有光孝。”该寺最初是南越王赵佗之孙赵建德的住宅。三国时吴国都尉虞翻因忠谏吴王被贬广州，住在此地，并在此扩建住宅讲学，虞翻死后，家人把住宅改为庙宇，命名“制止寺”。东晋时期，西域名僧昙摩耶舍来广州弘法时，在此建了大雄宝殿，译经授徒。这是岭南最早有记载的佛教建筑活动。据《高僧传》，昙摩耶舍在广州有徒众85人，他是海上丝绸之路上传播佛教的先驱。南齐建元三年（481年），僧伽跋陀罗到广州，分别在广州朝亭寺、竹林寺译经。

唐宋时期，该寺改为“报恩广教寺”。南宋绍兴二十一年（1151）改名光孝寺。此名一直沿用至今。

今广州市下九路北面有个地方叫西来初地，是中国佛教禅宗的始祖达摩禅师最早登陆地点。南朝梁武帝时代，当时广州下九路一带还是浪

---

1 （唐五代）孙光宪：《北梦琐言》卷二。

2 曹旅宁：《佛教与岭南》，载《学术研究》，1990年第5期。

广州“西来初地”坊

涛喧哗的古海岸。印度僧人菩提达摩为到中国传教，远渡印度洋和太平洋，经过三个寒暑的跋涉奔波，终于在南朝梁武帝普通七年（526 年）来到广州，在绣衣坊码头登陆上岸。达摩来华后，人们便在绣衣坊附近营造传教建筑，名为“西来庵”（今华林寺）。今下九路的西来正街、西来西街、西来东街等街巷名称都是为纪念达摩禅师传教命名的，也都与“西来庵”名字有关。达摩在西来庵传教佛经，广播衣钵，后世信徒尊奉达摩为中国佛教禅宗的始祖，因而称其当年登陆地为“西来初地”。

有不少中国僧人经由岭南取道海路西行取经求佛法。《大唐西域求法高僧传》记述了唐代从贞观十五年至天授二年近 50 年间西行求法的 56 位僧人的事迹。其中对印度、中亚及东南亚各地的佛教、历史文化有不少介绍。在中外交通方面，记载了经过南海至印度的航海路线。此书是继玄奘《大唐西域记》之后又一部中外交通和文化史的名著。

唐代高僧鉴真和尚，其为日本禅宗的创始者。唐玄宗时，应日本佛教界之请，六次东渡日本。唐天宝七年（748 年），他第五次东渡失败时，曾带领僧众，取道雷州返扬州。在雷州时，他曾在开元寺设坛讲经，还畅游“伏波祠”“雷州古庙”“雷州诞降处”及“罗岗福地”（今天宁寺）等胜景。[1] 鉴真和尚此行，是雷州历史上的政治大事，对雷州佛教产生了深远的影响。

自佛教传入岭南后，岭南地区历朝均有兴建佛教寺院，每一州县，均有大小不等的寺院。著名的有广州之光孝寺、华林寺、海幢寺、大佛寺、长寿寺、六榕寺，番禺之海云寺，肇庆之庆云寺，韶关之南华寺，仁化之别传寺，乳源之云门寺，罗浮山之华首台，潮州之开元寺，潮阳之灵山寺，海康之天宁寺等。

广东省较大规模的道教宫观主要有新会的紫云观、广州的纯阳观和黄大仙祠，此外广州的三元宫、仁威祖庙、白云仙馆、五仙观以及佛山祖庙、华光庙等，亦各具面貌。道教全真龙门派的宫观纯阳观，位于广州海珠区漱珠岗上。纯阳观殿宇巍峨，茂林苍翠，有仙山洞府之奇。广州黄大仙祠始建于清朝己亥年（1915 年），原黄大仙祠的主持梁仁庵道长携带黄大仙画像、灵签和药签等南迁到香港，并于 1921 年建成香港黄大仙祠。1999 年广州芳村复建后的黄大仙祠，成为集传统风俗、文化、艺术为一体的寺庙景观。

五仙观位于广州市惠福西路，建于明洪武十年（1372 年），是一座祭祀五仙的谷神庙，属道教寺庙。五仙观后殿东侧有裸露的红砂岩层，上有巨大的脚印状凹穴，古人一向以为这是“仙人足迹”，故得以存留。

广东是天主教在中国传播的重地，广东上川岛有一沙勿略墓园。

圣・方济各・沙勿略 1506 年 4 月 7 日出生于西班牙的一个贵族家庭，在法国上大学期间受同学埃格的影响加入了天主教。1540 年，从天主教分离出来的耶稣教正式创立，沙勿略是七位创始人之一。1540 年 3 月 16 日，沙勿略受葡萄牙国王的邀请前往葡萄牙传教，一年后，他又受葡萄牙国王的委派，以教皇钦使的名义远赴东方传教，他先后到过印度、新加坡、日本等国。在日本期间发现日本文化大部分源自中国，遂对中国产生浓厚兴趣，并于 1552 年 4 月带着助手、仆人和名叫安多尼的中国籍养子搭乘葡商船“圣十字”前往中国，从而（继唐朝与元朝之后）揭开了基督教第三次传入中国的序幕。历经风浪，当年 9 月船停泊于台山上川岛的浪湾海口，开始当地居民认为洋人是“会使妖道邪术”的鬼并奋起驱逐，

1　参见：雷州市博物馆：“历史沿革”展区。

广东上川岛方济各·沙勿略墓园

后来葡船和中国商人在海面上进行交易，一些乡民也与葡船换货，渐渐地沙勿略等人被准许上岸活动，沙勿略通过养子安多尼作向导和乡民接近，一边在上川致力游说传教，一边寻找机会伺机进入广州城。11 月下旬，满载珍贵中国商品的葡船纷纷启程，借助强劲的东北风驶向马六甲、印度或欧洲，上川岛一下子显得十分荒凉，仍然滞留于此的沙勿略焦虑无比，并为此一病不起，于 12 月 2 日与 3 日间，不幸与世长辞，时年 46 岁。沙勿略病逝后，仆人和安东尼用一张牛皮裹着沙勿略并买了数百斤蚬壳灰，就地安葬了沙勿略。

明崇祯十二年（1639 年）澳门教会集资并派人前来上川岛为沙勿略建墓，葬下他用过的一顶帽、一双鞋、一套衣服、一把佩刀、一个十字架，并立下刻有中葡文字的石碑，1698 年教会重修此墓。

开放的广东容纳多种外来宗教，如在广州基督教、伊斯兰教教堂均有。较为著名的有石室圣心大教堂、怀圣寺、先贤清真寺等。

广州“怀圣寺”又名狮子寺，俗称光塔寺，是中国四大古代清真寺之一，也是我国现

广州石室圣心大教堂

广州怀圣寺光塔

存最古老的清真寺建筑。位于广州市越秀区光塔路 56 号，地处古阿拉伯商聚居的“蕃坊”。

唐高祖武德年间（618—626 年），伊斯兰教创始人穆罕默德派门徒四人来华传教，其中的艾比·宛葛素于唐贞观初年经海上丝绸之路在广州登陆，开始在中国传教。自唐以来，广州为我国海外贸易的主要港口，那时广州的阿拉伯富商最多，贞观元年（627 年），阿布·宛葛素和侨居广州的阿拉伯人捐资修建了这座清真寺，为纪念穆罕默德，故取名“怀圣”。寺的命名表达了中外教民对圣人穆罕默德的尊重和怀念。

怀圣寺光塔位于寺门西南隅，正式名称“怀圣塔”，因教徒在诵经时常在塔顶用阿拉伯语呼喊“邦卡（呼唤之意）”，也被称为“邦卡楼”。粤语里“邦”与“光”谐音，另外塔位于珠江边，唐朝时入夜后塔顶悬灯来为来往的船只导航，故人称“光塔”或“番塔”。此塔建于唐朝贞观年间，具有阿拉伯风格，高 36 米，青砖砌筑，底为圆形，表面涂有灰沙，塔身上开有长方形小孔用来采光。塔内有两个螺旋形楼梯绕塔心直通塔顶。塔顶部用砖牙叠砌出线脚，原有金鸡立在上面，可随风旋转以示风向，明初被飓风吹落，1934 年重修时改砌成尖顶。

广州市越秀区解放北路兰圃西侧有一座先贤清真寺，内有清真古墓。伊斯兰教最早传入中国是通过海上丝绸之路，明清中国学者称伊斯兰教义为“至清至真”，因而伊斯兰教又被称为“清真教”，其墓地称为清真墓。广州清真先贤古墓是以赛义德·艾比·宛葛素为首的40多位阿拉伯著名伊斯兰教传教士的墓地。相传宛葛素于唐贞观初年到广州传教并建清真寺供侨民礼拜。他归真后，教徒为其营葬于此。墓建于唐贞观三年（629年），至今已逾1300多年。这是在广州保存下来的中国最早的伊斯兰教遗迹。

广东民间信仰鲜明地反映了世俗信仰的多元性和功利性，具有多教合一、多神崇拜的特征，诸如龙母信仰、金花夫人信仰、三山国王信仰、康王信仰、谭公信仰、贞仙信仰等。

中国海洋文化

广府文化　特区风采
潮梅文化　海岛传奇
侨乡江门　魅力独具
“南海一号”沉船出水地阳江
雷州访古港湾览胜

第十二章

海洋旅游 品读广东

欲把粤海比西子，一样秋波别样情。

——题记

旅游、观光是一件很幸福的事儿，只有当生存不再是问题时才可以奢谈。如今的中国已经进入休闲时代，“最近又去哪儿了”成为比“您吃了吗”更为时尚的问候语。“去哪儿”的指向在旅游学上称为“旅游目的地”。

在当今的中国，如果你只能去一个地方，那肯定是北京。如果你能去两个地方，那肯定是北京、上海。如果你能去三个地方，那就是北京、上海和地处岭南的广东了。

宇宙中有那么多的天体，为什么我们选择了地球？地球上有那么多的地方，为什么我们选择了岭南这块滨海之地？可能这就是常说的缘分。

有幸与广东、与大海结缘，就有了我们共同的话题。岭南广东堪称物华天宝、景观独厚。这里凭海临风、名城链列、港湾毓秀、海岛生辉、文化名地、争奇斗艳；更有特区风光、现代理念的庆典会展文化、大型人工景区等等。归纳起来，广东沿海一带至少有五大旅游目的地——粤东潮汕、珠三角城市群、侨乡江门、南海一号沉船出水地阳江、粤西雷州半岛。

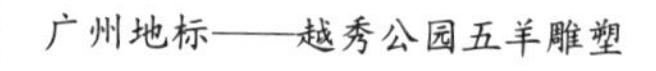

广州地标——越秀公园五羊雕塑

以广州、深圳为代表的珠三角海洋城市群，是广东旅游的首选。这里以景点多而集中度高、特色鲜明著称。诸如广府文化、特区文化、红色文化、大型人工景区。

广州、深圳、珠海、中山、东莞五个海洋城市宛如五颗明珠镶嵌在珠江入海口一带，透着一股朝气、英气和灵气，展示在人们面前。

1. 海洋城市广州和广府文化

广州是广东省省会城市，是广东政治经济和文化中心，是古丝绸之路的始发港之一，古代海洋贸易重镇，是中西方文化交汇对接的窗口，是鸦片战争的重要战场和辛亥革命的策源地。主要景观如下。

海洋航运与商贸文化：海上丝路港口古黄埔港遗址、太古仓码头、南海神庙、十三行遗迹、北京路步行街和上下九步行街、南沙天后宫。

海洋科普与展馆文化：广州海洋馆，广州舰船科普基地。

海洋军事与红色文化：孙中山纪念堂、广东农民运动讲习所、广州起义烈士陵园和广东革命历史博物馆、黄埔军校旧址、黄花岗七十二烈士墓、三元里抗英纪念馆和三元里抗英烈士纪念碑。

中外交流文化：光孝寺、西来初地、华林寺、六榕寺、海幢寺、怀圣寺与光塔、石室圣心大教堂、柯拜船坞。

海洋古国南越考古文化：南越王墓博物馆、南越王宫遗址博物馆。

特色地域文化和艺术文化：陈家祠和广东民间工艺博物馆、广州雕塑公园、西关大屋、骑楼、岭南印象园。

城市景观和自然景观文化：珠江夜景、广州塔、中信广场、越秀公园、白云山风景区、番禺莲花山风景区。

越秀公园的“五羊雕塑”是广州城市地标

相传，羊是给广州带来吉祥的五谷之神。《太平御览》引晋裴渊《广

广州海洋馆

州记》，载有五羊传说。屈大均《广州新语》记，古时南海有五仙人，各穿不同颜色的衣服，分别骑着不同颜色的羊，拿着谷穗。他们来到广州，将谷穗赠给人们，并祝愿永无饥荒。随后，五仙人腾空而去，五羊化为石。五个仙人五只羊，带来五谷丰登的祝福。广州称羊城，简称穗，均源于五羊传说。如今，市内的越秀山公园矗立着五羊石雕，为广州城市地标。

多功能的广州海洋馆

广州海洋馆是广州重要旅游景点，位于先烈中路广州动物园内，1997 年起对游人开放，是一家集游乐、观赏、科研、教育多功能为一体的，以陈列展览海洋鱼类为主要特色的蓝色海底世界。全馆占地面积为 1.5 万平方米，馆内放养着 200 多种鱼类及其他独特罕见的海洋生物。主要的景观有：海底隧道、深海景观、18 米长的热带珊瑚缸、触摸池、锦鲤池、鲨鱼馆、海狮乐园、海洋广场、岩石海岸、海龟池、企鹅馆、海洋科普厅、海洋剧场等展示区，还有“美人鱼”表演、人鲨共舞表演、海豚海狮表演三大表演节目。

2. 海洋城市深圳和特区文化

中国改革开放已经 30 多年，经济特区对人们来说早就不再神秘，但依然充满诱惑。如果不到深圳特区走一走，肯定是一件憾事。

特区城市深圳被称为一夜崛起的城市，邓小平画像和都市景观都是必看的景色。还有位于沙头角的中英街，以一街两制著称，一边属深圳管辖，一边属香港管辖。到这里逛街、购物另有一番感觉。除此之外，还有几处令人驻足的地方。

明斯克航母世界

中信明斯克航母世界坐落在深圳市沙头角海滨，毗邻闻名遐迩的中英街，是中国乃至世界上第一座以航空母舰为主体的军事主题公园，被授予“全国科普教育基地”及“广东军事科普教育基地”等荣誉称号。中信明斯克航母世界以苏联退役航空母舰“明斯克”号为主体兴建而成，集旅游观光、科普教育、国防教育于一体，按照“体验航母、亲近海洋、欢乐军港”的主题思想，打造全新体验式的军事主题乐园。

大小梅沙感受海洋城市味道

深圳大小梅沙金海岸海水清澈，沙滩广阔，沙质细软。

大梅沙位于神奇秀丽的南海之滨、风光旖旎的大鹏湾畔、深圳特区的东部。大梅沙海滨公园总面积 36 万平方米，其中沙滩全长约 1800 米，沙滩总面积 18 万平方米，公园绿地面积为 10 万平方米。占地约 1.3 万平方米的太阳广场属于公园的中心位置，公园西侧有一面积约为 4000 平方米的月亮广场，太阳广场和月亮广场之间有 432 米长的阳光走廊。大梅沙海滨公园分游泳区、运动区、休闲区、娱乐区和烧烤场。有摩托艇、沙滩车、水上降落伞、沙滩排球、沙滩足球等众多的游乐项目。

素有“东方夏威夷”之美誉的著名海滨旅游景区——小梅沙位于深圳东部大鹏湾。小

明斯克航母

深圳大梅沙

梅沙三面青山环抱，一面海水蔚蓝，一弯新月似的沙滩镶嵌在蓝天碧波之间。她的环海沙滩延绵千里，海滨浴场洁净开阔，蓝色的大海碧波万顷，茂盛的椰树婆娑起舞。放眼望去，海滨沙滩被鲜艳的太阳伞装点得五彩缤纷，游艇犁出浪花，降落伞迎风绽开，墩洲岛巨浪拍岸，千人烧烤场篝火通红。

深圳海洋世界

深圳海洋世界坐落在深圳东部黄金海岸旅游线上享有“东方夏威夷”美誉的小梅沙海滨旅游区，以“八馆三园，十四套节目”为展示主体，是目前国内园区规模最大、展馆最多、海底特色节目表演最丰富、娱乐参与性最强的海洋文化主题公园。

大鹏所城

深圳大鹏所城始建于明洪武二十七年(1394 年)，是明清两代中国南部的海防军事要塞，有 600 多年抵御外侮的历史，是全国保存最完整的明清海防卫所。深圳今称“鹏城”，即源于此。明代大鹏所城有武略将军刘钟、徐勋，清代有赖氏“三代五将”、刘氏“父子将军”等十几个将军，所城因之享有“将军村”的美誉。大鹏所城有雄伟的古城门，有古色古香的古民居、古街道，有气势宏伟的将军府第。古城还保存了独特的民俗文化，是岭南文化的重要组成部分。古城的语言也非常独特，2003 年 10 月 8 日，大鹏所城所在的鹏城村被建设部和国家文物局公布为“中国历史文化名村”；2004 年 6 月 28 日，大鹏所城被评为“深圳八景”之首。

珠海、中山和东莞也是游客乐于游览的地方。珠海的旅游景点有东澳岛、外伶仃岛、澳门环岛游、飞沙滩等。中山旅游景点有孙中山故居、詹园、郑观应故居等。在东莞，有地处虎门海战现场的虎门炮台群、鸦片战争纪念馆、海战博物馆、林则徐销烟纪念馆等。

潮州和梅州同处于粤东，潮州文化区与梅州客家文化区毗邻。这里文化底蕴深厚，自然和人文景观富有特色。潮州文化区重要的旅游景观有南澳岛、石炮台公园、韩文公祠、陈慈黉故居、汕尾凤山祖庙、汕尾遮浪景区等。梅州客家文化区重要的旅游景观有客家文化博物馆、黄遵宪故居、客家围龙屋等。

1. 海风潮味的潮州文化

潮州文化因分布于粤东潮州、汕头、汕尾一带又被称为潮汕文化，是广东潮州民系的文化。

潮州文化是海内外潮州人的根。潮汕地区地狭人稠，人口与资源和环境矛盾很大，激烈的竞争环境培养了潮州人的创造、开拓和冒险精神。不少人外出到海外谋生，形成社会风气，在农业上精耕细作，在手工业上精雕细琢，在商业上更是精打细算，极善经营，闻名海内外，有“中国的犹太人”之称。

潮州木雕是工艺美术的佼佼者，潮州有“木雕城”之誉称。潮绣是我国四大名绣之——粤绣的一大支系。潮菜已有数千年的历史，值得一尝。据史料记载，潮菜可追溯到汉代。盛唐之后，受中原烹饪技艺的影响，发展很快。唐代韩愈临潮时，对潮菜美味赞叹说：“……章举马甲柱，所以怪目呈。其余数十种，莫不可叹。”潮汕小吃多，香味可口。潮菜和潮汕小吃的原料很多来自于海洋，如潮阳鲎粿、鸳鸯膏蟹、红炖鱼翅、达濠鱼丸、白灼响螺片、蚝烙等。

潮州功夫茶是中国的茶道。潮州功夫茶的烹法，有所谓“十法”，即活火、虾须水、拣茶、装茶、烫盅、热罐、高冲、盖沫、淋顶与低筛。也有人把烹制功夫茶的具体程序概括为：“高冲低洒，盖沫重眉，关公巡城，韩信点兵。”或称“八步法”——治器、纳茶、候茶、冲点、刮沫、淋罐、烫杯、筛茶。潮汕功夫茶是小杯小杯地品味，品茶之意与其说为解渴，不如说在品味茶之香，在以茶叙情。其次，潮汕功夫茶特别讲究食茶的礼节。

2. 南澳岛传奇——宋井、哑蛙、金银岛

南澳岛坐落在闽、粤、台三省交界海面，濒临西太平洋国际主航线，地理位置十分优越。自古今来，南澳是东南沿海一带通商的必经泊点和中转站，早在明朝就已有“海上互市”的称号。

南澳岛的青澳湾是沙质细软的缓坡海滩，海水清澈，盐度适中，是天然优良海滨浴场；还有“天然植物园”之称的黄花山国家森林公园和“候鸟天堂”之称的岛屿自然保护区；还有历史悠久的总兵府、南宋古井、太子楼遗址以及众多文物古迹50多处，寺庙30多处。具有“海、史、庙、山”相结合的立体交叉特色，蓝天、碧海、绿岛、金沙、白浪是南澳生态旅游的主色调。

南澳岛宋井建于南宋景炎元年（1276年）。时因元兵追迫，帝赵昰与弟赵昺等皇室自福州由海路南撤，在大臣张世杰、陆秀夫等护送下来到了南澳，就住在现在的澳前村一带。现在的澳前村岸边还保存着太子广王赵昺的居处“太子楼遗址”。据说当时为饮用水之需，他们在澳前村一带挖了三口井，一为龙井，专供皇帝饮用；一为虎井，供大臣饮用；一为马井，供随从人员和士兵饮用。三井后为潮水和沙子掩没。现在看到的这口是马井，清光绪十五年（1884年）此井复出，历年来时隐时现。宋井的神奇之处在于虽然地处海滩，常被海潮淹没，但是潮退之后井水不带咸味，照样甘清甜美，堪称奇迹。

在南澳岛，令人称奇的还有被叫作“哑蛙”的南澳白颈青蛙。

据说赵昺安身南澳，因国之将破、征途奔波，身心劳累、疲惫不堪，夜来正想入睡，却被住所附近的蛙声吵得无法入眠，索性起身，命侍郎陆秀夫捉来蛙王问罪。侍郎陆秀夫在太子楼墙脚捉来青蛙，蛙在陆秀夫手中还“噎哇，噎哇……”叫个不停。样子悲悲切切，似在诉说、恳求。赵顿生怜悯之心，随手拿起案头朱笔，在该蛙脖子上画了一圈，不禁生情泪下，挥手让陆秀夫放生。自此，太子楼周围的青蛙，脖子上都有一个圈。蛙感谢赵昺不杀之恩，叫时只发出低微的

宋井

“喳”声，太子楼附近顿时静寂下来。于是在南澳及潮汕沿海一带称这种青蛙为“南澳哑蛙”。

富有传奇色彩的还有金银岛藏宝之谜。

在南澳岛的东北面，离海岸不远处有一个小岛，总面积不足1000平方米，人称为“金银岛”。据说是明朝海盗吴平藏金藏银的地方，吴平死后所埋金银迄今还没有人找到。关于藏金之处当地流传有一句谚语：“潮涨淹唔着，潮退淹三尺。”这句潮州话的意思是：潮涨的时候水浸不到，潮退了倒被水淹三尺。

“金银岛”上吴平妹妹的塑像，左手拿剑，右手拿着元宝，是这个岛上的“护宝女神”。南澳岛人相信，摸一下“护宝女神”手中的元宝能给自己带来财运。据传说——吴平的妹妹正是不肯离开大批财宝，才死在此地的。

小岛不远处就是以海盗名字命名的村庄吴平寨。

岛上有闽粤南澳总兵府，为管制闽粤台的重要军事基地，初建于明万历四年(1576年)，为当时的南澳副总兵晏继芳所建。万历九年(1581年)，副总兵侯继高增建了总兵府的后楼。现在衙署已辟为博物馆，保存有许多重要海防资料。总兵府前有两棵大榕树，被称为郑成功招兵树。榕树栽于始建总兵府的明万历4年(1576年)，树龄已达429年。清顺治三年(1647年）清兵南进闽粤，郑成功首进南澳岛招兵举义，在这株榕树下讲演、检阅兵将，在往后反清和准备收复台湾历时十多年的频繁征战中，郑成功又多次登临郑家军主力长期驻扎的基地南澳岛谋划军事政治行动。所以这棵树后人又称“招兵树”。1997年树下又增置郑成

郑成功招兵树

功花岗岩雕像一座。“招兵树”旁边还有一块花岗岩纪念石碑，镌刻了民族英雄郑成功把南澳作为招兵举义、收复台湾重要基地之一的史实，高 3 米的大型郑成功石刻雕像展示了民族英雄当年的凛凛威风，令人肃然起敬。

在南澳岛上有许多被称为“红头船”的游船。海滩上有许多漂亮的贝壳，把玩之间，会想起去看看樟林古港——“红头船”云集的地方。那里是写《艺海拾贝》的作家秦牧的故乡。

樟林古港和红头船见证了南澳岛曾经的繁荣，而作家秦牧则是人们非常喜欢的散文作家。

3. 韩文公祠、广济桥和牌坊街

潮州韩文公祠、广济桥和牌坊街三点一线，是文化含量很高的景点群。韩文公祠在韩江东岸笔架山麓，建于宋，是我国现存的历史最久远、保存最完整的纪念唐代大文学家韩愈的专祠。韩文公祠现保存历代碑刻 40 幅。较著名的有明代的《增修韩祠之记》《功不在禹下》和清代篆刻《传道起文》、重刻的《潮州昌黎伯韩文公庙碑》等。潮州广济桥是中国古代著名桥梁之一，始建于南宋乾道六年（1170 年），明宣德十年（1435 年）重修，总共 24 墩。桥墩用花岗石块砌成，是中国桥梁建筑中的一份宝贵遗产。中段用 18 艘梭船连成浮桥，能开能合，当大船、木排通过时，可以将浮桥中的浮船解开，让船只、木排通过，然后再将浮船归回原处。这是中国、也是世界上最早的一座开关活动式大石桥。民谚云：“到广不到潮，白白走一遭；到潮不到桥，枉费走一场。”潮州牌坊街具有悠远的历史渊源，传说可上溯唐宋。据有关史籍记载，历史上潮州曾有牌坊 91 座，其中太平路 39 座，其他街巷44座，余在金山、韩山、湘子桥处。此外，于乡镇间尚有57座，因此人们喻为“牌坊城”。古时统治者提倡伦理道德，把城乡间于节义、功德、科第突出成就者，将其“嘉德懿行”，书贴坊上旌表，称为“表闾”，故牌坊也具纪念作用。到明时改用石砌，加叠层楼，饰以花纹，二柱一门或四柱三门，唯嘉靖时建多柱多门长牌坊。

4. 汕尾凤山祖庙和遮浪景区

汕尾凤山祖庙始建于明崇祯九年（1636 年），清乾隆六年（1742 年）扩建，向来香火不断。20 世纪 80 年代以来，由社会及海外侨胞捐资进行了大规模扩建，新建成天后阁、钟鼓楼和妈祖石像以及凤山公园内的妈祖圣迹馆、海陆丰戏剧脸谱园、渔家风情馆和妈祖

汕尾观音庙和遮浪景区

文化广场。妈祖圣迹馆介绍妈祖生平、传说、圣迹。渔家风情馆的图文介绍、实物模型和栩栩如生的人物造型，展示了沿海渔家生产生活以及美丽传说的渔家世界。海陆丰脸谱园展示了“中国戏曲之乡”的汕尾市稀有剧种正字戏、白字戏、西秦戏戏曲各类人物的脸谱。位于凤山顶上凤仪台上的正是刻有“天后圣母”的目前大陆最大的妈祖石雕像。

遮浪岛地处红海湾与碣石湾交汇处，有“粤东麒麟角”之称，是广东省汕尾著名的滨海旅游区之一。半岛南端突出海中形成两个景色迥异的景区：东海区常年巨浪汹涌、惊涛拍岸；西海区却波平浪静，水平如镜。岛内风光旖旎，碧海、银沙、奇石、异岩、古迹交相辉映。

江门是广东省中南部的一个地级市，地处珠江三角洲西部沿海。江门地区又称“四邑”（指开平、恩平、新会、台山）、“五邑”（指开平、恩平、新会、台山、鹤山）。江门是中国著名侨乡。香港有1/4市民、澳门有2/3市民原籍江门五邑。

1. 侨乡景致

侨乡江门最著名的景观是雕楼，主要集中在开平。2007年6月28日在新西兰基督城召开的联合国教科文组织第31届世界遗产委员会大会上，“开平碉楼与村落”申报世界文化遗产项目顺利通过表决，被正式列入《世界遗产名录》，成为中国第35处世界遗产，广东省第一处世界文化遗产。开平碉楼种类繁多，若从建筑材料来分，大致有以下四种：钢筋水泥楼、青砖楼、泥楼、石楼。按使用功能分，开平碉楼可以分为众楼、居楼、更楼三种类型。开平代表性的雕楼为自力村碉楼群、开平立园、马降龙碉楼群 、锦江里瑞石楼、方氏灯楼、雁平楼等。

2. 崖门怀古

崖门既是古代南海重要的海防炮台，又是著名的古战场。

崖门炮台景区

清新会崖门炮台位于新会市古井镇崖门村崖门海口东边。建于清初，雍正后历代重修。炮台呈弧形，背山面海。炮位连绵伸展长达180米，组成级深3.5米、高5.5米的城墙状炮台。台基直下海边，基前垒石作防浪墙，基部用花岗岩砌筑。炮台分上下两层，下层炮位22个和2个门洞。第二层用条石置于隔墙上作通道，炮位21个，分别置于下层的隔墙中间，再上有瞭望窗和驼峰式缺口，瞭望窗24个，驼峰缺口45个。遗有小炮2门。炮台设有兵房、地下弹药库，都设隧道通连。其地自北宋已设关戍守，明代已修炮台。

宋元崖门海战文化旅游区

崖门海战，又称崖门战役、崖门之役等。是宋朝末年宋朝军队与元军的一次战役，这场战争直接关系到南宋的存亡。相传宋元双方投入军队 30 余万，战争的最后结果是元军以少胜多，宋军全军覆灭。此次战役之后，宋朝也随之覆灭。

3. 上下川岛佛光海韵

江门的上川岛和下川岛是两个美丽的海岛，以蓝海青山、水石激荡为景观特色。山上更有宗教——“乐川大佛”、九龙洞和观音雕像等人文景观。使景区平添了几分神秘。

上川岛拥有 12 处总长达 30 多千米的风光旖旎的优质海滨沙滩，海水清澈、沙粒晶莹、无污染、无鲨鱼、无乱石，腹地开阔、宽广明丽。海水清澈见底，沙滩平坦宽阔，海浪多而不大，腹地林木郁郁葱葱。绮丽的风情可与世界著名的海滨浴场媲美。

下川岛王府洲海滨旅游度假区为省级旅游度假区，位于下川岛的南部，沙滩长 1.6 千米，王府洲旅游中心食、住、行、玩配套完善，陆岛客运有旅游快船和豪华巴士，是理想的度假胜地。

下川岛旅游区风光

1. 宋代沉船“南海一号”和“广东海上丝绸之路博物馆”

“南海一号”宋代沉船1987年被广州救捞局与英国海洋探测公司在距阳江市海陵岛30多海里的海区意外发现。“南海一号”整船长约30.4米、宽8米，是目前世界上发现年代最早、船体最大、保存最完整的远洋贸易商船。除了大量的瓷器外，还有其他文物，不少都是稀世珍品，价值连城，引起一时轰动。

广东海上丝绸之路博物馆位于广东阳江市海陵岛试验开发区的“十里银滩”上。该建筑不仅在全国，乃至在世界上都堪称标志性建筑。主要由“一馆两中心”（广东海上丝绸之路博物馆、海上丝绸之路学研究中心和研发中心）构成，设有陈列馆、水晶宫、藏品仓库等设施。

博物馆设立“南海一号”水下考古现场发掘、海上丝绸之路史和水下考古史三个固定陈列展览，并将逐步建设成为中国“海上丝绸之路学”研究中心和中心数据库。

陈列馆陈放从古船里打捞出的金、铜、铁、瓷、玉类等文物4500多件，宋代铜钱6000多枚。这些文物以瓷器为主，浙江龙泉、福建德化、闽清义窑、江西景德镇等南宋几大著名窑系的外销瓷器，造型独特，工艺精美，绝大多数文物完好无损，远非陆地出土的同类瓷器所能比。依其数量和价值计算，比全广东省博物馆藏文物的总和还要多。

2. 节庆会展

一年一度在广东阳江海陵岛举办的“中国南海开渔节”是广东省12项重大节庆活动之一，主要活动由文体活动、庆祝晚会、开渔仪式、开捕大巡游等板块组成。内容有以海洋为主题的渔家文化展、鱼艇竞渡、渔歌表演等。中国南方各地都有端午节赛龙舟的风俗，阳江也不例外，除了江城和东平的逆水赛龙舟外，闸坡的海上赛龙舟更具特色。阳江还举办山歌节、风筝节、中国（阳江）国际刀剪博览会。阳江是中国刀剪之都，阳江刀剪历史悠久、工艺独特、品种繁多，品质优良，远销世界120多个国家和地区。

3. 疍家风情

疍家民俗是阳江特色的海洋渔家文化。

位于阳东县东平的大澳渔村是广东省唯一保存下来的保持原始渔家小屋风貌的渔村，一些原汁原味的渔家服饰、咸水歌对唱、疍家棚等渔家风情浓郁，在全国尚属罕见。

阳西一年一度的七月初七神水节活动海味十足。渔家婚俗表演引来大量游客。沙扒成为不可不去的海滨旅游地。

农历七月初七是阳西县传统节日“神水节”，再现千年前七仙女送“神水”的传说。自2011年举办首届“神水节”活动以来，2014年阳西县沙扒镇举办七月初七“神水节”时，来自全国各地2万多人齐聚沙扒镇月亮湾看碧海蓝天、沐阳西神水，月亮湾海韵广场上，热闹非凡。“神水节”既有传统的醒狮、渔家乐等具有本土特色的民俗表演，也有极具现代气息的草裙舞、古典舞和乐队表演。7位头梳髻结、髻戴彩花、身着七彩霓裳的“仙女”，手执装有神水的净瓶竹篮缓步而来，两名男子手举“国泰民安”“风调雨顺”金色大字红色幡旗紧随其后，幡旗在风的吹拂下猎猎作响，两队红黄醒狮、金色舞龙格外醒目。“七仙女”踏着红毯，碎步穿过红色拱门，将神水倒入“神水缸”。随后，她们手持翠枝，登上舞台，面向八方翩翩起舞，为民祈福，围观众人也欣然低头、默语、祈福。广场中间数十个“神水桶”围成一圈，桶周围又是数人围绕。随着主持人一声令下，泼水狂欢正式开始。按捺许久的人们拿起塑料勺、盆，舀起一瓢水，向四周泼去。认识的，不认识的，此时都已没有顾忌，所有的人都沉浸在泼水狂欢中，共同沐浴着神水，整个广场水花飞舞，飞扬着欢声笑语。

沙扒位于广东阳西县西南部，三面临海，北面与陆地相连，是广东阳江市的一个渔业镇，已形成了捕养加、渔工贸、产供销、渔科教一体化的渔业产业化格局。因为靠海，沙扒的旅游业近年来发展势头良好，该地“月亮湾”风景迷人，吸引了不少游客前来观光游览。疍家民俗表演是沙扒旅游的一大看点。

4. 渔趣岛韵

广东海上丝绸之路博物馆坐落在风光旖旎的海陵岛。

海陵岛位于广东省的阳江市，为广东第四大岛。享有“南方北戴河”和“东方夏威夷”之美称，被誉为一块未经雕琢的翡翠。曾多年被《中国国家地理》杂志社评为“中国十大最美海岛”之一。

大澳渔村

岛上拥有众多的自然景观和人文景观，除宋太傅张世杰庙址和陵墓、古炮台、镇海亭、北帝庙、灵谷庙、观音岩、新石器文化遗址等名胜古迹外，还有 10 多处沙滩可供开发为海水浴场，是一颗镶嵌在南海海岸上的明珠。海陵岛渔业资源丰富，素有“广东鱼仓”之称。闸坡渔港早已是闻名全国的十大渔港之一。

这些年来海陵岛旅游的游客越来越多，用游人如织来形容一点也不为过。人们观海景、洗海澡、玩海钓，还有更刺激的海上滑伞等休闲体育项目。

粤西湛江地区以雷州古文化著称。湛江地区旧称“广州湾”(Kwangchowan)。1899年，广州湾被法国“租借”，对外贸易曾繁盛一时。1943年，为日军占领。1945年抗日战争胜利，广州湾回归，从此定名为“湛江市”。因历史上曾属椹川县，境内东海岛曾设椹川巡检司，初定名为“椹川市”，后受唐人谢昆诗句“人有水木湛清华”启发，广州湾是绿水一湾，故改“椹”为“湛”，释“川”为“江”，因而得名“湛江”。

1. 雷州文化

雷州市位于广东省西南部的雷州半岛上。雷州历史悠久，源远流长，历史文化底蕴积淀厚重，是广东、粤西地区唯一的“国家历史文化名城”。雷州半岛文化，简称雷州文化，又称雷文化，是岭南地区最古老、持续时间最长的文明之一。“雷州文化”作为区域文化，与“潮汕文化、客家文化、广府文化”被确定为广东的“四大文化”。雷州有著名的雷祖祠，是纪念唐代霸州首任刺史陈文玉的祠堂。唐代俊杰陈文玉先后任东合州、雷州刺史，功勋卓著，曾被太宗降诏褒奖：“养晦数十年，恶事非君，受职父母邦，德政彰明。”他被后人尊为雷祖，立祠纪念。雷州还有三元塔公园、西湖公园和十贤祠。十贤祠为宋建清修，1984年重建，祠内有文天祥撰、姚文田书《雷州十贤堂记》碑，并有汉白玉线刻寇准、苏轼、苏辙、秦观、王岩叟、任伯雨、李纲、赵鼎、李光、胡铨“十贤”像。石狗崇拜是雷州独有的文化，素称“南方的兵马俑”(又称“散落民间的兵马俑”)。

2. 丝路文化

除广州外，广东省另一个重要的海上丝绸之路港口就是徐闻。徐闻坐落在雷州半岛南部，是中国大陆最南端，与海南岛隔海相望。古徐闻港是有文献记载的最早的海上丝绸之路始发港。地处广东省徐闻县南山镇的“大汉三墩”，是汉代海上丝绸之路始发港遗址所在地，紧靠粤海铁路北港码头。

徐闻县扼大陆通往海南之咽喉要津，于汉元鼎六年（公元前111年）置县，历史文化积淀深厚。2001年，汉代徐闻港被确认为“海上丝绸之路最早始发港之一”，比福建泉州早1000多年。而今的大汉三墩旅游区以“汉代海上丝绸之路文化”为主题，结合红树林、墩岛、湖泊、渔村等自然生态风光，成为一个独具汉海洋港口文化特色的旅游区。

《汉书·地理志》记载：“自日南障塞，徐闻、合浦船行……”唐代的《元和郡县图志》中记：“汉置左右侯官在徐闻县南七里，积货物于此，备其所求以交易有利，故谚曰：欲拔贫，诣徐闻。”

灯楼角位于徐闻角尾乡西南海滨，距离海南岛12海里，为海上交通要冲，是中国大陆的最南端。灯楼角有尖尖的沙洲，东边是琼州海峡，西边是北部湾，每当涨潮时，琼州海峡浅蓝色的海水和北部湾深蓝色的海水都朝着对方奔涌，两洋的水在角的延伸处碰撞，形成一条对冲的直线浪尖，像一条直线将整个海域分成两片，形成罕见的“十字浪”，人们俗称“分水线”。

3. 火山与大海的交汇

湛江古火山地貌是大自然赐给湛江的稀世瑰宝。雷州半岛在地质构造史上曾是火山活

硇洲火山岛柱状节理玄武岩

湛江特呈岛沿海火山礁

动非常活跃的地区，是中国著名的第四纪火山区。目前保留有典型的古火山遗址 70 多座，火山地貌景观非常丰富。火山与大海在这里交汇，形成独特的山海风景。

硇洲岛是著名火山岛，位于广东省湛江市东南的南海海域，北傍东海岛，西依雷州湾，是一个 20 万～ 50 万年前由海底火山爆发而形成的海岛，也是中国第一大火山岛。硇洲岛是“湛江八景”之一。岛中名胜古迹众多，有旅游度假胜地——那晏海石滩，有世界著名三大灯塔之一——硇洲灯塔。人文古迹有与宋皇有关的宋皇城遗址、祥龙书院、八角井、宋皇碑、宋皇亭、宋皇村。还有窦振彪墓和“宫保坊”等。硇洲岛火山岛柱状节理玄武岩很有特色。

还有以湛江湖光岩为代表的玛珥湖火山地质地貌被联合国教科文组织评为世界地质公园。湖光岩玛珥湖号称中国第一火山湖。湖光岩三字为宋名臣李纲所题。

徐闻海上丝绸之路古港区海域火山龟石

国家海洋公园特呈岛的海滩上红树林与火山礁相映成趣，别有一番风味。

还有不可错过的是徐闻海上丝绸之路古港区海域火山龟石。徐闻海上丝绸之路古港区火山龟石是火山弹经长期风化形成的独特地质现象和自然景观，很有特色。

另外，雷州龙门瀑布也是值得一看的火山景观。

4. 港湾览胜

湛江霞山海滨公园，位于霞山区东北角海滨，被称为湛江的“城市客厅”。大门为欧式建筑风格，由20根圆柱顶起一弧形柱廊，上方镶嵌着九幅汉白玉浮雕，浮雕描绘了湛江百年历史。广场地面用红、褐、灰三色马赛克拼成一幅世界地图。

霞山观海长廊，位于湛江市黄金海岸，南起海滨码头，与海滨公园相连，北至海洋路，与渔港公园为邻。全长2.5千米，占地17.2公顷，分为南、北、中三个区域。以紫荆广场为中心，各区以曲直有致、大小不一的园道贯通。儿童游乐区、脚底按摩区，功能各异的活动空间遥相呼应。各具姿态的棕榈科植物组团分布，雄劲的油棕、椰子、霸王棕，雅丽的针葵、酒瓶椰，配以色彩丰富、造型各异的鲜花、灌木，疏密相间、层次分明、分布有序。观海长廊集休闲、娱乐、游憩、观赏于一体，充分体现了湛江海滨城市的独特风貌和现代城市鲜明的人文景观，被评为“湛江八景”之一。

金沙湾观海长廊，位于风光如画的赤坎沙湾东侧，与位于霞山的观海长廊遥相呼应，

湛江霞山观海长廊

把美丽的港城装扮得风姿绰约，分外迷人，成为市民休闲的又一好去处。

湛江渔港公园位于湛江市区观海路与海滨宾馆交汇处，是一处有着浓郁南国滨海风光的大型主题公园，公园分为五大园区，突出渔人、渔乡、渔港三大特色。

湛江“海上城市”原名“巴西玛鲁”，是日本一艘国际远航客货轮，已有四五十年的历史，它是一个新兴的海洋生态旅游项目。以美丽的海滩、蔚蓝色的大海、亚热带风情为组合的海上旅游娱乐景区。现船内设有海洋科普馆、贝壳馆、电子娱乐城、星空演出舞台、露天酒吧、夜总会中西餐厅等，是集游览、娱乐、餐饮、购物为一体的综合大型海上旅游船。

湛江市区的东海岛、南三岛、特呈岛都有海水浴场；县域有徐闻白沙湾和吴川吉兆“月牙海湾”、王村巷、吴阳海滨浴场等。

主要参考文献

巴素．1974．东南亚之华侨．郭湘章，译．台北：国立编译馆．

曹旅宁．1990．佛教与岭南．学术研究，(5)．

陈冰，梁廷枏．2008-05-06．中国民主政治的启蒙者．晶报．

陈残云．1978．香飘四季．广州：广东人民出版社．

陈恭尹．1988．独漉堂集．广州：中山大学出版社．

陈嘉庚．1979．南侨回忆录．香港：草原出版社．

崔财鑫，汪良波．2010-11-30．湛江："中国对虾之都"．南方日报．

邓亚明，苗永．2011-06-16．霞山现代艇仔歌越唱越响成文化名片．湛江日报．

范英．2003．广东先进文化发展论．广州：广东人民出版社．

方雄普．2000．中国侨乡的形成与发展 // 庄国土．中国侨乡研究．厦门：厦门大学出版社．

冯庆，金涌，王奋强．2008-02-21．渔民村数度华丽转身演绎动人春天故事．深圳特区报．

冯峥．2003．漠海钩学沉——阳江民俗文史研究．北京：中国文史出版社．

盖广生．2011．孙中山的海洋抱负与实践．海洋世界，(6)．

高虹，陈超．2005-02-12．新年疍民"讨斋"习俗：别样年味话疍家．海南日报．

高惠冰．2007．对"广州通海夷道"有关问题的探讨 // 广州 —— 海上丝绸之路的发祥地．香港：中国评论学术出版社．

广东百科全书编纂委员会，中国大百科全书出版社编辑部．2008．广东百科全书．中国百科全书出版社．

广东省地方史志编纂委员会．1996．广东省志：华侨志．广州：广东人民出版社．

广东省发展和改革委员会，广东省海洋与渔业局．2012．广东海洋经济地图．广州：广东省地图出版社．

广东省文史馆．1978．三元里人民抗英斗争史料．中华书局．

广州市政协文史资料研究委员会，广州市饮食服务公司．1990．食在广州史话 // 广州文史资料．广州：广东人民出版社．

郭秀文．2007．近现代广东人口迁移的特点（1840—1949）．广州社会主义学院学报，(1)．

郭湛波．1935．近三十年中国思想史．北平：大北书局：50．

黑格尔．1956．历史哲学．王造时，译．三联书店．

黄金河．2006．珠海水上人．珠海：珠海出版社．

黄昆章，张应龙．2003．华侨华人与中国侨乡的现代化．北京：中国华侨出版社．

黄启臣．2000．徐闻是西汉南海丝绸之路的出海港．岭南文史，(4)．
黄启臣．2003．广东海上丝绸之路史．广州：广东经济出版社．
黄伟宗．2005．近代珠江文化诗圣．肇庆学院学报，(6)．
黄启臣．2006．海上丝路与广东古港．香港：中国评论学术出版社．
黄志平，丘晨波．2001．丘逢甲集．长沙：岳麓书社．
康有为．1956．大同书．古籍出版社．
李晨．2012-12-23．考察"样板"渔民村变迁史．中国青年报．
李春辉．杨生茂．1990．美洲华侨华人史．北京：东方出版社．
李明山．2011．岭南文化特色凸显与广东文化强省建设．韶关学院学报，(3)．
李权时，李明华，韩强．2010．岭南文化．广州：广东人民出版社．
李权时．1993．岭南文化．广州：广东人民出版社．
李学民，黄昆章．2005．印尼华侨华人史（古代至 1949 年）．广州：广东高等教育出版社．
李越．2006．中国古代海洋诗歌选．北京：海洋出版社．
梁德荣．2012-01-13．水上居民的"鱼花诞"．佛山日报．
梁启超．1902-02-08．地理与文明之关系．新民．
梁启超．1989．饮冰室合集．北京：中华书局．
梁启超．1999．中国地理大势论 // 梁启超全集．北京：北京出版社．
廖嘉明．2011-12-05 ．倾听那原生态惠东渔歌．广州日报．
林水檺，何启良，何国忠，等．1998．马来西亚华人史新编（第一册）．吉隆坡：马来西亚中华大会堂总会．
林语堂．1988．中国人．杭州：浙江人民出版社．
刘进．2012-05-07．再议华侨精神之现实意义．江门日报．
刘权．2005．念祖爱乡：海外广东人的情结．广州：广东人民出版社．
卢坤，邓廷桢．2009．广东海防汇览．石家庄：河北人民出版社．
骆国和．2009-03-20．趣谈湛江虾．湛江日报．
马士．2000．中华帝国对外关系史：1 卷．张汇文，等译，上海：上海书店出版社．
茅海建．1995．天朝的崩溃．生活 · 读书 · 新知三联书店．
梅伟强，张国雄．2001．五邑华侨华人史．广州：广东高等教育出版社．
闵祥鹏．2008．五方龙王与四海龙王的源流．民俗研究，(3)．
彭年．2005．中国古代海洋文化的先驱——从南越国遗迹看南越文化及其历史地位 // 南越国史迹研讨会论文选集．北京：文物出版社．
齐思和．1964．筹办夷务始末：道光朝：卷 6．中华书局．
饶宗颐．2011．清晖集．深圳：海天出版社．

阮应祺．2000．汉代徐闻港在海上丝绸之路中的历史地位．岭南文史，(4)．

沈荣嵩．2000．汉代古港徐闻的兴衰历史原因．岭南文史，(4)．

沈已尧．1985．东南亚——海外故乡．北京：中国友谊出版社．

史春林．2008．孙中山海权观评析．福建论坛．人文社会科学版，(3)．

舒元，等．2008．广东发展模式——广东经济发展 30 年管理．广州：广东人民出版社．

司徒尚纪，李燕．2000．汉徐闻港地望历史地理新探．岭南文史，(4)．

司徒尚纪．1993．广东文化地理．广州：广东人民出版社．

司徒尚纪．2009．中国南海海洋文化．广州：中山大学出版社．

孙雪，余丽龄．2009-09-07．罗湖渔民村的“春天故事”．香港文汇报．

谭元亨．2002．岭南文化艺术．广州：华南理工大学出版社．

田若虹．1997-07-16．潮人信仰与民间神话．潮州日报．

汪敬虞．1983．十九世纪西方资本主义对中国的经济侵略．北京：人民出版社．

王建．海人谣．2006// 中国古代海洋诗歌选．北京：海洋出版社．

王寅．2007-04-04．寻找失踪 101 年的“丁天龙”．南方周末．

王元林．2006．宋南海神东、西庙与广州港、海上丝路的关系．海交史研究，(1)．

王远明，颜泽贤．2006．百年千年——香山文化溯源与解读．广州：广东人民出版社．

温汝能．1999．粤东诗海．中山大学出版社．

吴灿新．2003．华民族精神与现代广东人精神．岭南学刊，(3)．

吴竞龙．2008．水上情歌——中山咸水歌．广州：广东教育出版社．

吴松弟．2002．两汉时期徐闻港的重要地位和崛起原因——从岭南的早期开发与历史地理角度探讨．岭南文史，(2)

吴永章．2010．《异物志》辑佚校注．广州：广东人民出版社．

伍玲．2014-08-03．沙扒镇举办“神水节”万人聚月亮湾沐神水．阳江日报．

夏东元．1982．郑观应集：上册．上海：上海人民出版社．

肖一亭．2009．南海北岸史前渔业文化．香港：中国评论学术出版社．

徐闻县历史文化领导小组．2014．大汉徐闻两千年．北京：商务印书馆．

薛世忠．2006．妈祖信仰在粤琼地区的传播及影响．莆田学院学报，(4)．

杨国桢．1999．海洋迷失：中国史的一个误区．东南学术，(4)．

杨豪．1961．广东英德连阳南齐和隋唐古墓的发掘．考古，(3)．

杨少祥．1983．广东曲江南华寺古墓发掘简报．考古，(3)．

杨少祥．1985．试论徐闻、合浦港的兴衰．海交史研究，(1)．

杨万翔．1990．镇海楼传奇．广州：花城出版社．

杨阳腾．2009-10-01．深圳南岭村：南岭风光好村民日子甜．经济日报．

姚国成．2011．鱼塘风波——“陈式承包”与广东渔业发展纪实．北京：中国农业出版社．
叶春生．2000．岭南民间文化．广州：广东高等教育出版社．
叶显恩．2009．岭南文化与海洋文明//香山文化与海洋文明——第六次海洋文化研讨会文集．广州：广东人民出版社．
义净．1988．大唐西域求法高僧传校注．王邦维，校注．北京：中华书局．
余天炽，覃圣敏，蓝日勇，等．1988．古南越国史．南宁：广西人民出版社．
张荣芳，黄淼章．2008．南越国史．2版．广州：广东人民出版社．
张说．1986．入海//《全唐诗》卷八十六．上海：上海古籍出版社．
张思齐．2011．丘逢甲诗歌创作中的中外事故与西学关怀．江西社会科学，(10)．
张镇洪．2010．南蛮不蛮——论珠江流域史前文化．香港，中国评论学术出版社．
章示平．1998．中国海权．北京：人民日报出版社．
赵洛．2006-06-14．读黄遵宪诗．北京：人民日报海外版．
郑若曾．2007．筹海图编．北京：中华书局．
中国第一历史档案馆．1989．雍正朝汉文朱批奏折汇编：二册．南京：江苏古籍出版社．
中国第一历史档案馆．1992．鸦片战争档案史料．天津：天津古籍出版社．
钟运荣．2002．近代侨汇与国家控制[学位论文]．广州：中山大学东南亚研究所馆．

后记

《中国海洋文化·广东卷》由广东海洋大学海洋文化研究所承担，张开城教授具体负责。本书纲目由张开城拟定。在逻辑结构上突出海洋文化的核心——海洋精神文化，并通过海洋航运商贸、渔文化和海洋民俗、海洋军事、海洋移民、海洋名人、海洋旅游、海洋城市等章目，综合展示广东海洋物质文化、制度文化和行为文化等。广东海洋文化精神、广东海上丝绸之路文化、广船与粤商文化、广东移民文化、广东近代海洋名人等展现了广东海洋文化的特征及其在中国海洋文化中的地位；以深圳特区为代表的海洋城市文化和改革开放实践，彰显了粤地粤人的海洋气质、气魄和弄潮本色。

承担本书撰写任务的作者有广东海洋大学教授张开城、张国玲，五邑大学教授田若虹博士，广东海洋大学教授莫宏伟博士，暨南大学教授廖小健博士，广东海洋大学副教授任念文博士、汪树民博士。具体分工如下：

第一章由张开城、任念文撰写；第二章、第十二章由张国玲撰写；第三章、第四章、第五章由张开城撰写；第六章由莫宏伟撰写；第七章由张国玲、田若虹撰写；第八章由廖小健撰写；第九章由汪树民撰写；第十章由田若虹撰写；第十一章由田若虹、张国玲撰写。各章题记由张开城撰写，书中图片多数为张开城在实地拍摄。审稿统稿工作由张开城完成。

本书的撰写和审定稿始终得到广东省海洋与渔业局黄棕棕、杨志仁、汤亚虎、郭兴民、官丹心等领导的关心和支持，在审稿、统稿过程中，得到广东海洋协会的大力支持和麦贤杰等协会领导的帮助。本书编委，省政府参事，中山大学黄伟宗教授、司徒尚纪教授；广东省社会科学院副院长刘小敏研究员，广东省社会科学院李庆新研究员；国家海洋局南海分局钱宏林局长，南海分局政策法规处徐志良处长；广东省社会科学界联合会《社情快报》编辑部何国林主任等都提出了宝贵的意见和建议。《中国海洋文化·广东卷》评审会专家小组成员，广东省文化厅杜佐祥巡视员，广东省渔政总队姚国成巡视员，海洋出版社石亚平副总编，以及黄伟宗、刘小敏、司徒尚纪、李庆新、何国林、徐志良等专家都不吝赐教，在此一并感谢。汕尾渔家民俗风情陈列馆何夏逢先生、东莞沙田水文化陈列馆、湛江摄影家李满青先生、广州初宁女士为本书提供图片资料支持，本书还引用了著名画家关山月先生画集中的作品，此致谢意。

海洋文化在南粤大地上的精彩演绎，宏大而壮阔，源远而流长，非一本书、二三十万字所能收括，且受作者水平和资料所限，难免疏漏，冀能起到抛砖引玉的作用，促进广东海洋文化的研究与建设。不足之处，肯望方家和读者不吝赐教。

编者

图书在版编目（CIP）数据

中国海洋文化·广东卷/《中国海洋文化》编委会编.—北京：海洋出版社，2016.7
ISBN 978-7-5027-9104-9

Ⅰ.①中…　Ⅱ.①中…　Ⅲ.①海洋—文化史—广东省　Ⅳ.①P7-092

中国版本图书馆 CIP 数据核字（2015）第 050493 号

责任编辑：高朝君
装帧设计：一瓢文化·邱特聪
责任印制：赵麟苏

ZHONGGUO HAIYANG WENHUA · GUANGDONG JUAN

海洋出版社 出版发行
http://www.oceanpress.com.cn
北京市海淀区大慧寺路 8 号　邮编：100081
北京画中画印刷有限公司印刷　新华书店经销
2016 年 7 月 第 1 版　2016 年 7 月 北京第 1 次印刷
开本：810mm × 1050mm　1/16　印张：24.5
字数：430 千　定价：70.00 元
发行部：010-62132549　邮购部：010-68038093
编辑室：010-62100038　总编室：010-62114335